操作系統
原理與實踐

主　編　○　陳小寧、郭　進、徐鴻雁、呂峻閩
副主編　○　陳　婷、李　化、王書偉

前言

隨著信息化和計算機網路的不斷發展，大數據和「互聯網+時代」的到來，個人操作系統和網路服務器系統也成了人們關注的重點，Windows 服務器和 Linux 服務器的配置管理工作也是學習和工作中必不可少的技術。

本書以 Windows Server 2003 操作系統和 Oracle Enterprise Linux 操作系統為應用背景，面向服務器配置的初學者，旨在使讀者可以在學習完本書後，完成對 Windows Server 2003 構建企業服務器網路環境，或者使用 Linux 操作系統搭建服務器網路環境，以及各種服務器的安裝配置和測試工作。

本書是筆者在總結了多年操作系統原理與實踐課程內容以及多年教學經驗，並且結合實踐編寫完成的。本書主要分成兩個部分，Windows Server 2003 操作系統服務器配置和 Oracle Enterprise Linux 操作系統服務器配置，採用虛擬機的方式進行安裝和測試，實踐性強。本書介紹了操作系統的基本原理，虛擬機的安裝和網路環境配置。Windows Server 2003 操作系統服務器配置部分，主要講解了 Windows Server 2003 操作系統的安裝，DNS 服務器的安裝配置和測試，DHCP 服務器的安裝配置和測試，FTP 服務器的安裝配置和測試，WWW 服務器以及 Email 服務器的安裝配置，補充講解了 Apache 服務器和 Tomcat 服務器對 PHP 站點和 JSP 站點的發布。針對 Linux 操作系統部分，本書主要講解了 Oracle Enterprise Linux 操作系統的安裝；Linux 操作系統的管理，包括文件系統、用戶管理、Vi 編輯器等。服務器配置部分講解了有別於 Windows 操作系統部分的內容，主要包括異構操作系統的遠程聯機、NFS 服務器的配置、SAMBA 服務器的配置以及 SFTP 服務器等內容。

本書合適高等院校計算機專業以及信息管理專業，計算機或信息管理輔修專業的學生使用，也可以作為服務器配置和管理人員的參考書。

本書由陳小寧、郭進、徐鴻雁、呂峻閩老師擔任主編，負責全書的統稿定稿工作，陳婷、李化、王書偉任副主編，其他參編者包括姚一永、李長松、何臻祥、陳昌平、龔軒濤、湯來鋒、張詩雨、羅丹、羅文佳。

由於編者水平有限，書中難免存在一些不足和疏漏，敬請讀者批評指正。

編　者

目錄

第 1 章 操作系統概論   1

1.1 操作系統的定義   1
1.2 操作系統的發展歷史   2
1.3 操作系統的分類   3
1.4 操作系統的功能   4

第 2 章 Windows 操作系統的發展以及應用   7

2.1 Windows 操作系統的發展   7
2.2 Windows 操作系統的應用   13
2.3 其他操作系統   15

第 3 章 虛擬機安裝以及 Windows Server 2003 系統安裝   17

3.1 虛擬機簡介   17
3.2 虛擬機安裝   18
3.3 虛擬機三種網路連接方式   23
3.4 Windows Server 2003 系統安裝   27

第 4 章　Windows Server 2003 DNS 服務器　　44

4.1　DNS 基本概念和域名結構　　44
4.2　DNS 解析的基本原理　　45
4.3　DNS 服務器的安裝　　46
4.4　DNS 服務器的配置和測試　　49

第 5 章　Windows Server 2003 DHCP 服務器　　65

5.1　DHCP 服務器簡介　　65
5.2　DHCP 服務器配置和管理　　67

第 6 章　Windows Server 2003 FTP 服務器配置　　75

6.1　IIS 介紹　　75
6.2　FTP 簡介和安裝　　76
6.3　FTP 服務器的配置和測試　　80
6.4　創建用戶隔離的 FTP 站點　　89
6.5　創建不同用戶訪問 FTP 站點的權限　　93

第 7 章　Windows Server 2003 WWW 服務器　　94

7.1　簡單 Web 頁面製作　　94
7.2　安裝和配置 WWW 服務器　　97
7.3　創建和發布多個 Web 站點　　103

第 8 章　Apache 和 Tomcat 服務器　　112

8.1　Apache 服務器安裝配置　　112
8.2　Tomcat 服務器安裝配置　　122

第 9 章　Windows Server 2003 Email 服務器　127

9.1　電子郵件結構以及郵件協議　127
9.2　Foxmail 的使用　129
9.3　POP3 服務器和 Smtp 服務器的安裝配置　133
9.4　DOS 下郵件的收發　140

第 10 章　Linux 操作系統概述以及 Oracle Enterprise Linux 操作系統安裝　143

10.1　Linux 操作系統概述　143
10.2　Linux 操作系統組成　144
10.3　Oracle Enterprise Linux 操作系統安裝　146

第 11 章　Oracle Linux 文件系統　162

11.1　Linux 文件系統概念　162
11.2　Linux 文件系統基本理論　163
11.3　Linux 聯機幫助命令　164
11.4　Linux 文件操作命令　166
11.5　Linux 目錄操作命令　173
11.6　Linux 文件壓縮命令　175

第 12 章　Oracle Linux 用戶管理以及其他命令　177

12.1　Linux 文件屬性和權限管理　177
12.2　Linux 用戶管理命令　179
12.3　Linux 進程管理命令　184
12.4　Linux 網路管理命令　185
12.5　Linux 系統配置命令　187

3

第 13 章　Oracle Linux Vi 編輯器　　　　　　　　　　　　188

13.1　Vi 編輯器　　　　　　　　　　　　188
13.2　Vi 編輯器命令和快捷鍵　　　　　　　　　　　　189

第 14 章　Oracle Linux 遠程聯機服務器　　　　　　　　　　　　192

14.1　Telnet 服務器　　　　　　　　　　　　192
14.2　SSH 服務器　　　　　　　　　　　　205
14.3　Xdmcp 服務器　　　　　　　　　　　　210

第 15 章　Oracle Linux NFS 服務器　　　　　　　　　　　　220

15.1　NFS 服務器簡介　　　　　　　　　　　　220
15.2　NFS 服務器工作原理　　　　　　　　　　　　221
15.3　NFS 服務器配置　　　　　　　　　　　　222
15.4　NFS 服務器測試　　　　　　　　　　　　224

第 16 章　Oracle Linux SAMBA 服務器　　　　　　　　　　　　236

16.1　SAMBA 服務器簡介　　　　　　　　　　　　236
16.2　SAMBA 服務器原理　　　　　　　　　　　　237
16.3　SAMBA 服務器配置文件說明　　　　　　　　　　　　237
16.4　SAMBA 服務器和客戶端配置測試　　　　　　　　　　　　238

第 17 章　Oracle Linux VSFTP 服務器　　　　　　　　　　　　243

17.1　VSFTP 服務器簡介　　　　　　　　　　　　243
17.2　VSFTP 服務器配置文件說明　　　　　　　　　　　　244
17.3　VSFTP 服務器連接測試　　　　　　　　　　　　246

第 18 章	Oracle Linux Apache 服務器	247
18.1	Apache 服務器	247
18.2	Mysql 服務器	247
18.3	動態頁面發布	248

第 19 章	Windows Server 2003 和 Oracle Linux 服務器實驗指導	255
19.1	實訓一 虛擬機和 Windows Server 2003 操作系統的安裝	256
19.2	實訓二 Windows Server 2003 DNS 服務器的配置	257
19.3	實訓三 Windows Server 2003 DHCP 服務器的配置	257
19.4	實訓四 Windows Server 2003 FTP 服務器的配置	258
19.5	實訓五 Windows Server 2003 WWW 服務器的配置	258
19.6	實訓六 Apache 服務器和 Tomcat 服務器的配置	259
19.7	實訓七 Windows Server 2003 Email 服務器的配置	259
19.8	實訓八 Oracle Linux 操作系統的安裝	260
19.9	實訓九 Oracle Linux 文件系統命令	260
19.10	實訓十 Oracle Linux 用戶管理命令	261
19.11	實訓十一 Oracle Linux Vi 編輯器	262
19.12	實訓十二 Oracle Linux 遠程聯機服務器配置	263
19.13	實訓十三 Oracle Linux NFS 服務器配置	263
19.14	實訓十四 Oracle Linux SAMBA 服務器配置	264
19.15	實訓十五 Oracle Linux VSFTP 服務器配置	265
19.16	實訓十七 Oracle Linux Apache 服務器配置	265

第 1 章 操作系統概論

本章介紹操作系統的概論,主要包括了計算機的軟硬件組成、操作系統的定義、操作系統的發展歷史以及操作系統按照各自方式的分類,最重要的是講解操作系統的功能。通過本章的學習,讀者應該掌握以下內容:

* 操作系統的定義。
* 操作系統的發展歷史。
* 操作系統的分類,尤其是按照功能分類。
* 操作系統的功能。

1.1 操作系統的定義

一個完整的計算機系統包括輸入設備、輸出設備、運算器、控制器和存儲器。輸入設備包括鼠標和鍵盤等,輸出設備有顯示器、音響、打印機等,運算器和控制器就是 CPU,存儲器包括內存和外存。

軟件系統包括系統軟件和應用軟件。系統軟件即操作系統,目前典型的操作系統包括 Windows 操作系統、Linux 操作系統、Unix 操作系統以及蘋果操作系統。應用軟件即安裝於操作系統上的實用程序,包括視頻軟件、聊天工具、瀏覽器、游戲娛樂軟件、音樂軟件、安全殺毒軟件、辦公軟件、系統工具、圖形圖像軟件、編程開發軟件等。

人們通過為硬件逐層地添加各類系統軟件與應用軟件后,才能形成一個供用戶使用的功能豐富而界面友善的計算機應用系統。

操作系統的定義:用於管理和控制計算機所有硬件和軟件資源的一組程序。操作系統是計算機中硬件與其他軟件的接口,也是用戶和計算機交流的接口。更加嚴格的操作系統(Operation System,簡稱OS)的定義:一組方便用戶控制和管理計算機軟硬件資源,合理地組織計算機工作流程,控制程序的執行,並提供各種服務功能,使得用戶能夠靈活、有效地使用計算機的程序模塊集合。

1.2　操作系統的發展歷史

1.2.1　計算機的產生過程

(1)圖靈機的提出。1936年,英國劍橋大學著名數學家圖靈發表「理想計算機」論文,他在該文中提出了現代通用數字計算機的數學模型。這種理論機器被稱為圖靈機。圖靈分析和證明了這種圖靈機可達到的功能。

(2)第一臺計算機研製成功。1946年2月,世界上第一臺電子數字計算機ENIAC(Electronic Numerical Integrator AndComputer)即「電子數字積分式計算機」,在美國賓西法尼亞大學莫爾學院研製成功。其為現代電子計算機的問世打下了基礎。

(3)馮·諾依曼計算機模式的提出。馮·諾依曼和賓夕法尼亞大學莫爾學院合作,於1952年設計完成了名為EDVAC(電子離散變量自動計算機)的電子計算機。

1.2.2　計算機的發展

(1)第一代計算機(1946—1957年)。第一代計算機的硬件主要採用電子管,一個電子管的體積和成人一個指頭的體積近似,而一臺計算機需要許多電子管,所以這時的計算機體積非常龐大,價格也很高,運算速度每秒僅幾千次。

(2)第二代計算機(1958—1964年)。第二代計算機的硬件主要採用晶體管,外部設備採用磁盤、磁帶,運算速度每秒幾十萬次。晶體管的體積較電子管的體積小了很多,因此,晶體管計算機的體積較電子管的體積也小了很多。

(3)第三代計算機(1965—1971年)。第三代計算機的硬件主要採用中、小規模集成電路,用半導體存儲器代替了磁心存儲器。運算速度可達每秒幾十萬次到幾百萬次。

(4)第四代計算機(1972年至今)。第四代計算機的硬件主要採用大規模與超大規模集成電路,計算機的體系結構和構成方式有了很大的發展。

1.2.3　操作系統的發展階段

(1)手工操作(無操作系統)。程序員將對應於程序和數據的已穿孔的紙帶(或卡片)裝入輸入機,然後啟動輸入機把程序和數據輸入計算機內存,接著通過控制臺開

第 1 章　操作系統概論

關啓動程序針對數據運行;計算完畢,打印機輸出計算結果;用戶取走結果並卸下紙帶(或卡片)后,下一個用戶才能上機。

(2)批處理系統。批處理系統是加載在計算機上的一個系統軟件,在它的控制下,計算機能夠自動地、成批地處理一個或多個用戶的作業(作業包括程序、數據和命令)。

(3)多道程序設計技術。所謂多道程序設計技術,是指允許多個程序同時進入內存並運行。即同時把多個程序放入內存,並允許它們交替在 CPU 中運行,共享系統中的各種軟硬件資源。當一道程序因 I/O 請求而暫停運行時,CPU 便立即轉去運行另一道程序。

(4)分時操作系統。由於 CPU 速度不斷提高和採用分時技術,一臺計算機可同時連接多個用戶終端,而每個用戶可在自己的終端上聯機使用計算機,就好像自己獨占機器一樣。

(5)即時操作系統。雖然批處理系統和分時系統能獲得較令人滿意的資源利用率和系統回應時間,但卻不能滿足即時控制與即時信息處理兩個應用領域的需求。於是就產生了即時系統,即系統能夠及時回應隨機發生的外部事件,並在嚴格的時間範圍內完成對該事件的處理。

 ## 1.3　操作系統的分類

1.3.1　操作系統種類的劃分

操作系統按照字長分類:8 位操作系統、16 位操作系統、32 位操作系統和 64 位操作系統。

操作系統按照機型大小分類:大型機操作系統、小型機操作系統和微型機操作系統。

操作系統按照用戶數目分類:單用戶操作系統和多用戶操作系統。

操作系統按照功能特徵分類:批處理操作系統、即時操作系統、分時操作系統、網路操作系統和分佈式操作系統(網格)。

1.3.2　典型的操作系統

DOS 操作系統:微軟公司研製的配置在計算機上的操作系統,其為單用戶命令行界面操作系統。

Windows 操作系統:微軟公司研製的圖形用戶界面操作系統,現在已經發展到 Windows 10。

UNIX 分時操作系統:主要用於服務器和客戶機體系。

3

Linux 操作系統：是由 UNIX 發展而來，源代碼開放。

MAC 操作系統：較好的圖形處理能力，主要用在桌面出版和多媒體應用等領域。其主要用在蘋果公司的 Power Macintosh 機及 Macintosh 一族計算機上，與 Windows 缺乏較好的兼容性。

Novell Netware 操作系統：基於文件服務和目錄服務的網路操作系統，用於構建局域網。

1.4 操作系統的功能

操作系統的功能主要包括五個方面：文件管理、作業管理、內存管理、進程管理和設備管理。

1.4.1 文件管理

文件管理指計算機內的數據都是以文件名加后綴名的形式進行存儲的。文件管理又稱為信息管理，計算機操作系統以各種不同類型的文件、目錄和文件夾形式儲存數據或信息，要求共享、保密、安全和可靠。其實質上是屬於對軟件資源的管理。對於暫時不用的文件可以存到外部設備（例如磁盤、磁帶和光盤等）上，所以文件管理也涉及外存的管理。眾多的文件應如何保管呢？首先要考慮用戶存儲檢索的方便性；其次由於文件的機密程度不一樣，這就涉及保密與共享的問題。

1.4.2 作業管理

作業是指計算機完成一件事情或完成一項任務，包括程序、數據和控制塊。作業管理的內容包括任務管理、界面管理、人機交互的圖形界面；控制包括語音控制和虛擬現實等聯機控制、脫機控制和假脫機控制作業調度算法。作業管理負責處理用戶提交的任何要求。作業管理主要是進行作業的調度和作業的控制，作業調度和作業控制都有自己相關的算法完成，這也是操作系統研究的一個方向。

1.4.3 內存管理

內存管理的主要任務是管理內容存儲器，主要包括內存的分配和內存的保護。操作系統執行的每一項任務，都需要分配內存和 CPU 時間片，如果所執行的程序大量占用內存會導致內存消耗殆盡。為了解決這個問題，引入了虛擬內存技術，即把一部分硬盤空間開闢出來充當內存使用，儘管硬盤數據讀寫的速度遠遠比不上內存條的數據讀寫速度，但還是可以避免因為內存消耗殆盡而出現的系統崩潰現象。虛擬內存設置

第 1 章　操作系統概論

方法如下:【我的電腦】→【屬性】→【高級】→「性能」選項→【設置】→【高級】→「虛擬內存」選項→【更改】,便可以開闢和設置虛擬內存大小。如圖 1-1、圖 1-2、圖 1-3 所示。

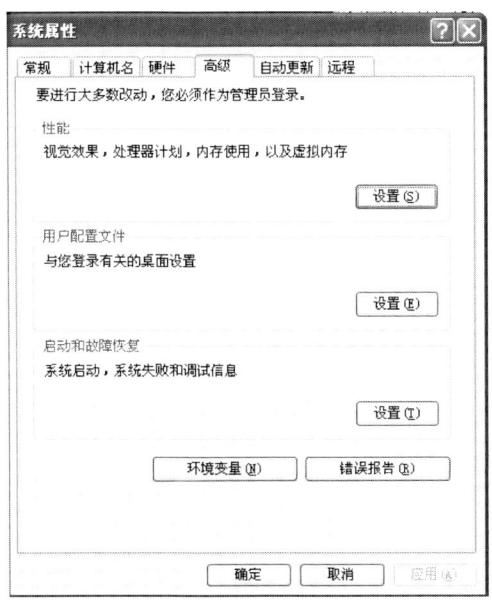

圖 1-1　系統屬性設置

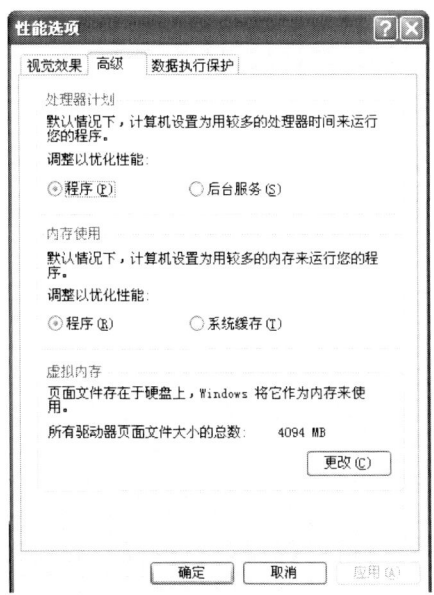

圖 1-2　高級屬性設置

操作系統原理與實踐

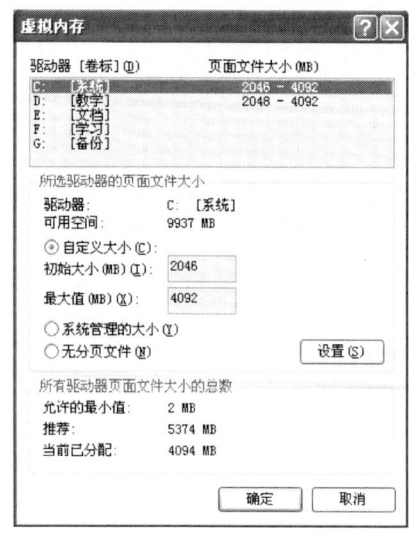

圖1-3 設置虛擬機內存

1.4.4 進程管理

進程是程序的一次執行過程。進程的基本特徵包括：動態性，進程有一定的生命期。並發性，系統中可以同時有幾個進程在活動。獨立性，能獨立運行的基本單位，資源分配基本單位。異步性，進程按異步方式運行，各自獨立。計算機操作系統會為每一個進程分配相應的CPU時間片和內存。

1.4.5 設備管理

操作系統負責對計算機的內置硬件和外部設備進行管理，計算機系統中常常配置有多種外部設備，這些設備各有不同的特點。設備管理的任務就是根據一定的策略給請求輸入/輸出操作的程序分配設備、啓動設備、完成實際的輸入/輸出操作。設備管理還應該為用戶提供一個良好的使用界面，而不用去考慮具體的設備特性。

第 2 章　Windows 操作系統的發展以及應用

本章主要介紹 Windows 操作系統的發展歷史,瞭解和學習 Windows 發展過程中的技術革新,掌握一些比較適用的 Windows 應用,從而有助於學習和工作。通過本章的學習,讀者應該掌握以下內容:

* Windows 操作系統的發展歷史。
* Windows 操作系統的發展趨勢。
* Windows 操作系統的應用。
* 瞭解其他的操作系統。

2.1　Windows 操作系統的發展

微軟公司是世界個人計算機軟件開發的先導,由比爾·蓋茨與保羅·艾倫創立於 1975 年,總部設在華盛頓州的雷德蒙市。它目前是全球最大的電腦軟件提供商。圖 2-1 為微軟公司的總部以及微軟公司的圖標。

圖 2-1　微軟公司總部和圖標

2.1.1　Windows 操作系統的發展歷史

Windows 1.0——1985 年 11 月 20 日 Windows 1.0 正式發布,售價大概 100 美元,但是銷售的狀況並不佳。Windows 1.0 啓動時候的畫面(見圖 2-2)與臭名昭著的藍屏死機(見圖 2-3)極為相像。

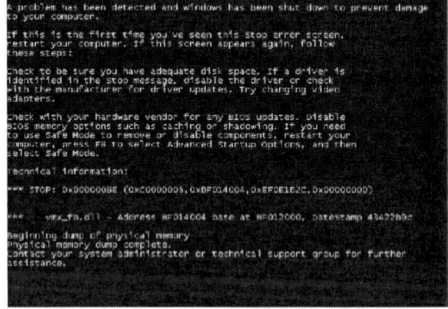

圖 2-2　Windows 1.0 啓動界面　　　　　　　　圖 2-3　藍屏界面

Windows 1.0 是微軟公司第一次對個人電腦操作平臺進行用戶圖形界面的嘗試,它本質上宣告了 MS-DOS 操作系統的終結。Windows 1.0 是 Windows 系列的第一個產品。

Windows 1.0 缺乏一些關鍵功能,例如重疊式窗口和回收站。用現在的眼光看,它的失敗並不令人感到意外。Windows 1.0 只是對 MS-DOS 的一個擴展,它本身並不是一款操作系統,但確實提供了有限的多任務能力,並支持鼠標。圖 2-4 為 Windows 1.0 操作系統界面與 MP4 界面(見圖 2-5)的對比。

第 2 章　Windows 操作系統的發展以及應用

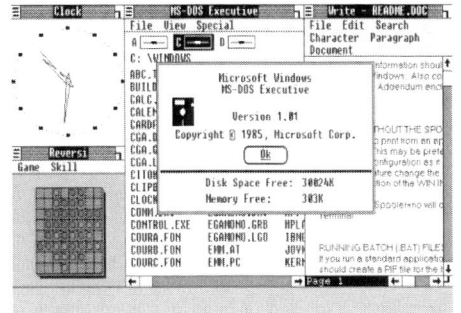

圖 2-4　Windows 1.0 系統界面

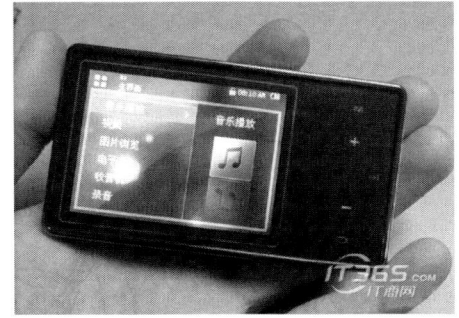

圖 2-5　MP4 界面

Windows 2.0——Windows 2.0 完全支持圖標和重疊式窗口。除了用戶界面外，Windows 2.0 還獲得了一些重要應用軟件的支持。早期版本的 Word 和 Excel 就利用 Windows 作為用戶界面。當時頗為流行的桌面出版軟件 Aldus PageMaker 能夠在 Windows 2.0 使用，這對 Windows 非常重要，其用途和市場都得到了大幅度擴展。圖 2-6 為 Windows 2.0 啓動界面，圖 2-7 為 Windows 2.0 操作系統界面。

圖 2-6　Windows 2.0 啓動界面

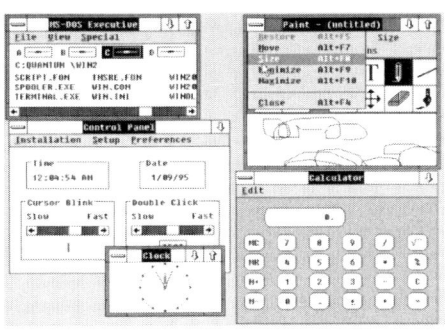

圖 2-7　Windows 2.0 操作系統界面

Windows 3.0——1990 年，Windows 3.0 剛剛推出便一炮而紅。只用了 6 周時間便賣出了 50 萬份拷貝，這是史無前例的。而 1992 年推出的 Windows 3.1，僅僅在最初發布的 2 個月內，銷售量就超過了 100 萬份。至此，Windows 操作系統最終獲得用戶的認同，並奠定了其在操作系統上的壟斷地位。自此，微軟公司的研發和銷售也開始進入良性循環。1992 年，比爾・蓋茨成為世界首富，轟動全球。圖 2-8 為 Windows 3.0 啓動界面，圖 2-9 為 Windows 3.0 操作系統界面。

操作系統原理與實踐

 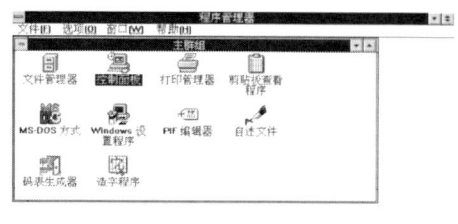

圖 2-8　Windows 3.0 啟動界面　　　圖 2-9　Windows 3.0 操作系統界面

　　Windows 95——1995 年 8 月 24 日，Windows 95 正式發行。Windows 95 是一個 16 位/32 位混合模式的系統，要想用上 Windows 95，你得有一塊 100MB 以上的硬盤和 16MB 的內存，支持 640×480 分辨率和 256 色的顯卡，在當時這還是一個很高的計算機配置。從各方面來看，Windows 95 絕對是一個成功的產品，甚至可以說是有史以來最成功的操作系統。發布 Windows 95 的日子簡直就是一個狂歡節，微軟公司首先高價向滾石（Rolling Stones）樂隊購買了歌曲「Start Me Up」的使用權並作為廣告音樂，隨后又在雷蒙德一個 12 畝（1 畝≈666.67 平方米）的體育場上舉行了空前盛大的發布會。因為這種強大的宣傳攻勢，很多沒有電腦的顧客也開始排隊購買軟件，他們甚至根本不知道 Windows 95 是什麼。只用了短短 4 天時間，Windows 95 就賣出超過 100 萬份拷貝。圖 2-10 為 Windows 95 操作系統界面，圖 2-11 為 Windows 95 發布會照片。

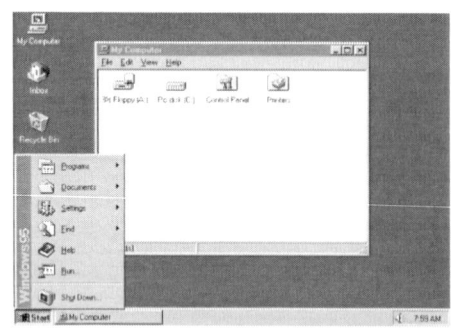 

圖 2-10　Windows 95 操作系統界面　　　圖 2-11　Windows 95 發布會

　　Windows 98——微軟公司於 1998 年 6 月 25 日推出了 Windows 98，由於多項新技術的引入，使得它同樣也成為一款成功的操作系統，並且快速啟動欄就是在這個操作系統出現的。圖 2-12 為 Windows 98 啟動界面，圖 2-13 為 Windows 98 操作系統界面。

第 2 章　Windows 操作系統的發展以及應用

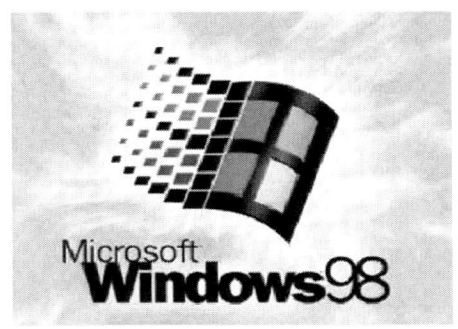 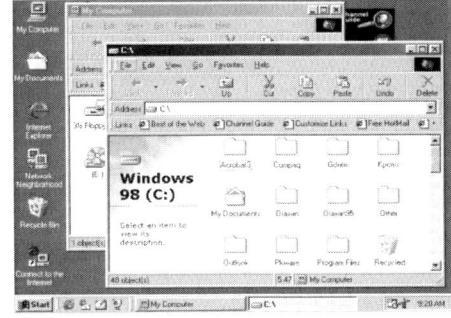

圖 2-12　Windows 98 啓動界面　　　圖 2-13　Windows 98 操作系統界面

Windows 2000——Windows 2000 於 2000 年 2 月 17 日正式推出。Windows 2000 是一個革命性的產品，它包含了很多全新的技術，如 NTFS 文件系統、RAID-5 存儲方案、分佈式文件系統等。因此，它是繼 Windows 95 后微軟公司最重要的產品。Windows 2000 的出現，意味著 Windows 9X 系列產品線終於走到了盡頭，微軟公司重新劃分了 Windows 的市場體系。圖 2-14 為 Windows 2000 啓動界面，圖 2-15 為 Windows 2000 操作系統界面。

圖 2-14　Windows 2000 啓動界面　　　圖 2-15　Windows 2000 操作系統界面

Windows XP——Windows XP 於 2001 年 8 月 24 日正式發布，其對 Windows 2000 進行了很多人性化的更新，使其更適應家庭用戶。Windows XP 擁有全新設計的用戶界面——「月神」。隨著 Windows XP 逐漸普及，其成為了市場佔有率最高的主流操作系統。根據最新的統計結果顯示，全球共有 4 億臺計算機安裝了 Windows XP。字母 XP 表示英文單詞的「體驗」（experience）。Windows XP 還進行了一些細微的修改，其中有些看起來是借鑑了 Linux 的桌面環境，此外，它還引入了一個「選擇任務」的用戶界面，使用戶可以從工具條訪問任務細節。它還包括簡化的 Windows 2000 的用戶安全特性，並整合了防火牆，試圖解決一直困擾微軟公司的安全問題。圖 2-16 為 Windows XP 啓動界面。

操作系統原理與實踐

圖 2-16　Windows XP 界面

Windows Vista——Windows Vista 是微軟公司的一款視窗操作系統。微軟公司在 2005 年 7 月 22 日正式公布了這一名字，與 Windows XP 相比，Windows Vista 在系統界面、安全性、軟件驅動和成性上有了很大的改進。圖 2-17 為 Windows Vista 啓動界面。

圖 2-17　Windows Vista 啓動界面

Windows 7——Windows 7 是由微軟公司開發的,具有革命性變化的操作系統,是 Windows 系列目前的最高版本。該系統旨在讓人們的日常電腦操作更加簡單和快捷，為人們提供高效易行的工作環境。圖 2-18 為 Windows 7 啓動界面。

圖 2-18　Windows 7 啓動界面

第 2 章　Windows 操作系統的發展以及應用

Windows 8——Windows 8 是向雲邁進的操作系統,擁有 USB 3.0 接口。其採用人臉識別登錄,具有更佳的語音識別功能和防病毒能力。圖 2-19 為 Windows 8 操作系統界面。

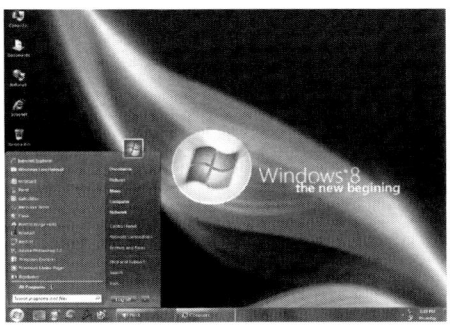

圖 2-19　Windows 8 操作系統界面

2.1.2　Windows 的發展方向

(1)界面圖形化;
(2)多用戶、多任務;
(3)網路支持良好;
(4)出色的多媒體功能;
(5)硬件支持良好;
(6)眾多的應用程序。

　2.2　Windows 操作系統的應用

2.2.1　保護色設置

打開控制板中的【顯示】,選擇【外觀(appearance)】→【高級(advanced)】,然後在【項目(items)】欄選【窗口(Windows)】,再點顏色【(color)】→【其他顏色(others)】,接著把【Hue(色調)】設為 85、【Sat(飽和度)】設為 90、【Lum(亮度)】設為 205。最后單擊【添加到自定義顏色(Addtocustomcolors)】,按【確定】按鈕。把窗口設成綠色之后,再把 IE 的網頁背景也變成綠色:打開【IE】,點擊【工具(TOOLS)】→【INTERNET 選項(INTERNETOPTIONS)】,再點右下角的【輔助功能(Assessibility)】,然后勾選不使用網頁中指定的顏色。

2.2.2 遠程桌面連接

設置遠程桌面連接可以通過局域網實現遠程計算機的遠程操控。實現方法：首先被遠程控制的計算機需要有開機用戶名和開機密碼，然後點擊【我的電腦】→【屬性】→【遠程】，勾選好【允許從這臺計算機發送遠程協助請求】，遠程控制的計算機也需要進行設置，點擊【我的電腦】→【屬性】→【遠程】，勾選好【允許用戶遠程連接到計算機】，然後通過【開始】菜單→【所有程序】→【附件】→【遠程桌面】，輸入計算機 IP 地址，出現登錄框，輸入密碼即可登錄成功。圖 2-20 為遠程許可設置窗口，圖 2-21 為遠程登錄窗口。

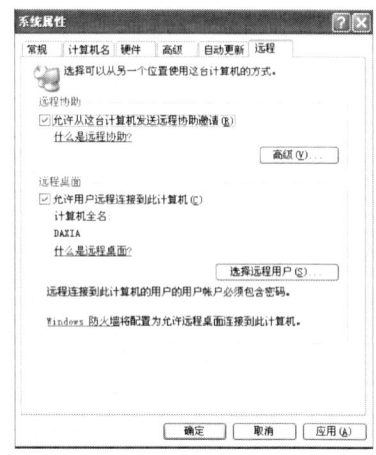

圖 2-20　遠程許可設置

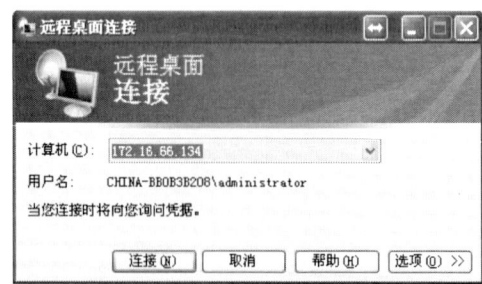

圖 2-21　遠程登錄窗口

2.2.3 常用 DOS 命令

（1）msconfig 命令——打開【系統配置實用程序】，可以設置系統「啓動」項和系統「服務」項（如圖 2-22 所示）。

第 2 章　Windows 操作系統的發展以及應用

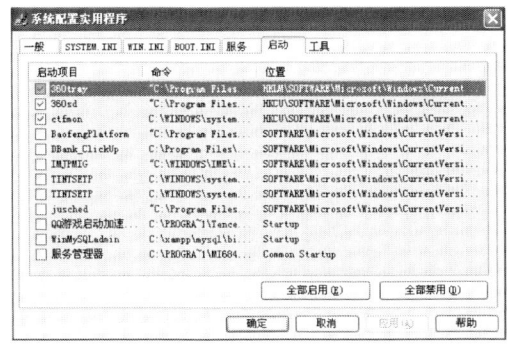

圖 2-22　系統配置實用程序

（2）ipconfig /all 命令——查詢 IP 地址，其中【Physical Address】表示網卡物理地址，【Dhcp Enable】表示開啓 DHCP 服務，獲取 IP 地址，【IP Address】表示計算機 IP 地址，【Subnet Mask】表示子網掩碼，【Default Gateway】表示默認網關，【DHCP Server】表示 DHCP 服務器地址，【DNS Server】表示 DNS 服務器地址。

（3）Regedit 命令——打開系統註冊表。

（4）Netstat-ano 命令——查看網路狀態，包括端口占用情況。

2.3　其他操作系統

2.3.1　MAC 操作系統

MAC 操作系統界面如圖 2-23 所示。

圖 2-23　MAC 操作系統界面

2.3.2 Linux 操作系統

Linux 操作系統界面如圖 2-24 所示。

圖 2-24　Linux 操作系統界面

2.3.3 Unix 操作系統

Unix 操作系統如圖 2-25 所示。

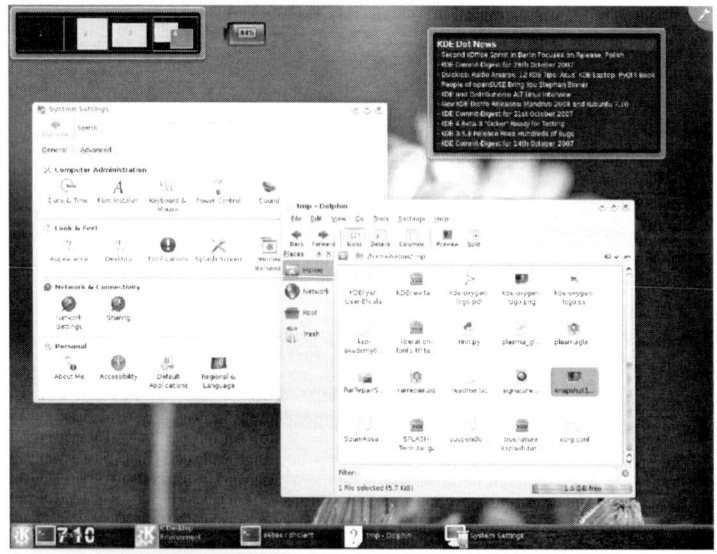

圖 2-25　Unix 操作系統界面

第 3 章 虛擬機安裝以及 Windows Server 2003 系統安裝

本章主要介紹虛擬機的基本概念以及虛擬機 9.0 的安裝過程,虛擬機的三種上網模式簡介,演示 Windows Server 2003 操作系統在虛擬機上的安裝過程。通過本章的學習,讀者應該掌握以下內容:

* 虛擬機的概念以及虛擬機的簡介。
* 虛擬機的安裝。
* 虛擬機的三種上網模式。
* Windows Server 2003 操作系統的安裝。

● 3.1 虛擬機簡介

虛擬機的英文名字叫 Virtual Machine,是通過軟件來模擬具有完整硬件系統功能的計算機。虛擬機其實也是一款軟件,常見的虛擬機軟件有 VMware、Virtual BOX 和 Virtual PC,它們都可以在軟件下虛擬出多個計算機。虛擬系統通過生成現有操作系統的全新虛擬鏡像,就可以具有真實系統完全一樣的功能了,進入虛擬系統后,所有操作都是在這個全新的獨立的虛擬系統裡面進行,可以獨立安裝軟件、保存數據,也可以有自己獨立的桌面,不會對真正的系統產生任何影響。下面是虛擬機中幾個重要的概念:

VM——虛擬機,指由 VMware 模擬出來的一臺虛擬的計算機。

HOST——指物理存在的計算機,HOST OS 指 HOST 上運行的操作系統。

Guest OS——指運行在 VM 上的工作系統。

3.2 虛擬機安裝

從網路上下載虛擬機的安裝文件,本書中使用的是 VMware Workstation 9.0,下面是 VM 9.0 的安裝過程圖解。

(1)雙擊打開安裝程式,進入如圖 3-1 所示的安裝界面。

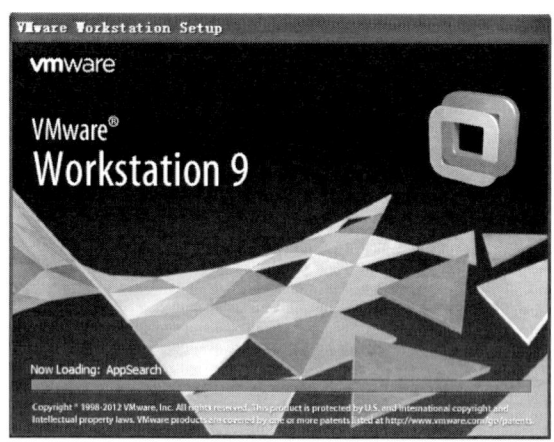

圖 3-1　安裝界面

(2)進入到安裝環境界面,點擊【Next】,如圖 3-2 所示。

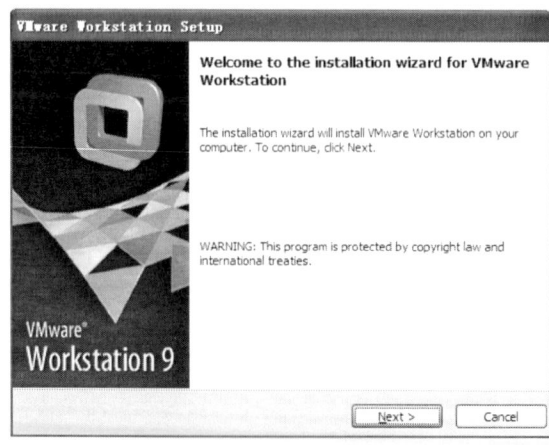

圖 3-2　安裝環境界面

第 3 章　虛擬機安裝以及 Windows Server 2003 系統安裝

（3）選擇安裝的方式。可以選擇【Typical】進入到典型安裝，也可以選擇【Custom】進入自定義安裝，自行選擇需要安裝的組件。如圖 3-3 所示。

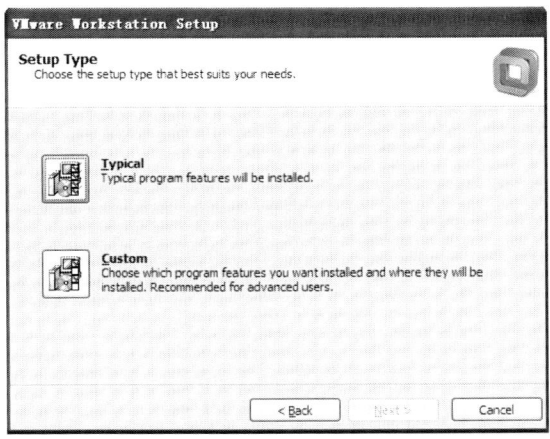

圖 3-3　安裝類型選擇

（4）選擇自定義安裝后，進入到自定義安裝界面，選擇需要安裝的組件，也可以點擊【Change】更改安裝的默認路徑，默認的安裝路徑為「C:\Program Files\VMware\VMware Workstation」，點擊【Next】。如圖 3-4 所示。

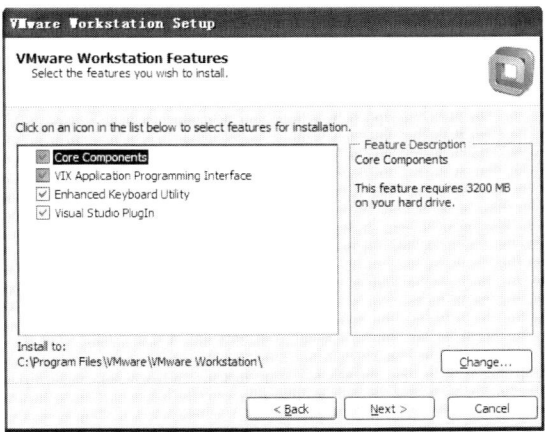

圖 3-4　安裝組件選擇

（5）進入到下一步，選擇【Change】改變虛擬操作系統安裝后保存的路徑，默認路徑為「C:\Documents and Settings\All Users\Documents\Shared Virtual Machines」，這裡不作修改，保留【HTTP Port】的端口 443 默認不變，選擇【Next】。如圖 3-5 所示。

19

操作系統原理與實踐

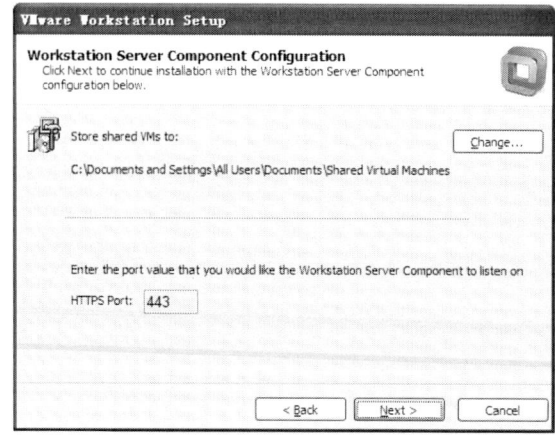

圖 3-5　安裝路徑選擇

（6）進入下一步，是否以后需要提示更新軟件，這裡可以取消復選框，然后單擊【Next】。如圖 3-6 所示。

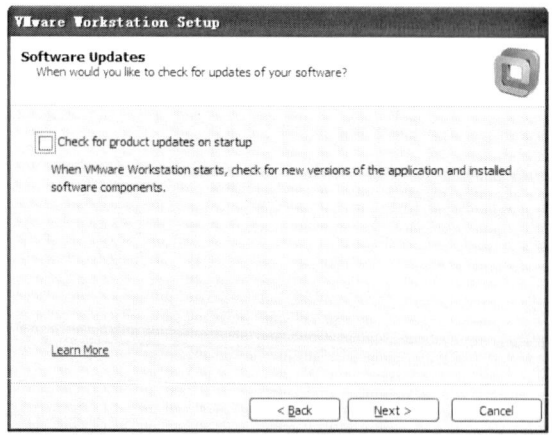

圖 3-6　更新選擇界面

（7）進入到一下步，是否需要為 VMware 發送反饋，這裡保留默認選擇項，然后單擊【Next】。如圖 3-7 所示。

第 3 章 虛擬機安裝以及 Windows Server 2003 系統安裝

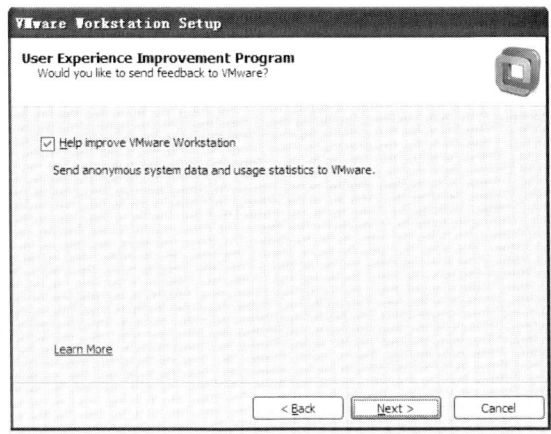

圖 3-7 反饋信息界面

（8）進入到下一步，設置軟件的系統配置、是否添加桌面快捷方式、是否添加 Windows 的快速啓動欄等，根據需要可以同時保留所有復選框，然后單擊【Next】。如圖 3-8 所示。

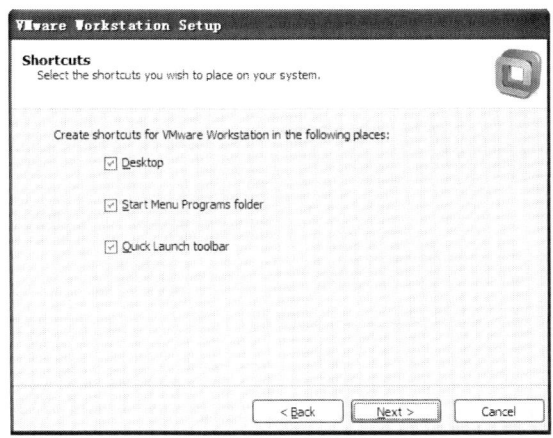

圖 3-8 啓動項設置

（9）進入下一步，保證前面所有的設置都已經是最佳狀態，就可以確定選擇【Continue】進入到正式安裝的安裝過程，如果覺得前面有設置不清楚或者還有疑惑，就可以選擇【Back】進行回退和設置。單擊【Continue】正式進入到安裝進度條。如圖 3-9 所示。

21

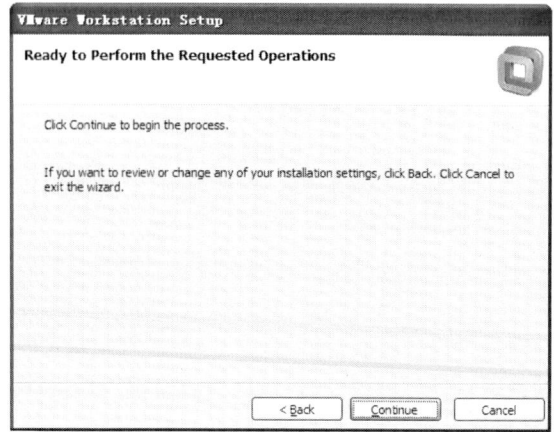

圖 3-9　準備安裝界面

（10）正式進入到安裝進度條，等待幾分鐘后，VMware 安裝完成。如圖 3-10 所示。

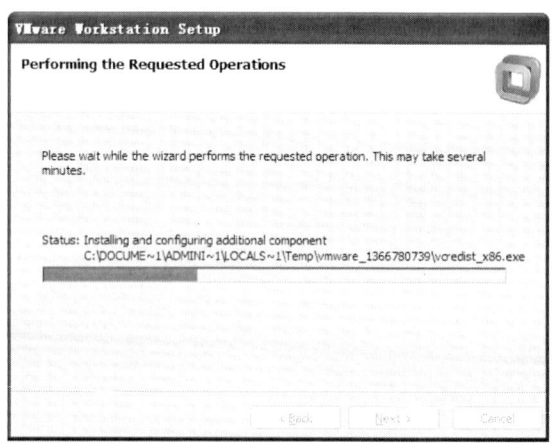

圖 3-10　安裝進度條

（11）輸入軟件的一個合法的【License Key】，然后單擊【Enter】完成註冊。如圖 3-11 所示。

第 3 章　虛擬機安裝以及 Windows Server 2003 系統安裝

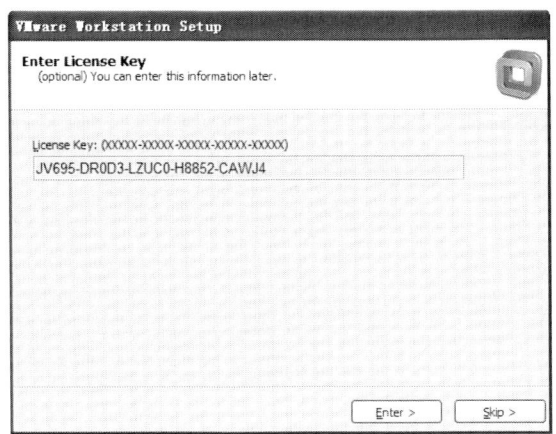

圖 3-11　安裝 License Key

(12) 顯示如圖 3-12 所示的界面表示已經安裝成功。

圖 3-12　安裝完成界面

3.3　虛擬機的三種網路連接方式

　　虛擬機安裝成功后,會在本地連接多出兩個虛擬網卡 VMware Network Adapter VMnet1 和 VMware Network Adapter VMnet8(如圖 3-13 所示)。採用蝴蝶上網的方式會因為識別到多張物理網卡而導致蝴蝶下線,無法實現網路連接,因此需要在【網上鄰居】將安裝軟件后生成的兩張物理網卡禁用。那虛擬機又採用何種方式進行網路連接? 下面主要介紹虛擬機的三種上網模式:橋接模式(Bridged)、網路地址轉換方式(NAT)以及僅主機模式(Host-only)。

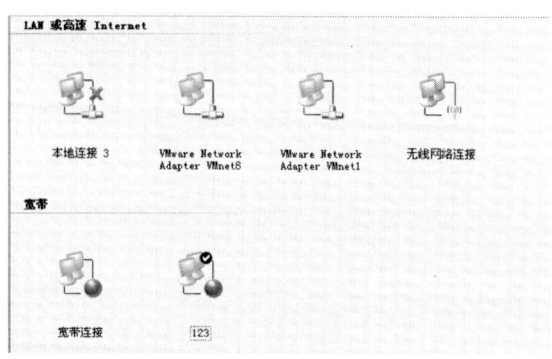

圖 3-13　虛擬網卡

3.3.1　橋接模式(Bridged)

在橋接模式下,VMware 模擬一個虛擬的網卡給客戶系統,主系統對於客戶系統來說相當於是一個橋接器。客戶系統好像是有自己的網卡一樣,自己直接連上網路,也就是說,客戶系統對於外部直接可見。簡單地說,虛擬主機和物理主機在同一個網段,就相當於局域網裡多出來了一臺電腦在上網,而這臺電腦就是虛擬機裡的系統。物理主機和虛擬主機的 IP 處於同一網段,DNS 和網關是一樣的,這樣就實現了物理主機和虛擬主機以及虛擬主機和外網的相互通信。

對於后面的學習以及對實驗原理的理解,本書中所有驗證性實驗都選擇橋接模式。設置橋接模式的方法:選擇【Virtual Machine Setting】→【Nextwork Connection】→【Bridged】,並且勾選上復選框。如圖 3-14 所示。

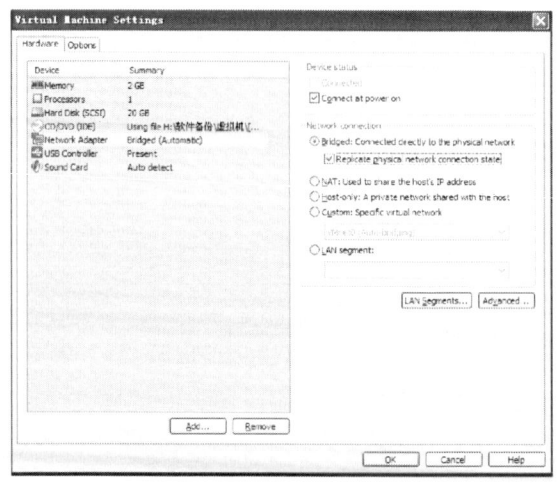

圖 3-14　設置橋接模式

進入虛擬機操作系統進行網路配置,IP 地址與物理主機不同但在同一網段,DNS、

第 3 章　虛擬機安裝以及 Windows Server 2003 系統安裝

子網掩碼和默認網關與物理主機相同,這樣就可以聯網了。

注意:在這種方式中,要確保物理主機的網卡配置中,選中了【VMware Bridge Protocol】協議(如圖 3-15 所示),否則會有警告信息。

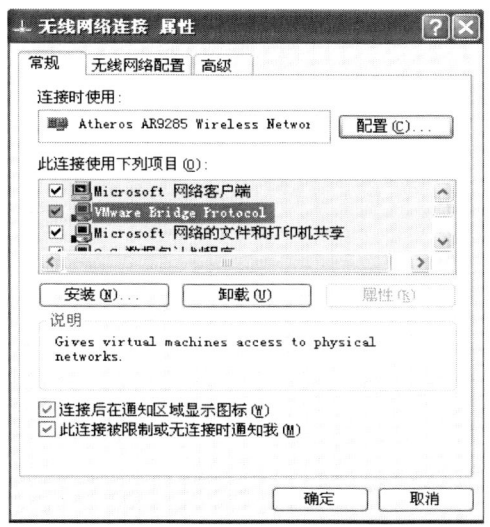

圖 3-15　橋接協議

3.3.2　網路地址轉換方式(NAT)

在網路地址轉換方式下,客戶系統不能自己連接網路,而必須通過主系統對所有進出網路的客戶系統收發的數據包做地址轉換。在這種方式下,客戶系統對於外部不可見。NAT 連接方式如圖 3-16 所示。

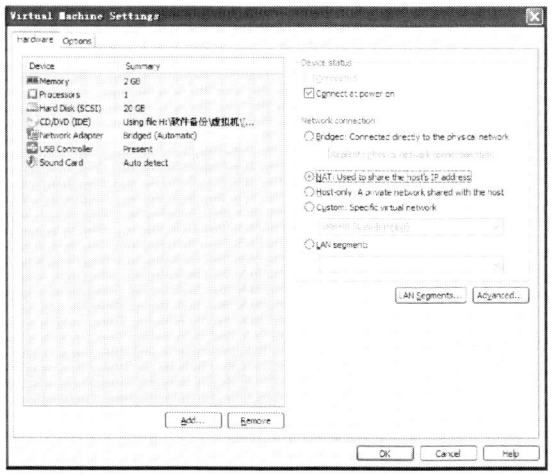

圖 3-16　NAT 連接方式

操作系統原理與實踐

物理主機中的虛擬網卡 VMware Network Adapter VMnet8,相當於連接到內網的網卡,而虛擬機本身則相當於運行在內網上的機器,物理網卡相當於連接到外網的網卡。在這種方式下,VMware 自帶的 DHCP 會默認地加載到 VMnet8 上,這樣虛擬主機就可以使用 DHCP 服務。更為重要的是,VMware 自帶了 NAT 服務,提供了從 VMnet8 到外網(物理網卡)的地址轉換,所以這種情況是一個實實在在的 NAT 服務器在運行,只不過 NAT 是供虛擬機用的。因此,物理主機中的 VMware Workstation 的 NAT 服務必須打開。

3.3.3 僅主機模式(Host-only)

與 NAT 唯一不同的是,此種方式下,沒有地址轉換服務,因此,在默認情況下,虛擬機只能到主機訪問而不能訪問 Internet,這也是 Host-only 名字的意義。默認情況下,DHCP 服務加載到 VMnet1 上,這樣連接到 VMnet1 上的虛擬機仍然可以設置成 DHCP,方便系統的配置。如果要讓虛擬主機連接到外網,這種方式更為靈活,可以使用自己的方式,從而達到最理想的配置。例如:①使用自己 DHCP 的服務:首先停掉 VMware 自帶的 DHCP 服務,使 DHCP 服務更為統一。②使用自己的 NAT,方便加入防火牆。Windows Host 可以做 NAT 的方法很多,簡單的如 Windows XP 的 Internet 共享,複雜的如 Windows Server 裡的 NAT 服務。默認使用 VMnet1,如果是通過交換機或路由器撥號上網的,可以通過共享本地連接上網;如果是通過物理主機直接撥號上網的(通過寬帶連接上網),可以通過共享寬帶連接來共享上網。僅主機模式連接方式如圖 3-17 所示。

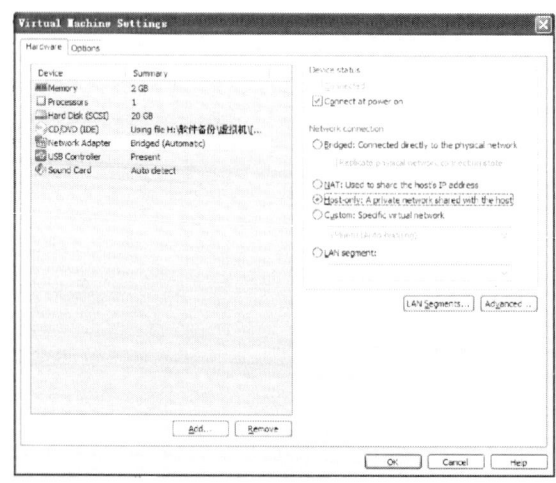

圖 3-17 僅主機模式連接方式

第 3 章　虛擬機安裝以及 Windows Server 2003 系統安裝

3.4　Windows Server 2003 系統安裝

虛擬機安裝成功后,便可以通過虛擬機軟件安裝操作系統,下面為在虛擬機下安裝 Windows Server 2003 的流程。

(1)單擊【File】→【New virtual Machine】打開新建虛擬機的向導。如圖 3-18 所示。

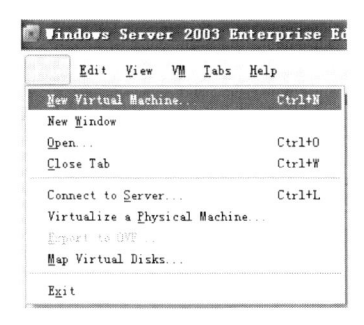

圖 3-18　新建虛擬機

(2)來到虛擬機設置向導安裝界面,保留【Typical】選項,單擊【Next】。如圖 3-19 所示。

圖 3-19　安裝類型選擇

(3)選擇安裝操作系統的方式包括從物理光驅導入光盤安裝和選擇使用一個鏡像文件進行安裝,也可以先選擇過后再安裝。這裡選擇【I will install the operating system later】,然后單擊【Next】。如圖 3-20 所示。

27

圖 3-20 安裝系統選擇

(4) 選擇待安裝的操作系統的類型，主要包括 Windows 操作系統、Linux 操作系統等，這裡選擇單選按鈕【Microsoft Windows】，然後在「Version」選擇【Windows Server 2003 Enterprise Edition】。如圖 3-21 所示。

圖 3-21 操作系統類型選擇

(5) 填寫安裝成功後的虛擬機的名字為「Windows Server 2003 Enterprise Edition」，然後選擇保存的路徑 (Location) 為「D:\我的文檔\My virtual Machine\Windows Server 2003 Enterprise Edition」。需要注意的是，這個文件是可以直接刪除的，刪除後，安裝成功的這臺虛擬機也就被刪除了。選擇【Next】進入到下一步，如圖 3-22 所示。

第 3 章　虛擬機安裝以及 Windows Server 2003 系統安裝

圖 3-22　虛擬機安裝路徑設置

（6）選擇開闢的硬盤空間大小，根據需要可自行選擇，這裡選擇大小為 15G，該空間將在虛擬機安裝的指定盤下開闢 15G 的邏輯空間。然後單擊【Next】，進入下一步。如圖 3-23 所示。

圖 3-23　硬盤大小設置

（7）出現虛擬機的配置信息頁面，主要包括虛擬機的名字、保存的路徑、虛擬機的版本號、操作系統的類型、硬盤大小、內存大小、網路連接方式、其他設備信息（如圖 3-24 所示）。單擊【Customize Hardware】，然後調整內存大小為 1G，網路連接方式為橋接模式。

29

操作系統原理與實踐

圖 3-24 虛擬機配置設置

(8)這時設置好的虛擬機還是一臺沒有操作系統的裸機,下面打開虛擬機電源,然後選擇【虛擬機設置】,打開如圖 3-25 所示的界面,選擇【CD/DVD】→【Use ISO image file】→【Browse】,打開選擇 Windows Server 2003.ISO 安裝盤。然後單擊【OK】。重啓虛擬機進行到安裝過程。

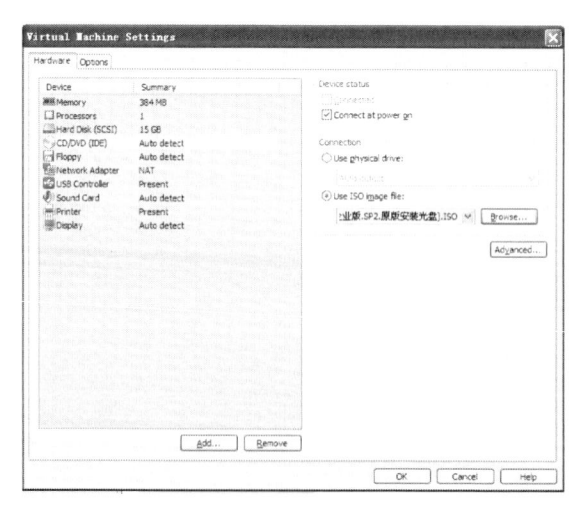

圖 3-25 ISO 鏡像文件路徑選擇

(9)進入到操作系統安裝前自檢步驟,自檢完成後自動進入到下一步驟。如圖 3-26 所示。

第 3 章　虛擬機安裝以及 Windows Server 2003 系統安裝

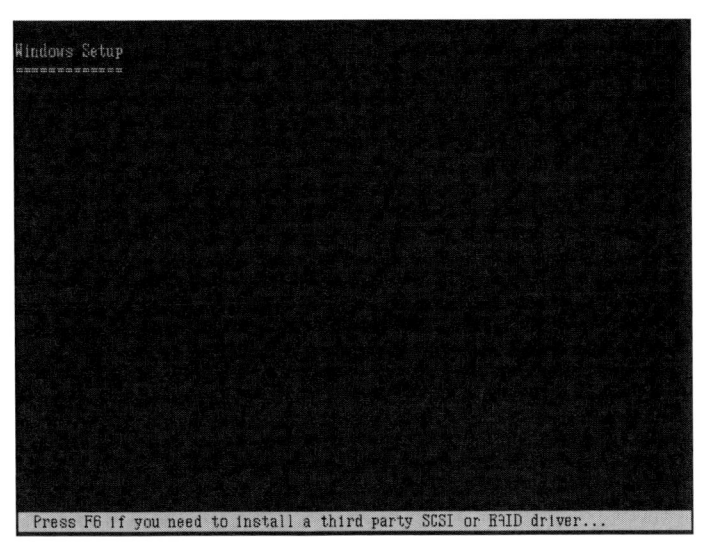

圖 3-26　系統自檢

（10）進行磁盤空間的劃分，根據提示信息，單擊 C 創建一個磁盤分區。如圖 3-27 所示。

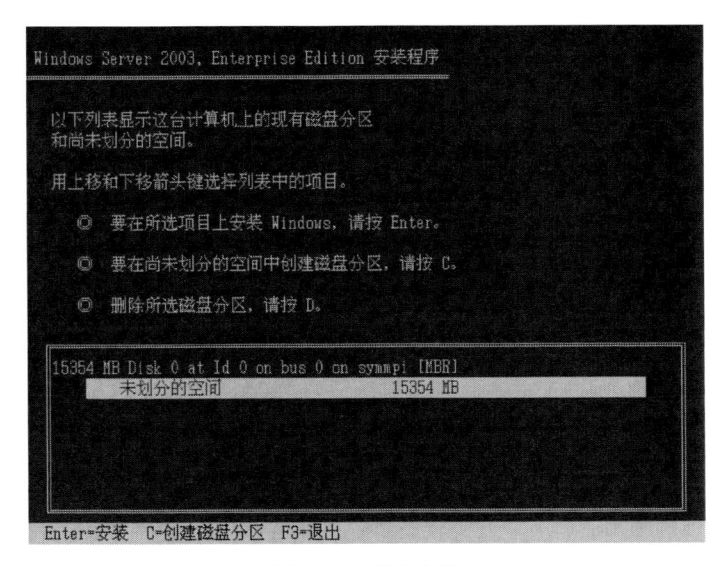

圖 3-27　劃分空間

（11）選擇設置大小為 10G，然后單擊【Enter】完成一個 C 盤的分區。如圖 3-28 所示。

31

操作系統原理與實踐

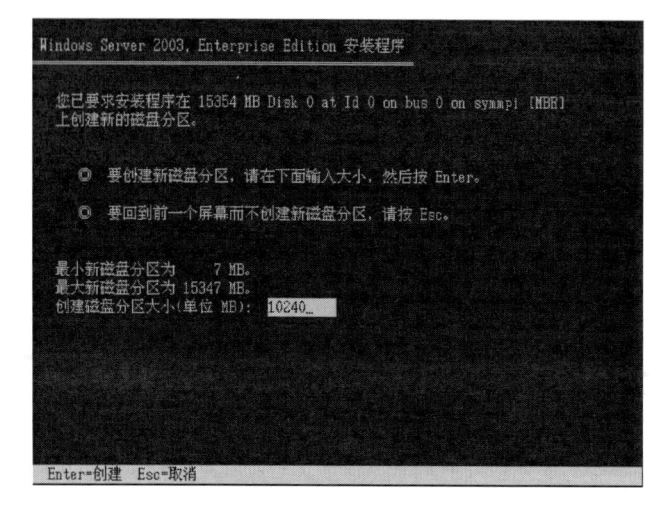

圖 3-28　設置 10G 硬盤

(12) 再同樣操作一次,完成另外一個 5G 大小盤的分區。如圖 3-29 所示。

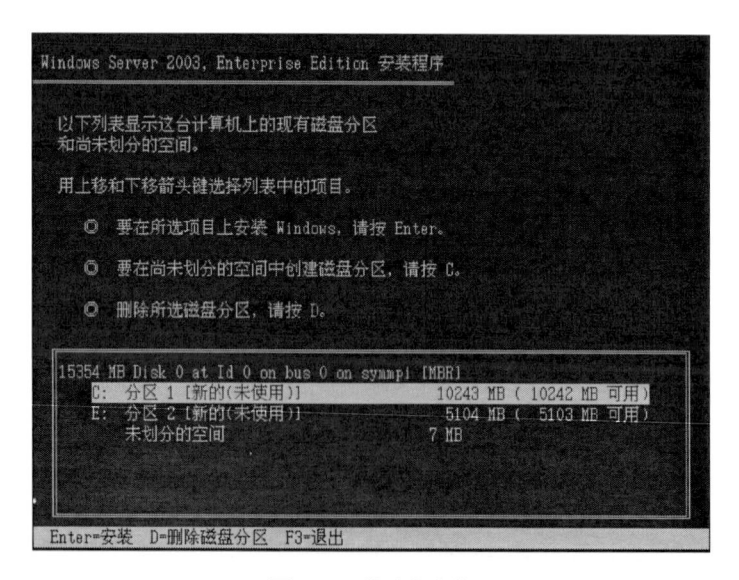

圖 3-29　格式化安裝

(13) 然後在新分出來的 C 盤上,單擊【Enter】進行格式化安裝進入到磁盤格式化頁面,選擇 NTFS 文件系統格式化磁盤分區,NTFS 格式文件系統支持 4G 以上大文件,FAT 格式則不支持,所以最好選擇 NTFS 格式進行格式化。如圖 3-30 所示。

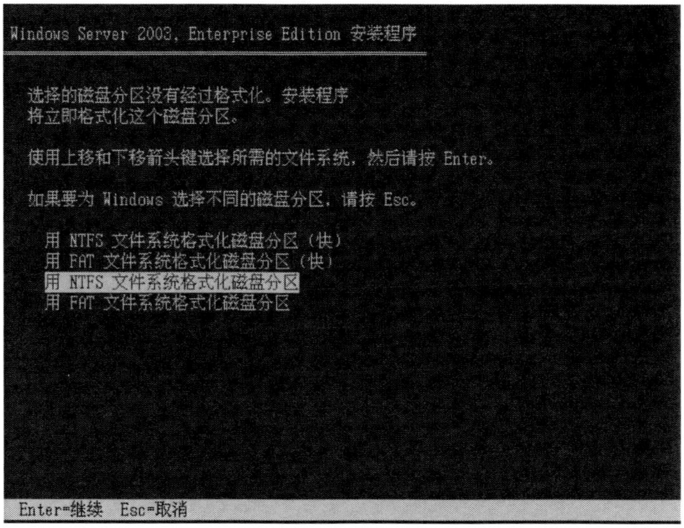

第 3 章 虛擬機安裝以及 Windows Server 2003 系統安裝

圖 3-30 NTFS 快速格式化分區

(14)單擊【Enter】進入到快速格式化頁面。如圖 3-31 所示。

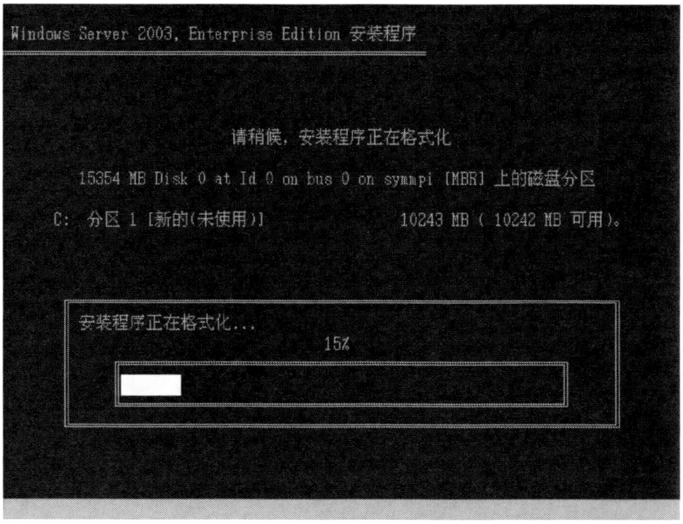

圖 3-31 安裝拷貝程序進度條

(15)格式化完成后,安裝程序自動拷貝安裝文件,從 ISO 鏡像文件中拷貝到剛分配的 C 盤下。如圖 3-32 所示。

33

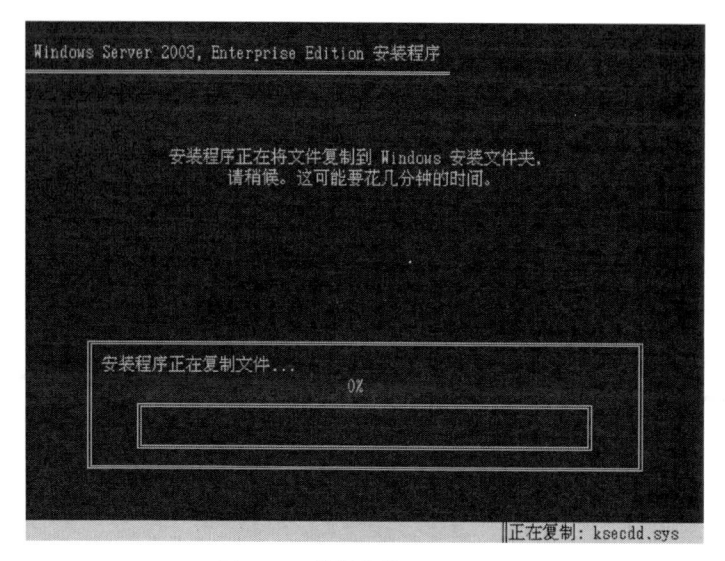

圖 3-32　複製安裝程序到硬盤

(16) 自動設置啓動配置，開始準備安裝。如圖 3-33 所示。

圖 3-33　設置啓動配置

(17) 進入到安裝過程，提示需要 39 分鐘左右，因為是在虛擬機下進行的安裝，實際安裝時間較短。如圖 3-34 所示。

第 3 章　虛擬機安裝以及 Windows Server 2003 系統安裝

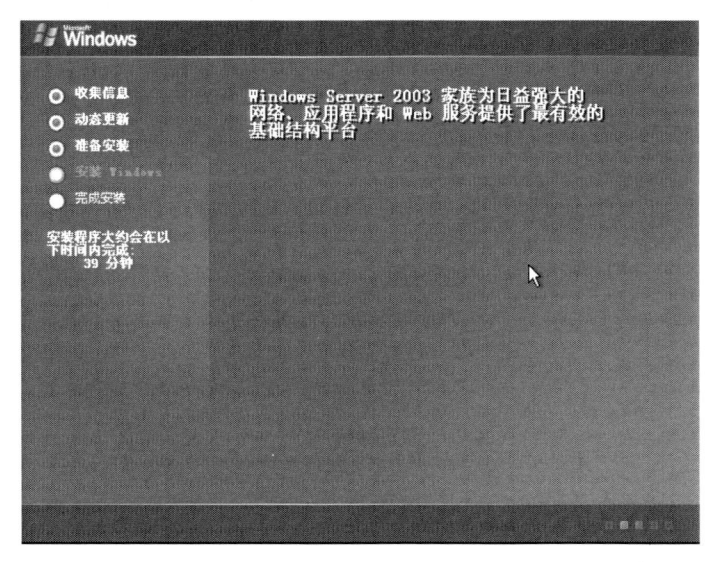

圖 3-34　準備安裝界面

(18)進入到 Windows 安裝向導界面,單擊【下一步】。如圖 3-35 所示。

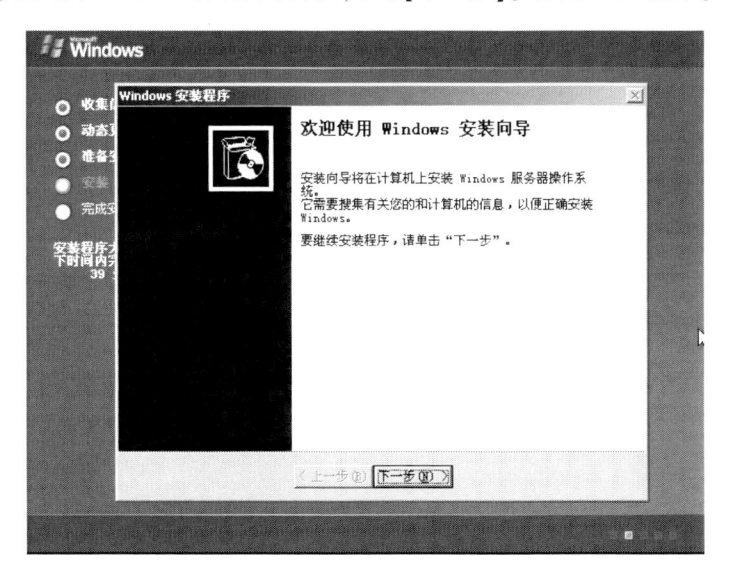

圖 3-35　安裝向導界面

(19)接受這個協議,單擊【下一步】,繼續進行安裝。如圖 3-36 所示。

35

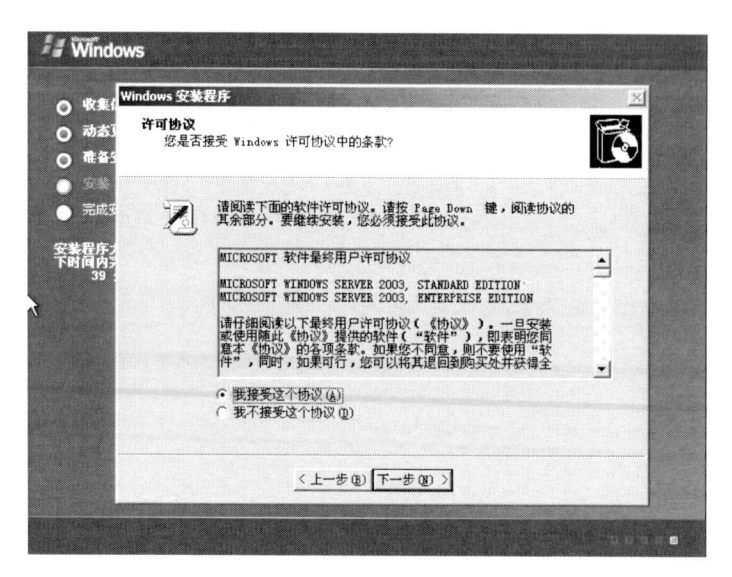

圖 3-36　安裝協議許可界面

(20)整個安裝過程中,有幾處地方是需要進行一些交互的,需要填寫一些安裝的基本信息。如圖 3-37 所示。

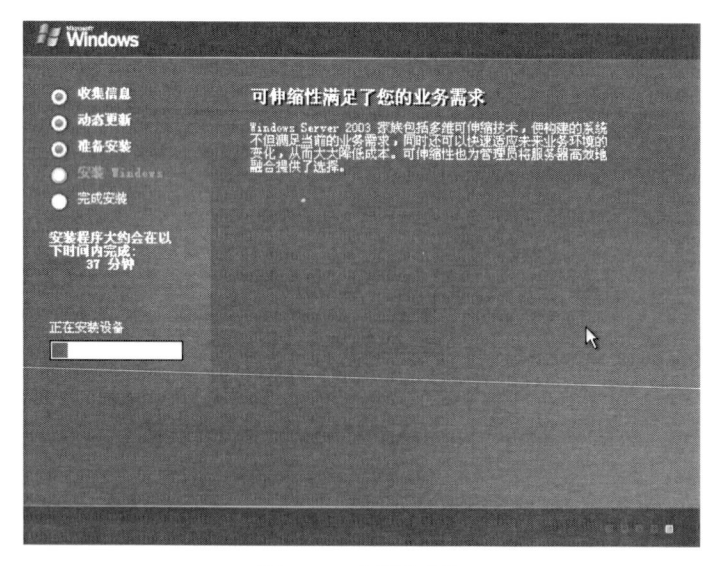

圖 3-37　安裝進度條

(21)選擇區域和語言選項,保留默認,單擊【下一步】。如圖 3-38 所示。

第 3 章　虛擬機安裝以及 Windows Server 2003 系統安裝

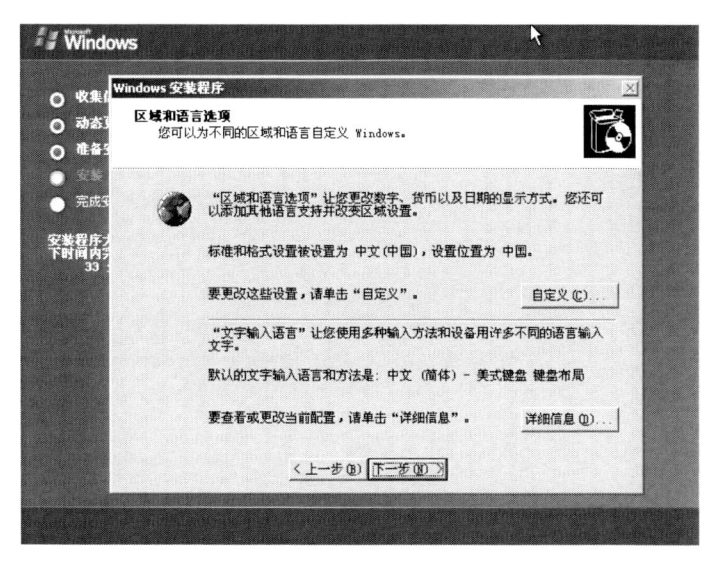

圖 3-38　區域語言選項設置

(22)填寫姓名 swufe 和單位 swufe，單擊【下一步】。如圖 3-39 所示。

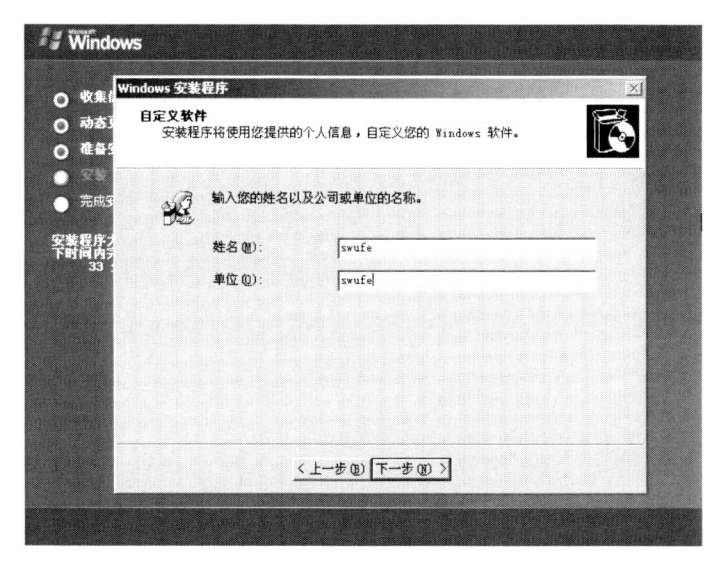

圖 3-39　姓名和單位設置

(23)選擇服務器的「同時連接數」，保留為 200，單擊【下一步】。如圖 3-40 所示。

37

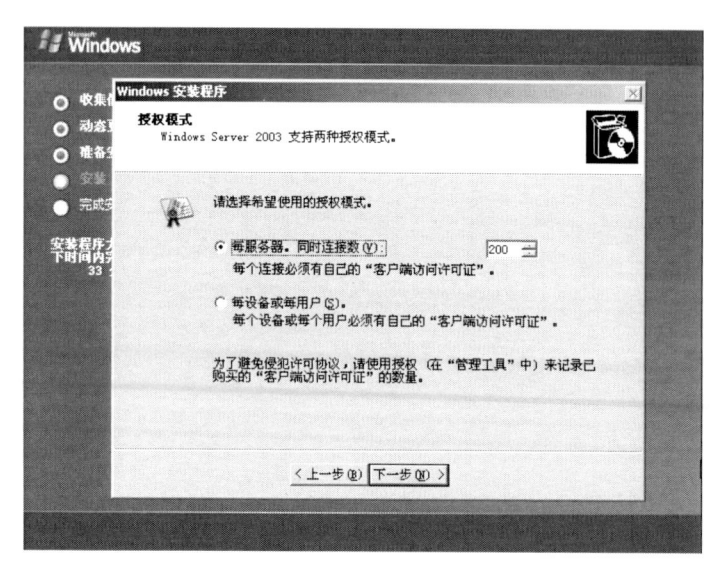

圖 3-40 授權模式設置

(24)填寫計算機名稱,可以根據需要自行填寫,輸入管理員密碼,並且牢記。如圖 3-41 所示。

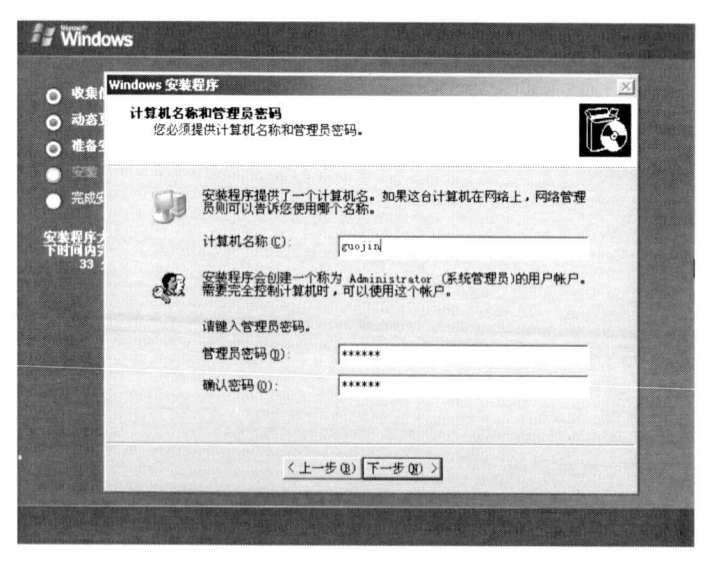

圖 3-41 用戶名和密碼設置

(25)設置日期和時間以及時區,單擊【下一步】。如圖 3-42 所示。

第 3 章　虛擬機安裝以及 Windows Server 2003 系統安裝

圖 3-42　日期和時間設置

(26)進入到安裝網路模塊。如圖 3-43 所示。

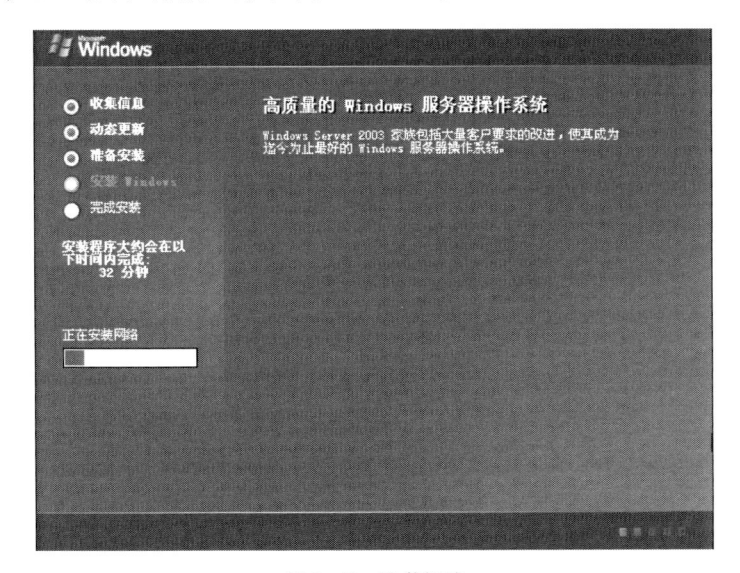

圖 3-43　安裝網路

(27)網路設置中選擇【典型設置】,單擊【下一步】。如圖 3-44 所示。

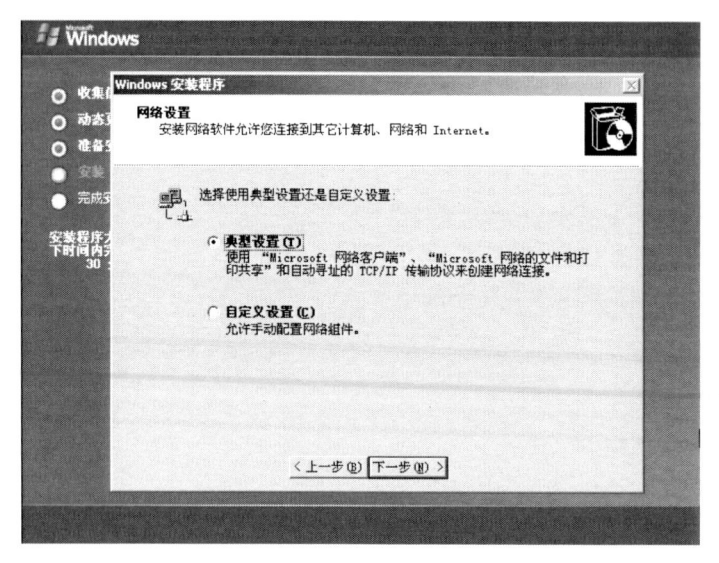

图 3-44　網路設置配置

(28)在是否讓這個計算機成為域成員選項,選擇「不」,單擊【下一步】。如圖 3-45 所示。

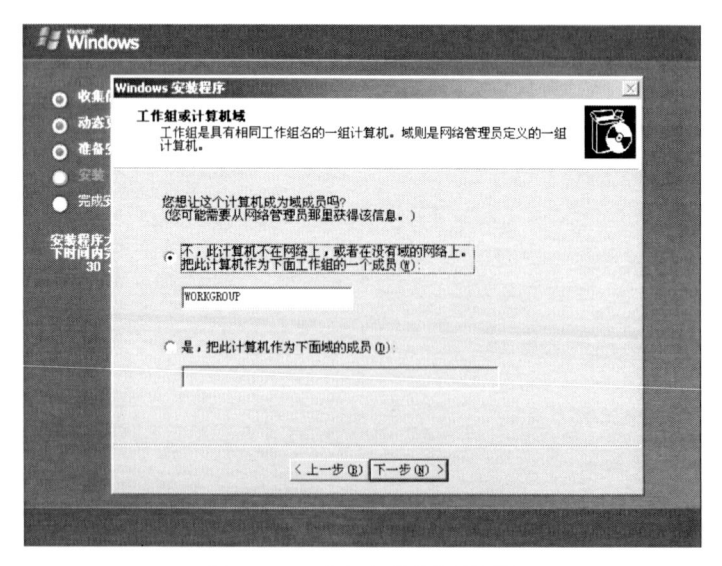

圖 3-45　工作組和計算機域設置

(29)正式開始複製安裝文件,進行安裝。如圖 3-46 所示。

第 3 章　虛擬機安裝以及 Windows Server 2003 系統安裝

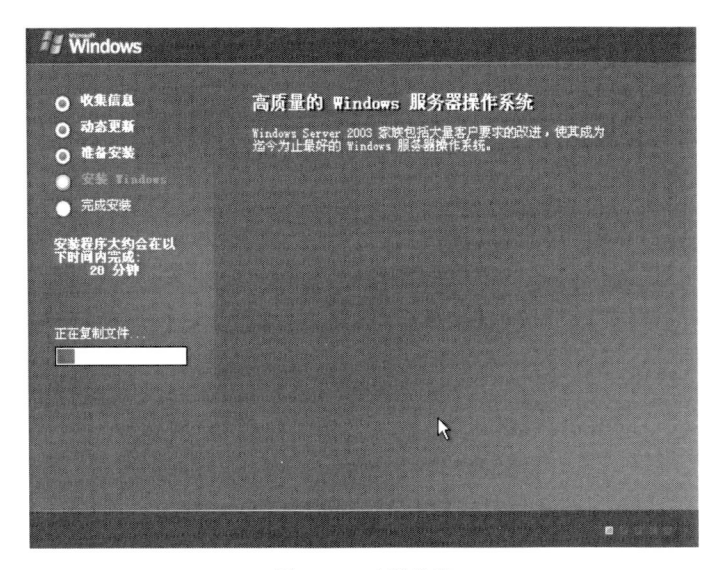

圖 3-46　安裝進度

(30) 安裝開始菜單項。如圖 3-47 所示。

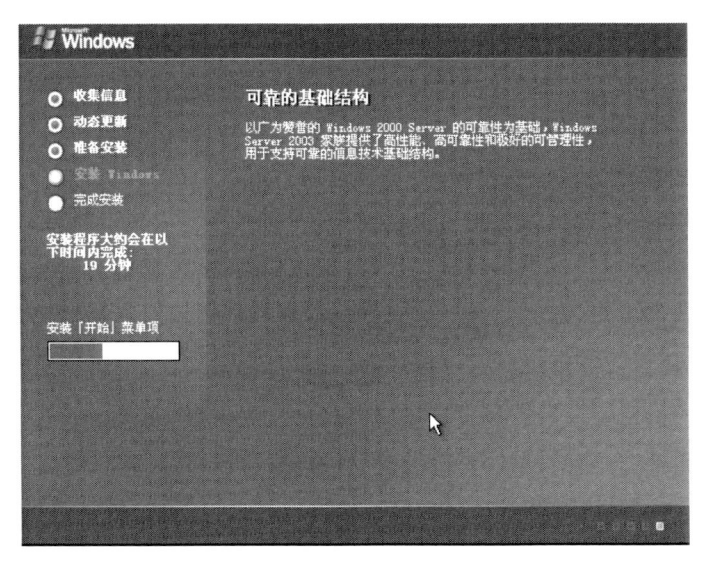

圖 3-47　安裝開始菜單

(31) 安裝完成后刪除安裝文件。如圖 3-48 所示。

41

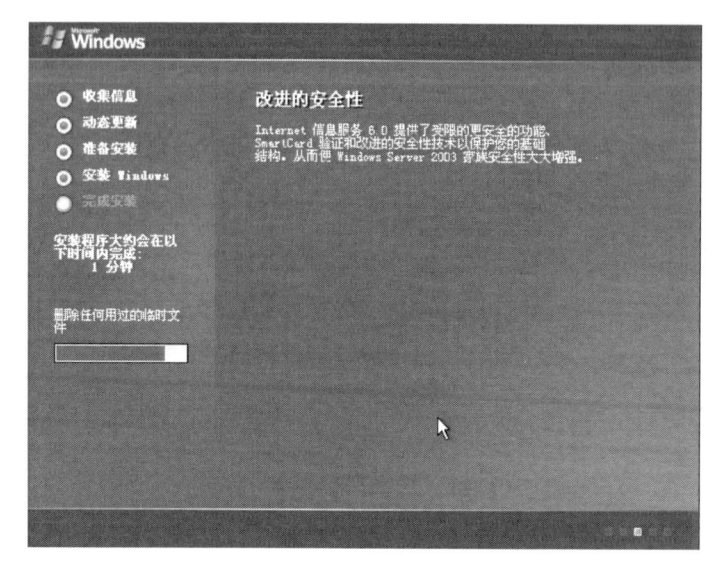

圖 3-48 刪除安裝文件

（32）系統自動重啓，進入到 Windows 環境中。如圖 3-49 所示。

圖 3-49 硬盤啓動操作系統

（33）最開始進入到 Windows 桌面的時候是沒有「我的電腦」等桌面圖標的，在桌面上右鍵，然後選擇【屬性】→【桌面】→【自定義桌面】，在【桌面圖標】上勾選好「我的文檔」、「網上鄰居」、「我的電腦」、「internet Explorer」。如圖 3-50 所示。

第 3 章　虛擬機安裝以及 Windows Server 2003 系統安裝

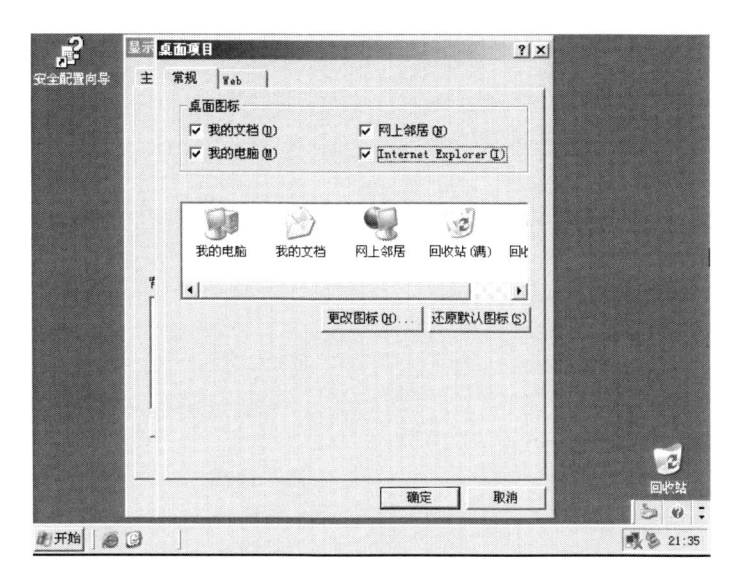

圖 3-50　桌面圖標自定義

（34）其他的屬性可以根據需要自行設定，比如桌面的背景等內容。如圖 3-51 所示。

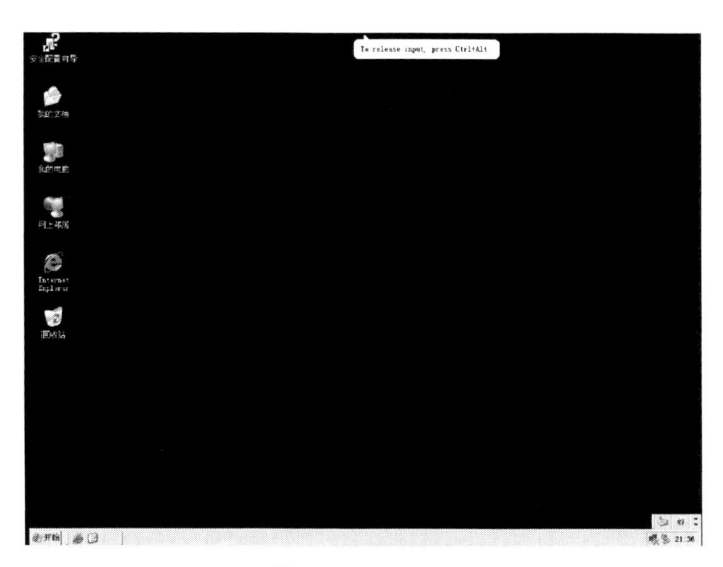

圖 3-51　桌面設置

第 4 章　Windows Server 2003 DNS 服務器

本章介紹 DNS 服務器的基本概念,講解 DNS 域名的結構和含義,重點講解 DNS 服務器的基本工作原理,圖解的方式演示 DNS 服務器的安裝配置以及相關的測試工作。通過本章的學習,讀者應該掌握以下內容:

* DNS 服務器的基本概念。
* DNS 服務器的域名結構。
* DNS 服務器的工作原理。
* DNS 服務器的安裝和配置。
* DNS 服務器的測試。

4.1　DNS 基本概念和域名結構

平時上網的時候,都需要在瀏覽器的地址欄輸入一個網址或者直接輸入一個 IP 地址,然后通過網路傳輸解析地址或者 IP,向對應地址的服務器作出 Web 請求,最終得到服務器的回應,從而能夠成功瀏覽一個網頁。平時主要都是通過輸入一個網址的形式進行服務請求的,而不是一個 IP 地址,IP 地址全是數字,毫無規律和意義,也不便於記憶,而網址是一些具有特殊函數的字母組成,比如 www.qq.com,大家都知道是騰訊的網址,這樣有利於記憶。人們在使用網路資源的時候,為了便於記憶和理解,更傾向於使用有代表意義的名稱,即域名系統 DNS,如 www.szpt.net.cn 。但是同時也知道網路的請求都是以 IP 地址為目標的,那當輸入網址也就是域名的時候,又如何將域

第 4 章　Windows Server 2003 DNS 服務器

名轉換為一個正確的 IP 地址呢？這就需要域名解析，將域名轉換為 IP 地址，域名的解析需要有專門的域名服務器來完成。DNS（Domain Name System）就是域名系統，DNS 服務器是域名系統的核心。

　　DNS 域名的結構是有規定的，整個 DNS 域名結構就像是一個倒立的樹，最上一個成為根節點，往下是第一層域，第二層域，等等，最底層是主機頭，也就是主機。第一層域一般表示的是國家或地區，比如 hk 是香港，jp 是日本，cn 是中國，ca 是加拿大等；第二層域一般表示的是組織結構性質，比如 net、com 都表示商業組織單位，org 是特殊政府組織，edu 是學校，gov 是政府，mil 是軍隊等；第三層域表示的是具體的組織名，比如新浪，雅虎等；第四層域的 www、ftp 是主機名。DNS 結構如圖 4-1 所示。

　　例如：www.szpt.edu.cn
* www：主機名
* szpt.edu.cn：域名
* szpt：edu.cn 域下的子域
* edu：cn 域下的子域
* cn：根域下的子域

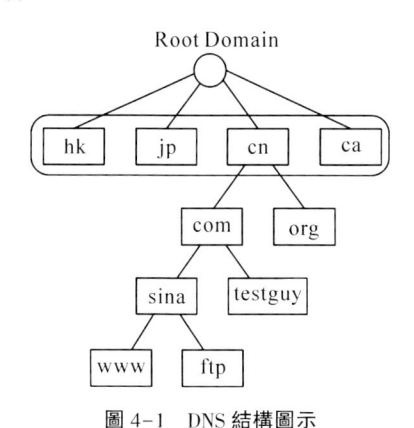

圖 4-1　DNS 結構圖示

4.2　DNS 解析的基本原理

　　DNS 服務器主要負責解析域名，DNS 解析主要包括正向解析和反向解析，正向解析是將域名解析為 IP，反向解析是查詢 IP 對應的域名。正向解析又包括遞歸查詢和迭代查詢兩種方式。

　　遞歸查詢——DNS 客戶端需要解析域名，向它的 DNS 服務器發出查詢請求，如果 DNS 服務器裡面沒有所需要的數據，則 DNS 服務器會代替客戶端向其他的 DNS 服務器進行查詢，其他的 DNS 服務器如果也沒有所需要的數據，則再向它的 DNS 服務器請求,如果這個時候 DNS 服務器有相關對應數據,則首先反饋給之前的 DNS 服務器,再依次反饋到最開始的 DNS 服務器,直到 DNS 的客戶端得到數據。這種傳遞方式,DNS 服務器必須向客戶端做出回答,一般由 DNS 客戶端提出的查詢都是遞歸查詢。

迭代查詢——DNS 客戶端需要解析域名,向它的 DNS 服務器發出查詢請求,如果 DNS 服務器裡面沒有所需要的數據,則第一臺 DNS 服務器會告訴客戶端它的 DNS 服務器的 IP 地址,由 DNS 客戶端直接和第一臺 DNS 服務器提出查詢請求,如果第一臺 DNS 服務器也沒有數據,則第一臺 DNS 服務器會告訴客戶端它的 DNS 服務器,即第二臺 DNS 服務器,客戶端直接和第二臺服務器提出請求,直到找到數據為止。

反向查詢——讓 DNS 客戶端利用自己的 IP 地址查詢它的主機名稱。反向查詢是依據 DNS 客戶端提供的 IP 地址來查詢它主機名,由於 DNS 名字空間中域名與 IP 地址之間無法建立直接對應關係,所以必須在 DNS 服務器內創建一個反向查詢區域。

4.3 DNS 服務器的安裝

選擇【開始】菜單→【控制面板】→【添加刪除程序】,單擊【添加刪除 Windows 組件】。在【組件】下拉列表中找到【網路服務】,單擊【詳細信息】按鈕,打開網路服務的詳細信息頁面。如圖 4-2 所示。

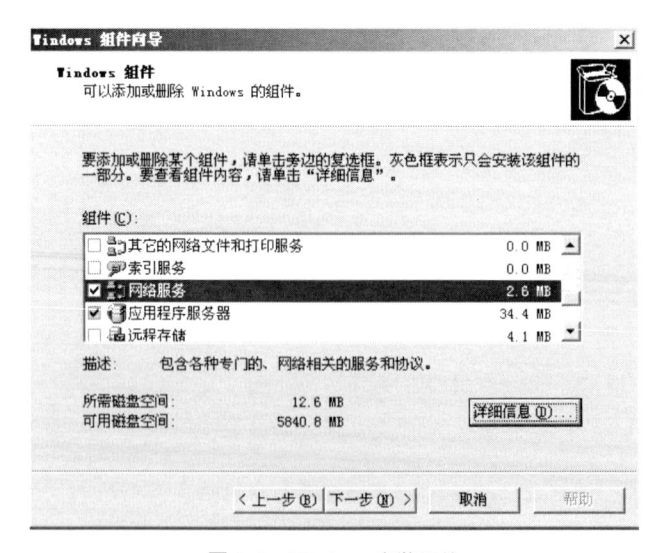

圖 4-2 Windows 安裝組件

在網路信息的詳細頁面中找到【域名系統(DNS)】,將復選框勾上,單擊【確定】,再單擊【下一步】進行安裝。如圖 4-3 所示。

第 4 章　Windows Server 2003 DNS 服務器

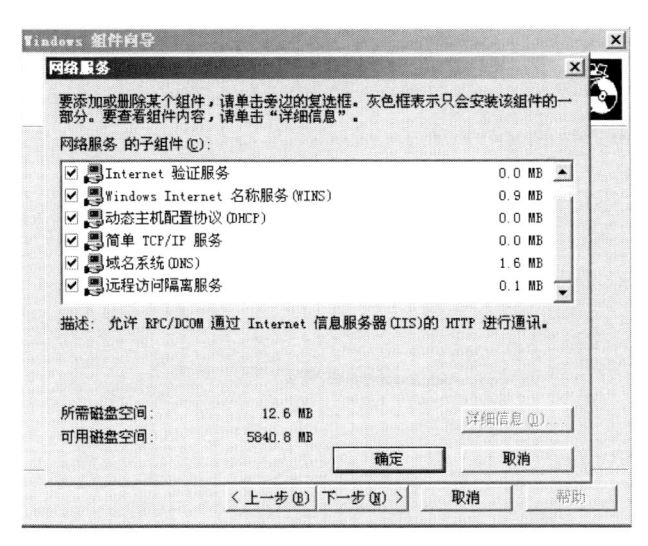

圖 4-3　DNS 安裝選擇

安裝進度如圖 4-4 所示。

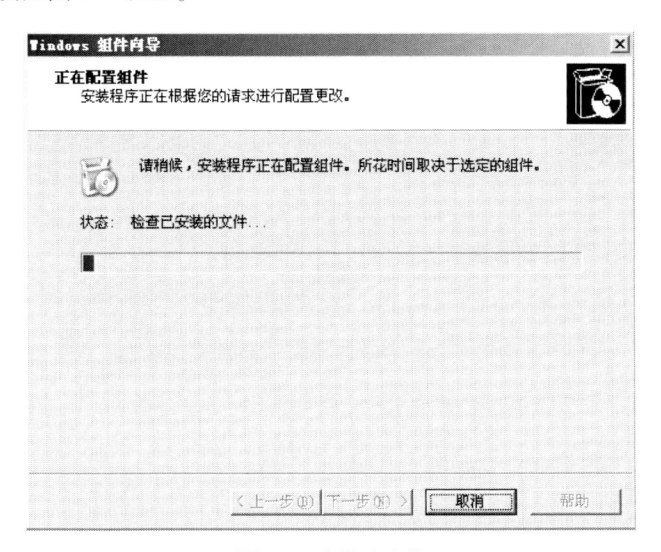

圖 4-4　安裝進度條

看到「Windows 組件向導」安裝成功圖示之后,單擊【完成】即可。如圖 4-5 所示。

操作系統原理與實踐

圖 4-5　DNS 安裝成功

如果在安裝的過程中，提示找不到安裝文件，需要導入 DVD 光驅，那首先要保證虛擬機 DVD 設備是處於連接狀態；其次選擇光驅，在【Use ISO image file】中導入 Windows Server 2003.ISO 光盤；最后回到安裝頁面單擊空白處，即可繼續進行安裝。如圖 4-6 所示。

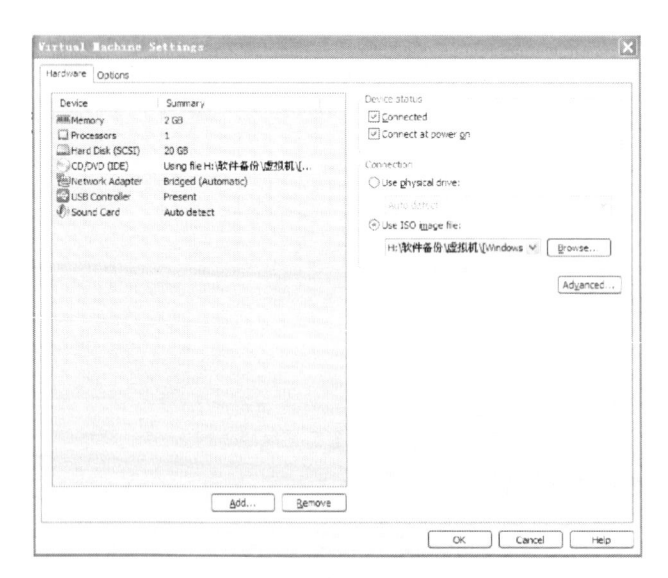

圖 4-6　導入 ISO 光盤

第 4 章　Windows Server 2003 DNS 服務器

4.4　DNS 服務器的配置和測試

　　DNS 服務器在配置和測試前，要認識清楚虛擬機裡面的操作系統和虛擬機外的操作系統。Windows Server 版作為服務器，需要進行配置，虛擬機外的操作系統作為客戶機進行測試（在本書的后面 Windows 服務器配置章節中如果沒有作特殊說明，服務器都是指虛擬機內安裝的 Windows Server 2003，客戶端都是指虛擬機外安裝的操作系統，本書採用的是 Windows XP），並且將虛擬機的網路連接方式設置為橋接模式，這樣兩臺機器就是局域網內相互獨立，測試也更能說明問題。

　　將兩端的網路環境配置成功，最好可以保證 ping，虛擬機外的客戶端採用橋接模式，選擇【虛擬機設置】→【Net Work Adapter】→【橋接】，勾選好復選框。Windows 2003 啓動后，網路 DHCP 設置為自動獲取 IP。打開 DOS 環境，輸入 ipconfig /all，可以查看到目前服務器的網路環境，如圖 4-7 所示。

　　IP 地址：172.16.66.43

　　子網掩碼：255.255.255.224

　　DHCP 服務器：172.17.1.5

　　DNS 服務器：172.17.1.46

圖 4-7　IP 服務器地址圖示

　　客戶端的 IP 也採用 DHCP 的自動獲取方式，然后打開客戶端 DOS，輸入 ipconfig /all，得到客戶端的網路連接信息如圖 4-8 所示。

　　IP 地址：172.16.66.38

　　子網掩碼：255.255.255.224

DHCP 服務器:172. 17. 1. 5

DNS 服務器:172. 17. 1. 46

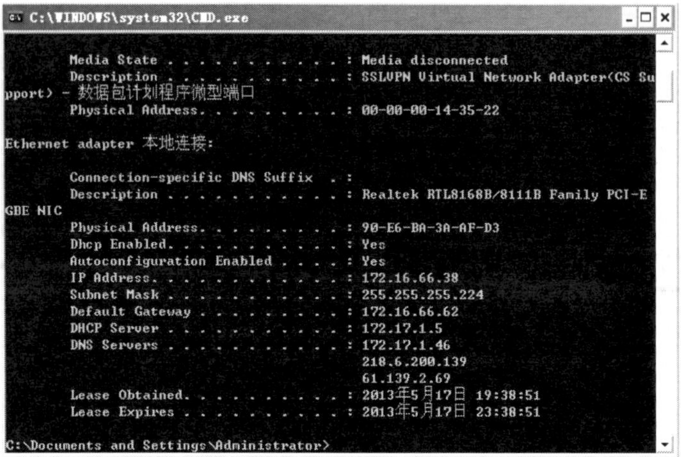

```
C:\WINDOWS\system32\CMD.exe
        Media State . . . . . . . . . . . : Media disconnected
        Description . . . . . . . . . . . : SSLVPN Virtual Network Adapter(CS Su
pport) - 数据包计划程序微型端口
        Physical Address. . . . . . . . . : 00-00-00-14-35-22

Ethernet adapter 本地连接:

        Connection-specific DNS Suffix  . :
        Description . . . . . . . . . . . : Realtek RTL8168B/8111B Family PCI-E
GBE NIC
        Physical Address. . . . . . . . . : 90-E6-BA-3A-AF-D3
        Dhcp Enabled. . . . . . . . . . . : Yes
        Autoconfiguration Enabled . . . . : Yes
        IP Address. . . . . . . . . . . . : 172.16.66.38
        Subnet Mask . . . . . . . . . . . : 255.255.255.224
        Default Gateway . . . . . . . . . : 172.16.66.62
        DHCP Server . . . . . . . . . . . : 172.17.1.5
        DNS Servers . . . . . . . . . . . : 172.17.1.46
                                            218.6.200.139
                                            61.139.2.69
        Lease Obtained. . . . . . . . . . : 2013年5月17日 19:38:51
        Lease Expires . . . . . . . . . . : 2013年5月17日 23:38:51

C:\Documents and Settings\Administrator>
```

圖 4-8　客戶端 IP 地址

ping 客戶端如圖 4-9 所示,在服務器端 DOS 下輸入 ping 172. 16. 66. 43。

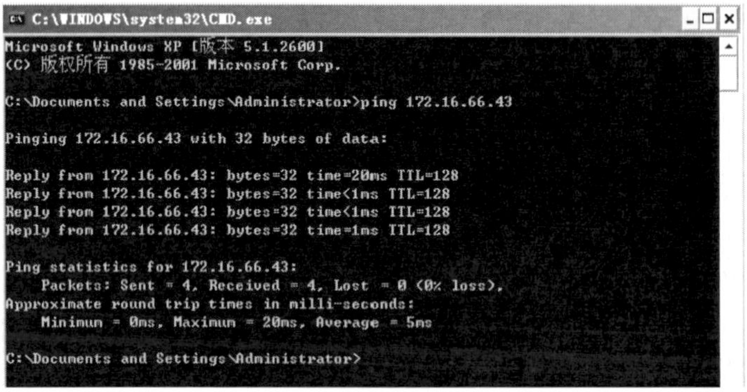

```
C:\WINDOWS\system32\CMD.exe
Microsoft Windows XP [版本 5.1.2600]
(C) 版权所有 1985-2001 Microsoft Corp.

C:\Documents and Settings\Administrator>ping 172.16.66.43

Pinging 172.16.66.43 with 32 bytes of data:

Reply from 172.16.66.43: bytes=32 time=20ms TTL=128
Reply from 172.16.66.43: bytes=32 time<1ms TTL=128
Reply from 172.16.66.43: bytes=32 time<1ms TTL=128
Reply from 172.16.66.43: bytes=32 time=1ms TTL=128

Ping statistics for 172.16.66.43:
    Packets: Sent = 4, Received = 4, Lost = 0 (0% loss),
Approximate round trip times in milli-seconds:
    Minimum = 0ms, Maximum = 20ms, Average = 5ms

C:\Documents and Settings\Administrator>
```

圖 4-9　ping 命令

ping 客戶端如圖 4-10 所示,在服務器端 DOS 下輸入 ping 172. 16. 66. 38。

第4章 Windows Server 2003 DNS 服務器

圖 4-10 ping 命令

網路環境設置成功後,即可開始配置 DNS 服務器,在服務器中選擇【開始】菜單→【管理工具】→【DNS】,打開 DNS 服務器配置面板(如圖 4-11 所示),選擇【正向查找區域】,單擊右鍵【新建區域】,打開「新建區域向導」。正向查找區域簡單說是創建一個域名和 IP 的映射關係,通過域名查找相應的 IP;反向查找區域簡單說是創建一個 IP 和域名的映射關係,通過 IP 查詢對應的域名。

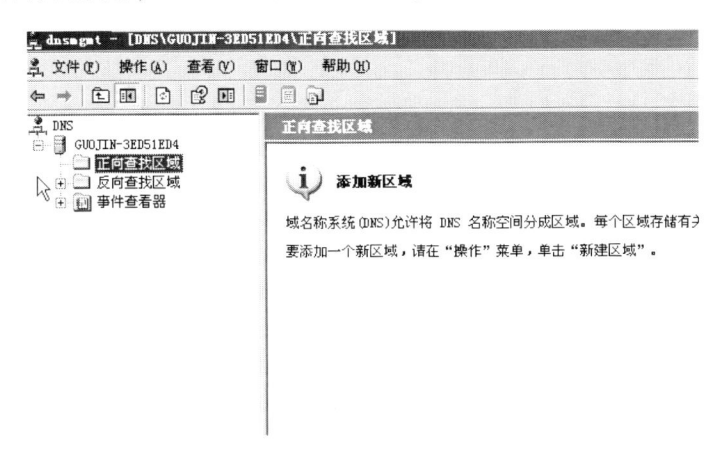

圖 4-11 正向域新建

進入到「新建區域向導」,單擊【下一步】,進入到創建區域的類型頁面。如圖 4-12 所示。

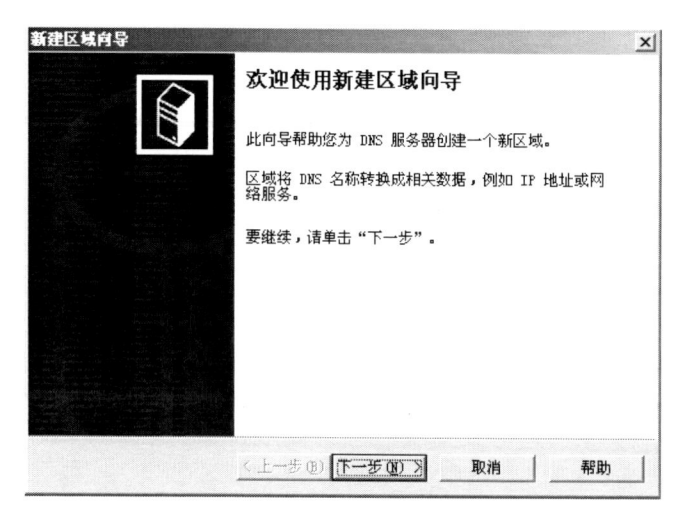

圖 4-12　新建域向導

在打開的區域類型頁面中,選擇【主要區域】,單擊【下一步】,如圖 4-13 所示。域名的體系是通過主要區域和后面的子域構建的,例如一個公司,下面有很多部門,則公司的域可以設計為 account.compute.com、sales.compute.com 等,每個部分下面可以再分。

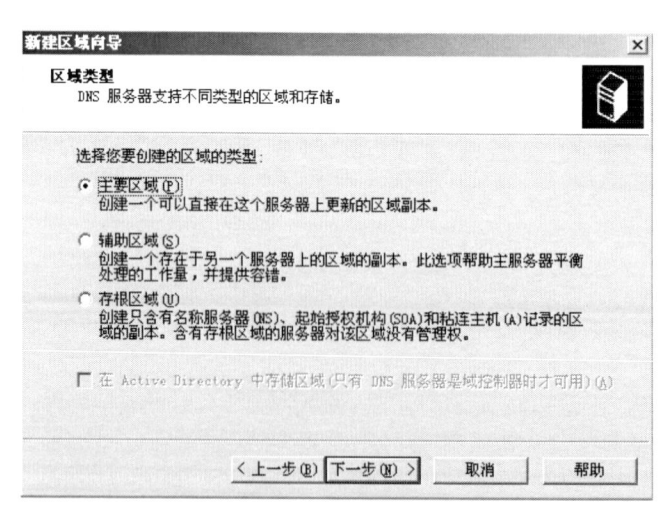

圖 4-13　新建域類型

區域的名稱一般都是二級域,設置為 fxtest.com,單擊【下一步】。如圖 4-14 所示。

第 4 章　Windows Server 2003 DNS 服務器

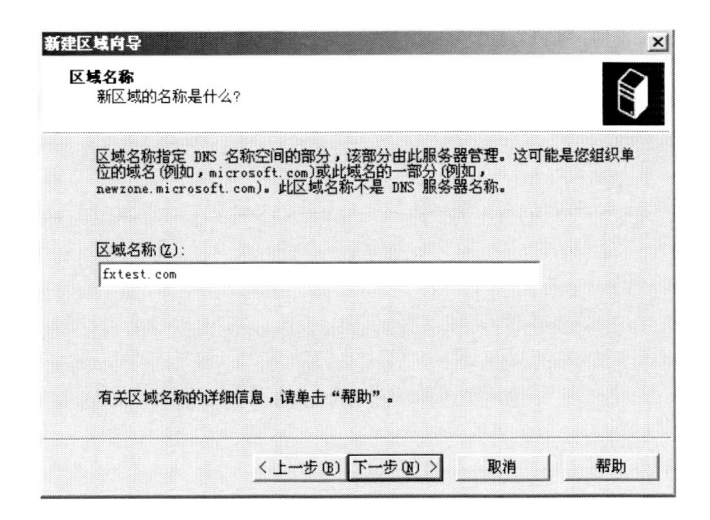

圖 4-14　域名設置

區域文件的保存設置為默認名稱,單擊【下一步】。如圖 4-15 所示。

圖 4-15　配置文件設置

進入【下一步】后,出現設置動態更新的頁面,這裡選擇【不允許動態更新】(即這個區域不接受資源記錄的更新,必須手動更新這些記錄),單擊【下一步】。如圖 4-16 所示。

操作系統原理與實踐

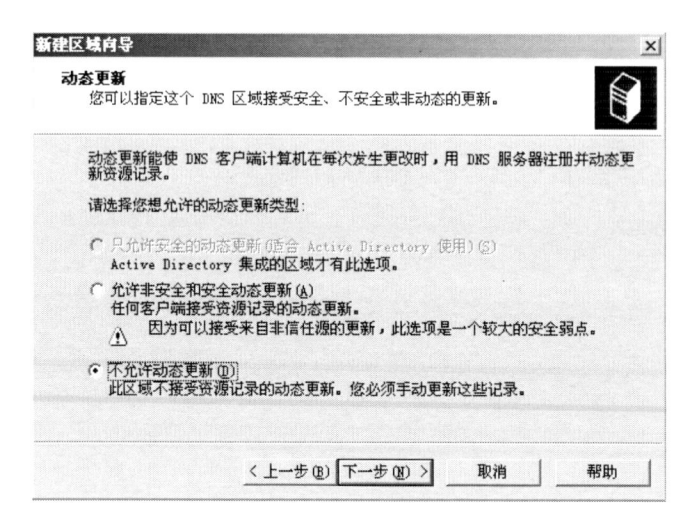

圖 4-16　動態更新設置

新建區域向導結束，一個名稱為 fxtest.com 的區域創建成功，查找類型為正向，如圖 4-17 所示。下面就需要為這個正向區域創建主機頭、別名、郵件交換記錄器。

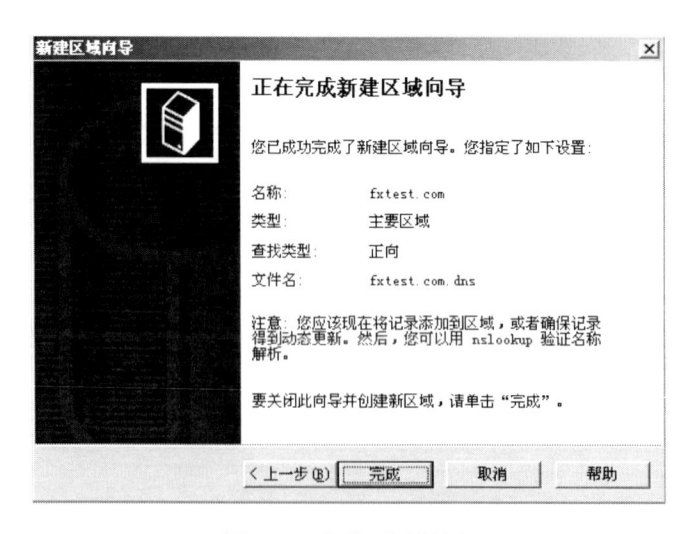

圖 4-17　完成正向域新建

單擊新創建出來的名稱為 fxtest.com 的域，然后單擊右鍵出來的信息，如圖 4-18 所示。

第 4 章　Windows Server 2003 DNS 服務器

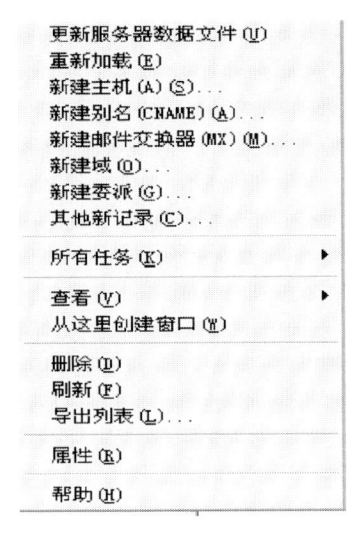

圖 4-18　右鍵選單

選擇【新建主機】，打開新建主機的對話框，則在當前域名為 fxtest.com 下創建一臺名稱為 www 的機器，取名為 www 是因為 Internet 的主要應用是 Web 服務器、FTP 服務器以及 Email 服務器，一般請求最多的是 www 的 Web 服務器，所以取名為 www，當然也可以使用其他的合法的標示符。【名稱】為 www，自動生成完全合格的域名為 www.fxtest.com，【IP 地址】填寫為服務器的 IP 地址 172.16.66.43，單擊【添加主機】即可完成主機創建。如圖 4-19 所示。

圖 4-19　添加主機設置

再選中【新建別名】，打開【新建資源記錄】窗口，在【別名】中填寫 ftp，自動生成完全合格的域名為 ftp.fxtest.com（如圖 4-20 所示）。因為 ftp 是 www 的別名，所以它們

操作系統原理與實踐

指的都是同一臺機器,那最終映射為一個 IP 地址,在【目標主機的完全合格的域名】欄,單擊【瀏覽】按鈕,打開找到如圖 4-21 所示的 www 新建主機,然后單擊【確定】,設置為關聯狀態(最終在客戶端是請求 www 服務還是 FTP 服務,和這個域名是沒關係的,域名只是對應一個 IP。在客戶端請求的是 www 服務還是 FTP 服務,與在 Web 瀏覽器上輸入的請求服務類型有關,如果請求 Web 服務,那就輸入 http://www.fxtest.com,如果請求 FTP 服務,那就輸入 ftp://ftp.fxtest.com,但是 www 和 FTP 是別名也就是 IP 是一樣的,那麼設置后,請求 Web 服務,還可以輸入 http://ftp.fxtest.com,請求 FTP 服務也可以輸入 ftp://www.fxtest.com,因為它們現在的 IP 也一樣的)。

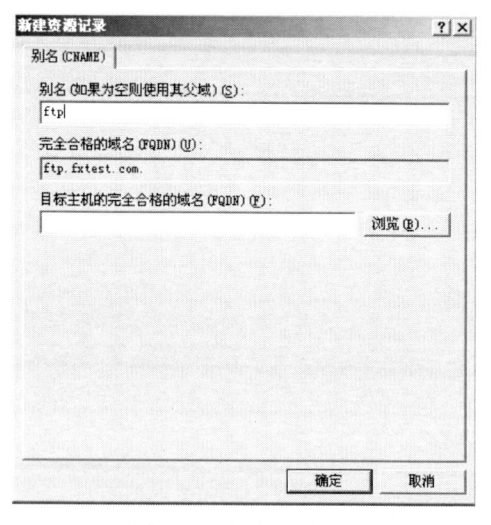

圖 4-20　新建別名設置

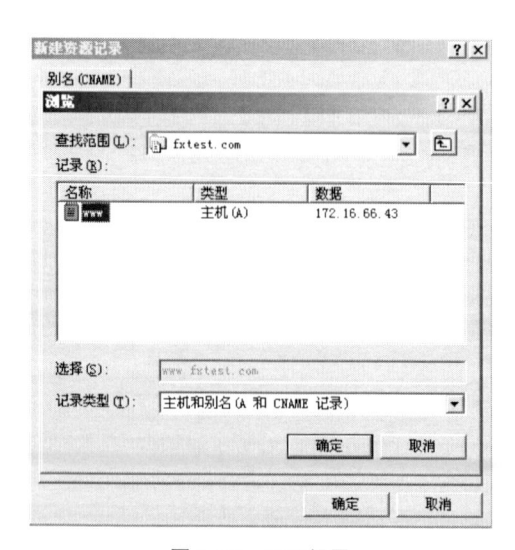

圖 4-21　匹配設置

第 4 章 Windows Server 2003 DNS 服務器

單擊右鍵【新建郵件交換記錄器】,在【主機或子域】中填寫 mail,自動生成完全合格的域名為 mail.fxtest.com(如圖 4-22 所示)。和別名一樣,在【郵件服務器的完全合格的域名】單擊【瀏覽】,找到新建的 www 主機名,然后單擊【確定】(如圖 4-23 所示)。最終創建好的主機,別名和郵件交換器如圖 4-24 所示。

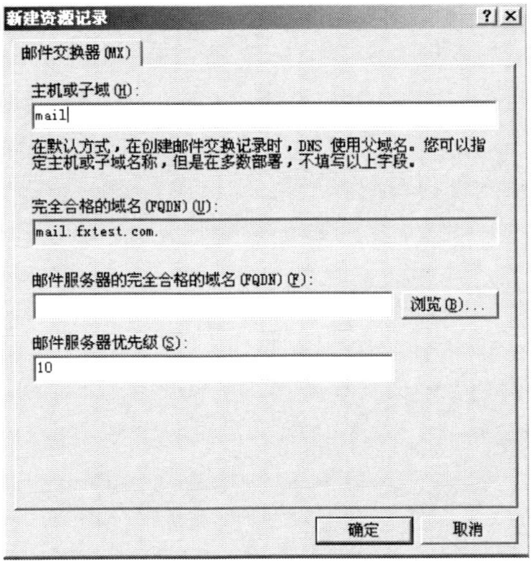

圖 4-22 email 設置

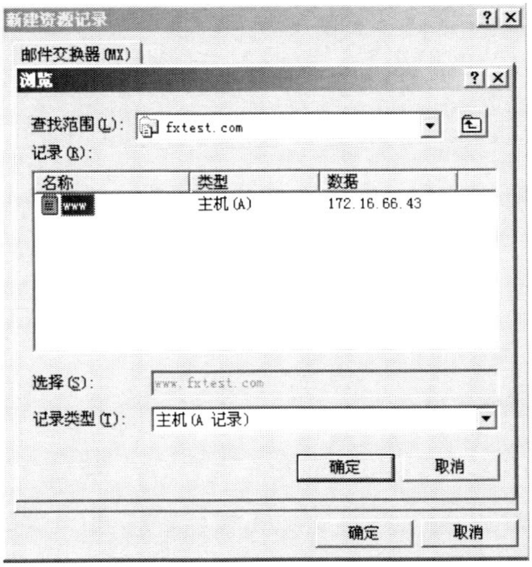

圖 4-23 匹配設置

操作系統原理與實踐

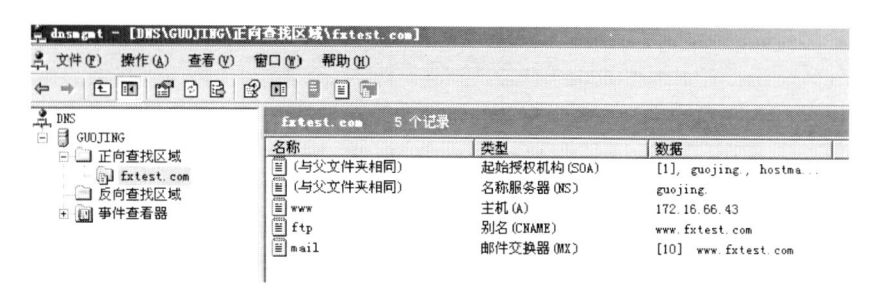

圖 4-24 正向域圖示

接下來創建一個反向查找區域，單擊右鍵【新建區域】，在【新建區域向導】中，選擇【主要區域】，單擊【下一步】。如圖 4-25 所示。

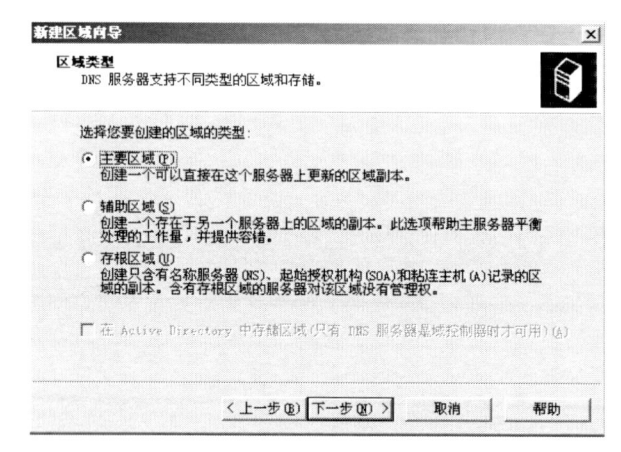

圖 4-25 反向域新建

在【反向查找區域名稱】窗口中，【網路 ID】填寫 IP 地址為 172.16.66，單擊【下一步】。如圖 4-26 所示。

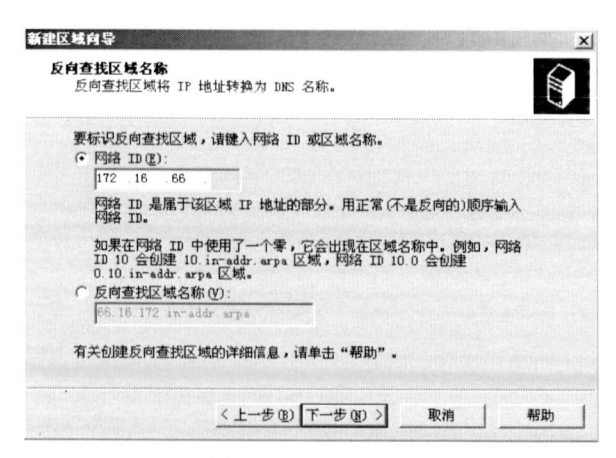

圖 4-26 反向域設置

第 4 章　Windows Server 2003 DNS 服務器

進入到【創建區域文件】,保留默認文件名,單擊【下一步】。如圖 4-27 所示。

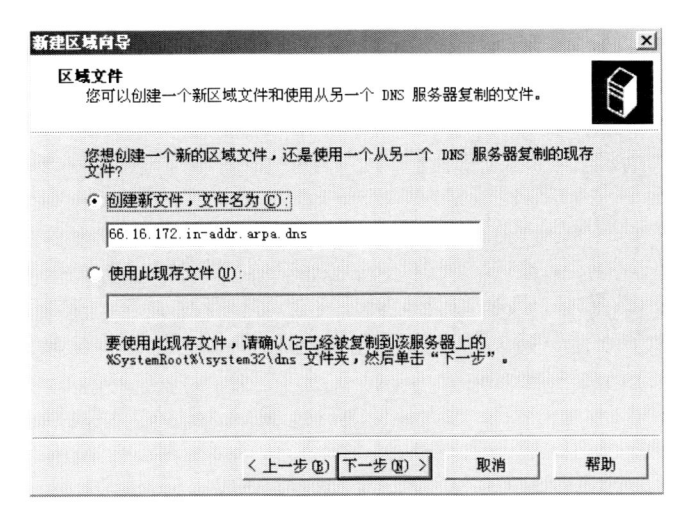

圖 4-27　區域文件設置

同樣,也可以在【動態更新】窗口,選擇【不允許動態更新】,單擊【下一步】。如圖 4-28 所示。

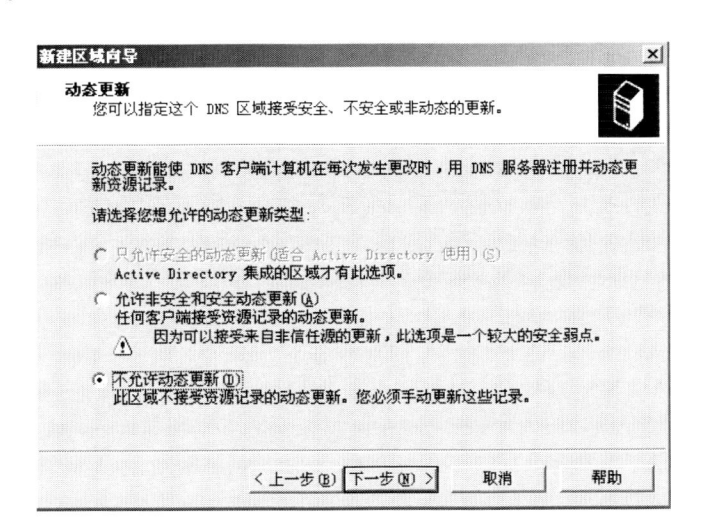

圖 4-28　動態更新設置

完成新建方向區域,得到一個名稱為 66.16.172 的反向查找區域。如圖 4-29 所示。

59

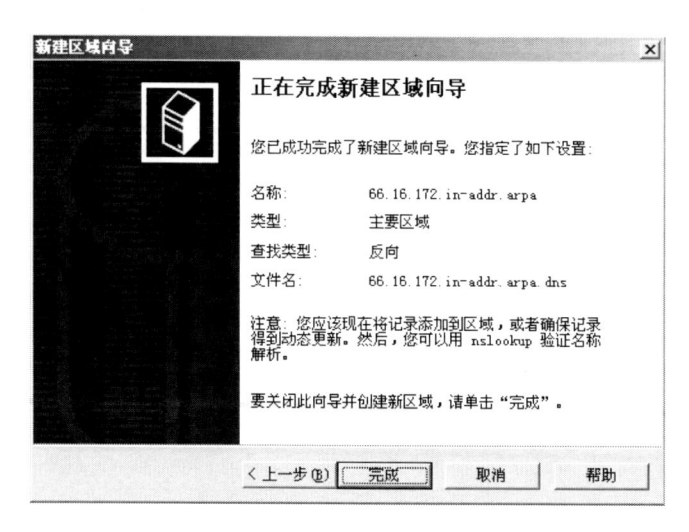

圖 4-29 反向域設置完成

為新建的反向查找區域創建指針，即 IP 和域名的映射關係。右鍵新建的反向查找區域，選擇【新建指針】，填寫【主機 IP 號】為 43，在【主機名】選擇【瀏覽】（如圖 4-30 所示），然後找到之前新建的主機名 www.fxtest.com（如圖 4-31 所示）。設置關聯，最終新建的反向查找域如圖 4-32 所示。

圖 4-30 反向指針設置

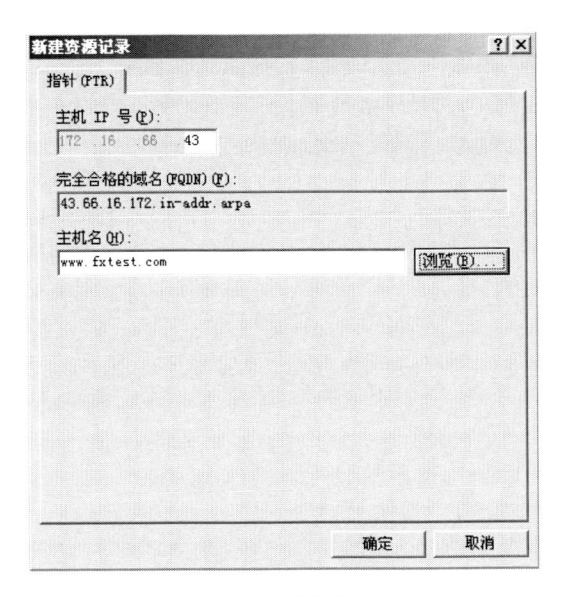

第4章 Windows Server 2003 DNS 服務器

圖 4-31 反向指針匹配

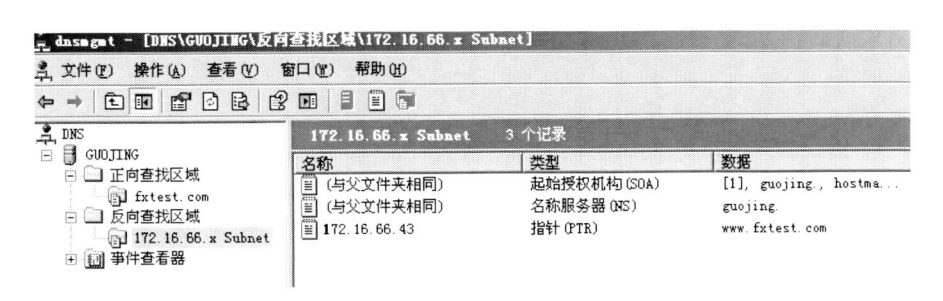

圖 4-32 反向域新建圖示

在客戶端進行測試,首先配置客戶端的 DNS 服務器,將客戶端的 DNS 服務器的 IP 地址修改為服務器的 IP 地址,這樣當需要進行 DNS 查詢的時候,客戶端首先就會根據配置信息向 DNS 服務器進行查詢。

打開客戶端的 DHCP 客戶端,選擇【TCP/IP】→【常規】→【使用下面的 DNS 服務器地址】,手動方式修改【首選 DNS 服務器】IP 地址為 172.16.66.43,然后單擊【確定】。如圖 4-33 所示。

61

操作系統原理與實踐

圖 4-33　DNS 客戶端設置

當再次查詢客戶端的 IP 配置信息的時候，可以發現，DNS Server 選項已經發生變換，修改為當前配置的 DNS 服務器的 IP 地址。如圖 4-34 所示。

圖 4-34　DNS 客戶端顯示

nslookup 是監測網路中 DNS 服務器能否正確實現域名解析的命令工具，它用來向配置的 DNS 域名服務器發出查詢請求。流程如下：

（1）查找主機，打開客戶端的 DOS 客戶端，輸入 nslookup，可以查詢到默認的服務

第 4 章　Windows Server 2003 DNS 服務器

器為 www.fxtest.com，地址為 172.16.66.43，說明查詢 DNS 服務器主機 www.fxtest.com 的 IP 地址沒有問題。如圖 4-35 所示。

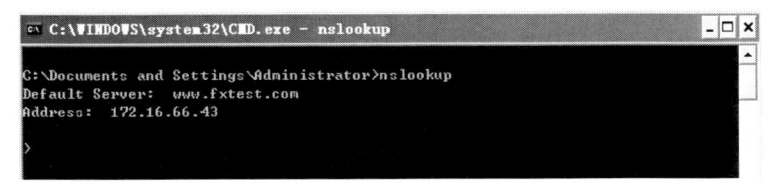

圖 4-35　主機查詢

（2）查找域名信息，輸入 set type=ns，www.fxtest.com。如圖 4-36 所示。

圖 4-36　正向解析查詢

（3）查找反向 DNS 服務器，例如要查找 172.16.66.43 的域名，輸入 set type=ptr，172.16.66.43。如圖 4-37 所示。

圖 4-37　反向域查詢

（4）查詢 MX 郵件記錄，例如輸入要查找的 mail.fxtest.com 的郵件記錄地址。如圖 4-38 所示。

圖 4-38　郵件交換器查詢

(5)查詢別名記錄,輸入 ftp.fxtest.com。如圖 4-39 所示。

```
> ftp.fxtest.com
Server:  www.fxtest.com
Address:  172.16.66.43

ftp.fxtest.com  canonical name = www.fxtest.com
```

圖 4-39　別名查詢

　　每一個有效合法的域名都必須至少有一個主服務器名字,當主服務器名字無效的時候,才會使用輔助服務器名。

第 5 章　Windows Server 2003 DHCP 服務器

本章主要介紹 DHCP 服務器,當需要進行網路連接的時候,需要一個有效合法的 IP 地址,DHCP 服務器就是負責配置 IP 地址的服務器。本章將對 DHCP 服務器的相關理論知識進行介紹以及講解 DHCP 服務器的配置和管理。通過本章的學習,讀者應該掌握以下內容:

* DHCP 服務器的定義。
* DHCP 服務器的基本工作原理。
* DHCP 服務器的安裝和配置。

5.1　DHCP 服務器簡介

在 TCP/IP 網路協議中,計算機如果需要進行網路通信,首先就需要獲得一個合法有效的 IP 地址,客戶端獲得 IP 地址的方式主要有手動方式和自動設置。因此,客戶端的用戶需要對本地的局域網的 IP 地址配置方式有一定的瞭解,知道子網掩碼、網關以及 DNS 服務器等信息。採用手動方式設置,是非常費時費力的,容易出錯,尤其像在學校機房等大量需要進行網路設置的地方,網路管理員的任務量就會明顯增大。自動獲取 IP 指服務器自動根據配置信息向網路中需要 IP 地址的計算機進行 IP 分配,不但可以減少工作量,提高工作效率,而且還可以合理高效地使用有限的 IP 地址。

DHCP(Dynamic Host Configuration Protocol)是動態主機分配協議,其可以簡化主

機 IP 地址的分配和管理。管理員首先對 DHCP 服務器端進行設置,然後通過客戶端 DHCP 服務器進行請求,獲得 IP 地址,保證 IP 地址分配不重複,也可以及時回收長期不使用的 IP 地址,提高 IP 地址的利用率。如果 IP 地址的設置是由系統管理員在每一臺計算機上手工進行設置,把它設定為一個固定的 IP 地址時,就稱為靜態 IP 地址方案。在動態 IP 地址的方案中,每臺計算機並不設定固定的 IP 地址,而是在計算機開機時才被分配一個 IP 地址,這臺計算機被稱為 DHCP 客戶端(DHCP Client)。而負責給 DHCP 客戶端分配 IP 地址的計算機稱為 DHCP 服務器。

DHCP 是對 BOOTP 的擴充;BOOTP 是靜態配置 IP 地址和 IP 參數的,不可能充分利用 IP 地址和大幅度減少配置的工作量。

DHCP 有三種類型的地址分配方式:

第一類,和 BOOTP 類似,DHCP 允許手工配置,管理員可為特定的某個計算機配置特定的地址。

第二類,管理員可為第一次連接到網路的計算機分配一個固定的地址,該計算機以後就使用該地址。

第三類,DHCP 允許完全動態配置,服務器可使計算機在一段時間內「租用」一個地址,租用時間到期時釋放地址。

DHCP 的工作原理如圖 5-1 所示。

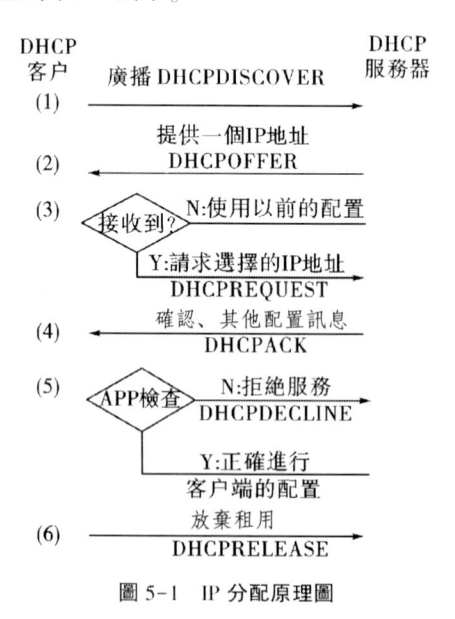

圖 5-1 IP 分配原理圖

DHCP 工作原理的步驟:

第一步:DHCP 客戶機啓動時,客戶機在當前的子網中廣播 DHCPDISCOVER 報文向 DHCP 服務器申請一個 IP 地址。

第 5 章　Windows Server 2003 DHCP 服務器

第二步:DHCP 服務器收到 DHCPDISCOVER 報文后,它將從針對那臺主機的地址區間中為它提供一個尚未被分配出去的 IP 地址,並把提供的 IP 地址暫時標記為不可用。服務器以 DHCPOFFER 報文送回給主機。如果網路裡包含有不止一個的 DHCP 服務器,則客戶機可能收到好幾個 DHCPOFFER 報文,客戶機通常只承認第一個 DHCPOFFER。

第三步:客戶端收到 DHCPOFFER 報文后,向服務器發送一個含有有關 DHCP 服務器提供的 IP 地址的 DHCPREQUEST 報文。如果客戶端沒有收到 DHCPOFFER 報文並且還記得以前的網路配置,此時使用以前的網路配置(如果該配置仍然在有效期限內)。

第四步:DHCP 服務器向客戶機發回一個含有原先被發出的 IP 地址及其分配方案的一個應答報文(DHCPACK)。

客戶端接受到包含了配置參數的 DHCPACK 報文,利用 ARP 檢查網路上是否有相同的 IP 地址。如果檢查通過,則客戶機接受這個 IP 地址及其參數;如果發現有問題,客戶機向服務器發送 DHCPDECLINE 信息,並重新開始新的配置過程。服務器收到 DHCPDECLINE 信息,將該地址標為不可用。

第五步:DHCP 服務器將 IP 地址分配給 DHCP 客戶后,有租用時間的限制,DHCP 客戶必須在該次租用過期前對它進行更新。客戶機在 50% 租借時間過去以後,每隔一段時間就開始請求 DHCP 服務器更新當前租借,如果 DHCP 服務器應答則租用延期;如果 DHCP 服務器始終沒有應答,在有效租借期的 87.5%,客戶應該與任何一個其他的 DHCP 服務器通信,並請求更新它的配置信息;如果客戶機不能和所有的 DHCP 服務器取得聯繫,租借時間到后,它必須放棄當前的 IP 地址並重新發送一個 DHCPDISCOVER 報文開始上述的 IP 地址獲得過程。

第六步:客戶端可以主動向服務器發出 DHCPRELEASE 報文,將當前的 IP 地址釋放。

5.2　DHCP 服務器配置和管理

進行 DHCP 服務器的安裝,選擇【開始】菜單→【控制面板】→【添加/刪除程序】→【添加/刪除 Windows 組件】,選擇【網路服務】,單擊【詳細信息】。如圖 5-2 所示。

操作系統原理與實踐

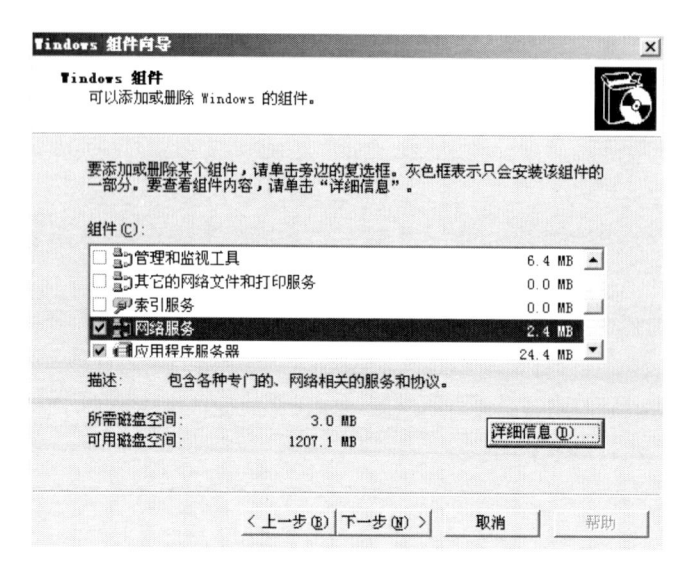

圖 5-2 組件安裝

在【網路服務】頁面,找到【動態主機配置協議 DHCP】,勾選復選框,單擊【確定】(如圖 5-3 所示),等待 DHCP 服務器安裝成功,如果同樣提示需要導入光盤,則同 DNS 服務器一樣操作即可。

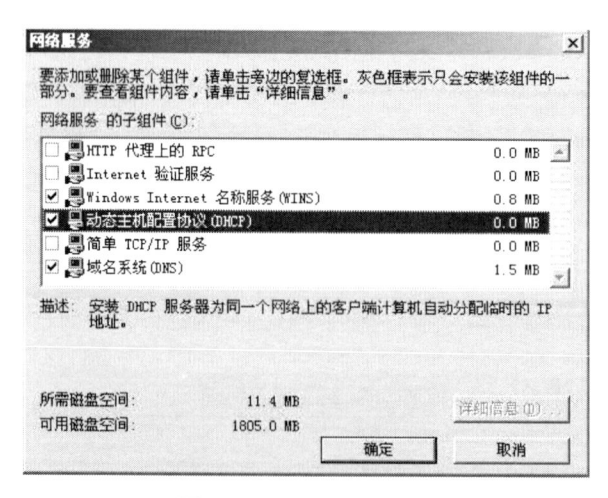

圖 5-3 DHCP 服務器安裝

選擇【開始】菜單→【管理工具】→【DHCP 服務器】,打開 DHCP 服務器配置面板。如圖 5-4 所示。

第 5 章　Windows Server 2003 DHCP 服務器

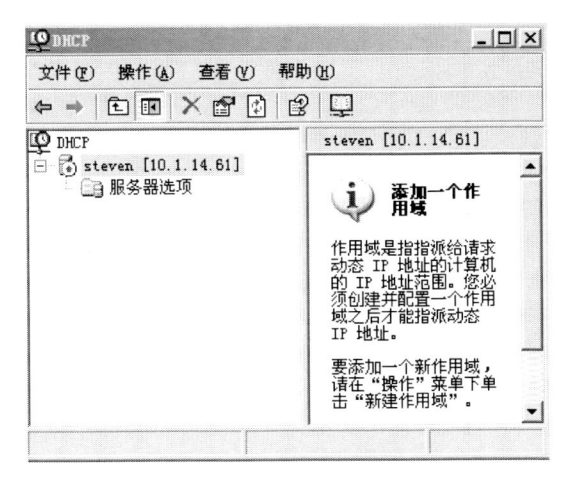

圖 5-4　新建 DHCP 域

選擇服務器,單擊右鍵,選擇【新建作用域】。如圖 5-5 所示。

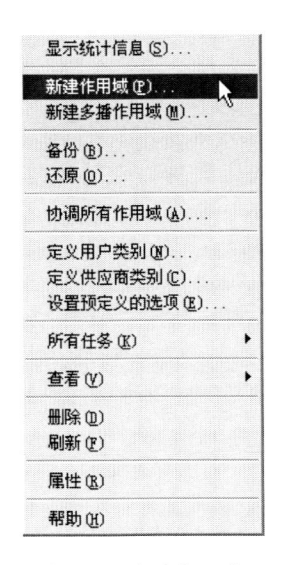

圖 5-5　新建作用域

打開【新建作用域向導】,填寫【名稱】為 xyz,【描述】為 DHCP 作用域,單擊【下一步】。如圖 5-6 所示。

69

图 5-6 作用域设置

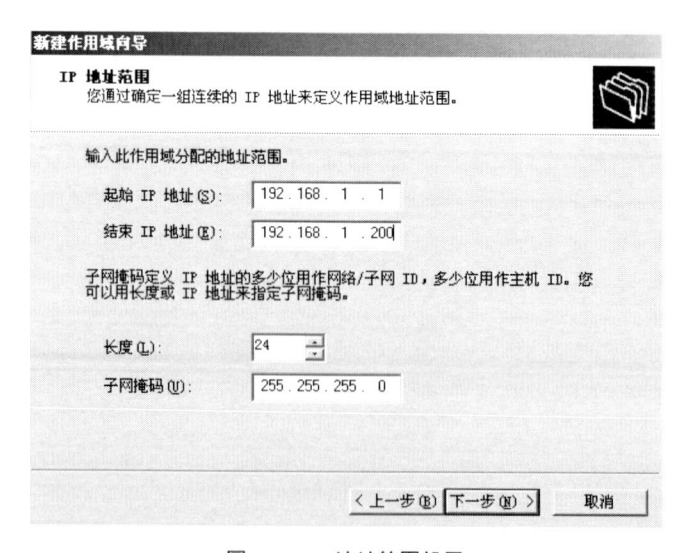

在【IP 地址范围】页面,填写分配的 IP 地址的范围,设置长度以及子网掩码,单击【下一步】。如图 5-7 所示。

图 5-7 IP 地址范围设置

进入到【添加排除】页面,可以输入想要排除的 IP 的起始和结束地址,然后单击【下一步】。如图 5-8 所示。

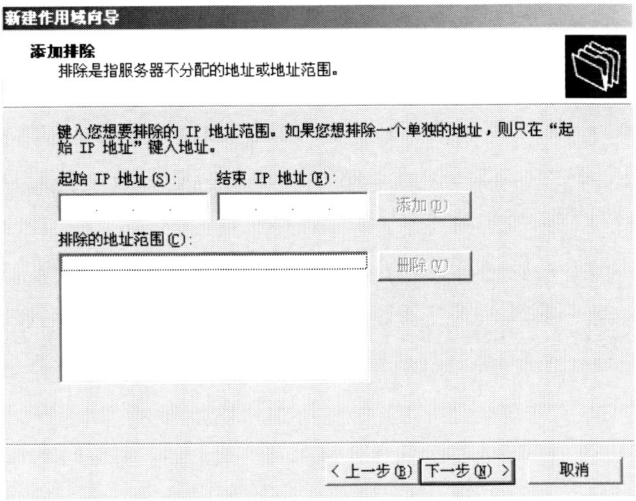

第 5 章　Windows Server 2003 DHCP 服務器

圖 5-8　添加排除 IP 設置

進入到【租約期限】頁面,租約期限默認為 8 天,可以進行修改,單擊【下一步】。如圖 5-9 所示。

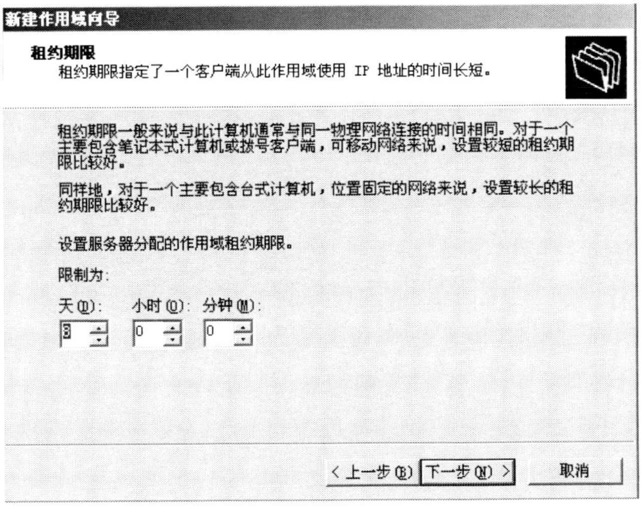

圖 5-9　租約期限設置

進入到【配置 DHCP 選項】頁面,選擇【是,我想現在就配置這些選項】,單擊【下一步】。如圖 5-10 所示。

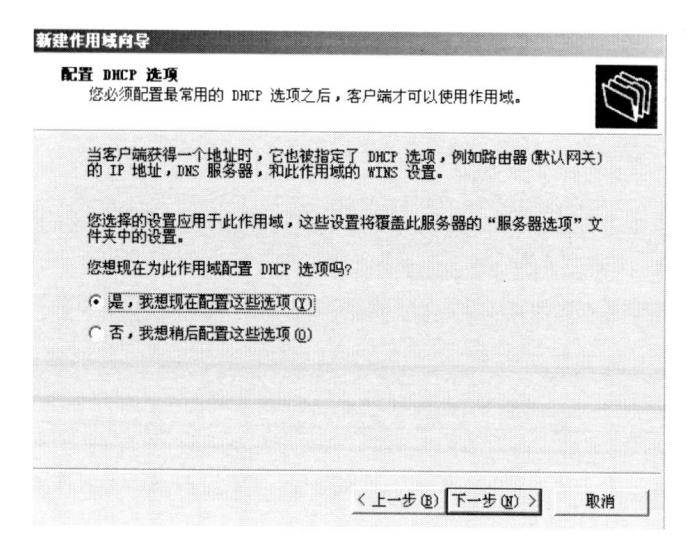

圖 5-10　配置 DHCP 選項

設置【路由器(默認網關)】,單擊【下一步】。如圖 5-11 所示。

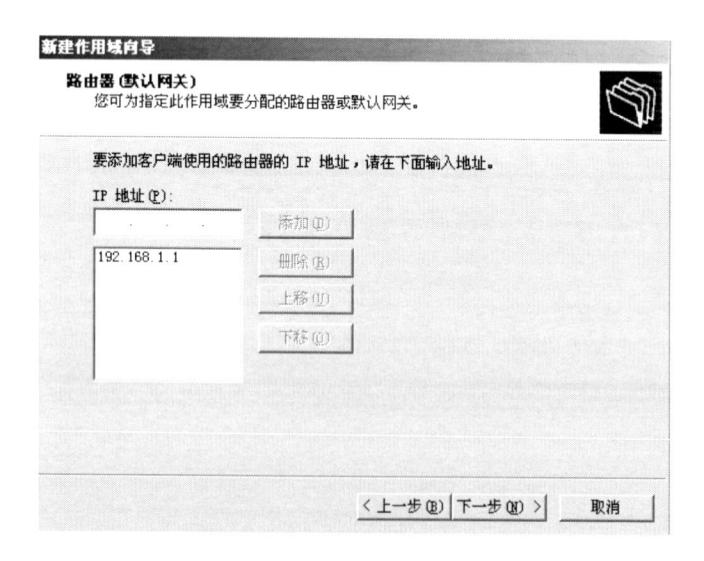

圖 5-11　路由器網關設置

設置【域名稱和 DNS 服務器】,單擊【下一步】。如圖 5-12 所示。

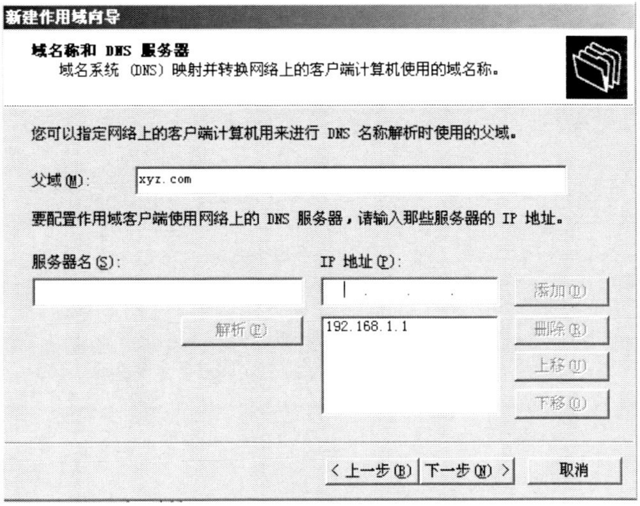

第 5 章　Windows Server 2003 DHCP 服務器

圖 5-12　域名稱和 DNS 服務器

設置【WINS 服務器】,單擊【下一步】,最終完成 DHCP 服務器的配置。如圖 5-13 所示。

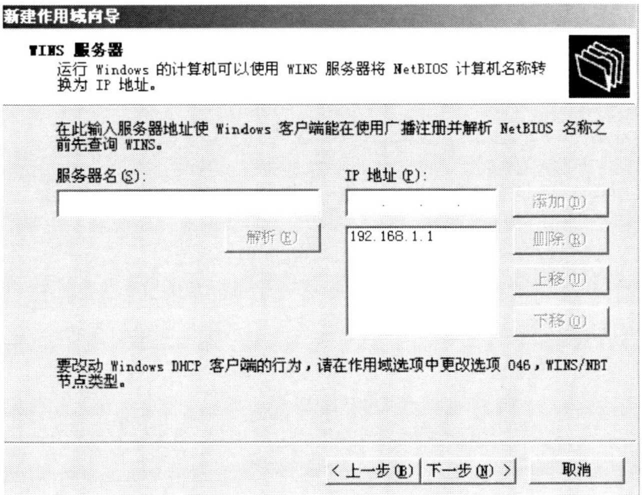

圖 5-13　WINS 服務器設置

圖 5-14 為 DHCP 客戶端設置,可以選擇【自動獲得 IP 地址】,然後測試看客戶端分配 IP 地址是否正確。

73

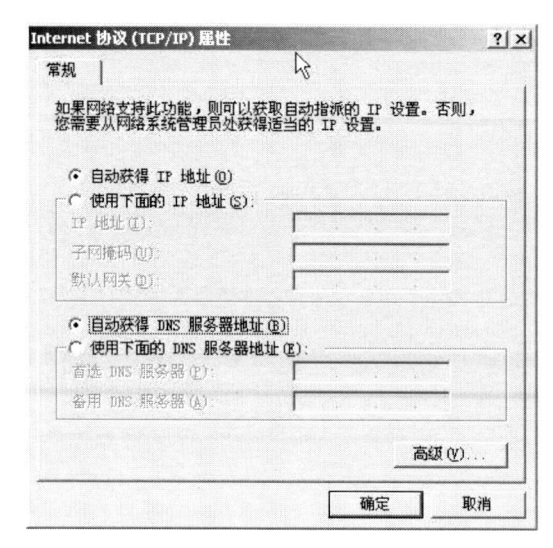

圖 5-14 DHCP 客戶端設置

第 6 章　Windows Server 2003 FTP 服務器配置

本章主要介紹 IIS 的基本概念、FTP 的簡介、訪問 FTP 的幾種方式、安裝和測試 FTP 站點,重點介紹用戶隔離 FTP 站點的創建以及不同的用戶對 FTP 站點訪問權限不同的設置方式。通過本章的學習,讀者應該掌握以下內容:

* IIS 的定義、特點和功能。
* IIS 的主要應用。
* FTP 服務器的定義。
* FTP 服務器的安裝和配置。
* CuteFTP 的使用。
* 用戶隔離 FTP 的創建。

6.1　IIS 介紹

　　Internet Information Services(互聯網信息服務)簡稱 IIS,是由微軟公司提供的基於運行 Microsoft Windows 的互聯網基本服務。最初是 Windows NT 版本的可選包,隨后內置在 Windows 2000、Windows XP Professional 和 Windows Server 2003 一起發行,但在 Windows XP Home 版本上並沒有 IIS。它用來主控和管理 Internet 或其 Intranet 上的網頁、主控和管理 FTP 站點、使用網路新聞傳輸協議(NNTP)和簡單郵件傳輸協議(SMTP)路由新聞或郵件。

　　IIS 的功能主要包括以下幾個部分:

(1)高度的可靠性。

(2)增強的安全性。

(3)性能的改進。

(4)支持 Web 應用程序技術。

(5)功能強大的管理工具。

(6)支持最新的 Web 標準。

IIS 主要提供了信息發布、文件傳輸、用戶通信以及這些服務所依賴的數據存儲。IIS 的主要服務包括以下部分：

(1)WWW 服務：即萬維網服務，客戶端通過 HTTP 協議可以訪問到服務器上的 Web 頁面。

(2)FTP 服務：文件傳輸協議服務，客戶端通過 TCP 協議，完成文件的傳輸和數據的傳輸。

(3)SMTP 服務：簡單的郵件傳輸協議服務器，完成電子郵件的投遞。

(4)NNTP 服務：完成網路新聞傳輸。

(5)IIS 管理服務：IIS 管理服務器管理 IIS 配置數據庫，為 WWW 服務、FTP 服務、SMTP 服務以及 NNTP 服務，更新和保存各種參數信息。

6.2 FTP 簡介和安裝

FTP 有兩層含義，其一是指文件傳輸協議（File Transfer Protocol），這是 Internet 上使用得最廣泛的文件傳輸協議。其二是文件傳輸服務，FTP 提供交互式的訪問，用來在遠程主機與本地主機之間或兩臺遠程主機之間傳輸文件。

FTP 服務一般運行在 20 和 21 兩個端口。端口 20 用於在客戶端和服務器之間傳輸數據流；端口 21 用於傳輸控制流，並且是命令通向 FTP 服務器的進口。當數據通過數據流傳輸時，控制流處於空閒狀態。而當控制流空閒很長時間後，客戶端的防火牆會將其會話置為超時，這樣當大量數據通過防火牆時，會產生一些問題。此時，雖然文件可以成功傳輸，但因為控制會話會被防火牆斷開，傳輸會產生一些錯誤。

FTP 服務和 WWW 服務以及 SMTP 服務都在 IIS 的安裝服務內，首先選擇【開始】菜單→【控制面板】→【添加刪除程序】→【添加刪除 Windows 組件】。如圖 6-1 所示。

第6章 Windows Server 2003 FTP 服務器配置

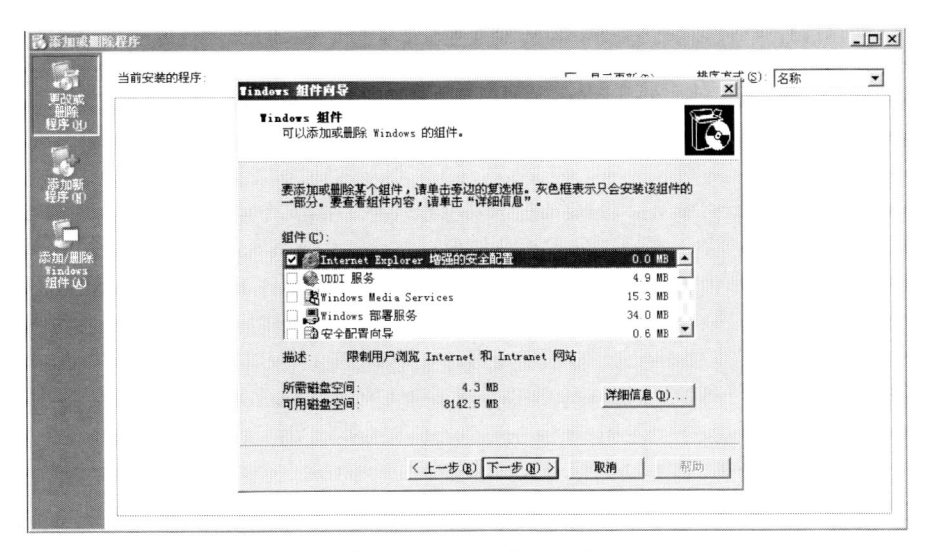

圖 6-1 Windows 組件安裝

選擇【應用程序服務器】,單擊【詳細信息】→【Internet 信息服務 IIS】→【詳細信息】,將【文件傳輸協議 FTP 服務】的復選框勾選上(如圖 6-2 所示)。然後單擊【確定】,等待 FTP 服務器安裝成功,如果安裝過程中也提示需要導入安裝盤,則安裝過程和 DNS 服務器的安裝過程一致。安裝進度和過程如圖 6-3、圖 6-4、圖 6-5 所示。

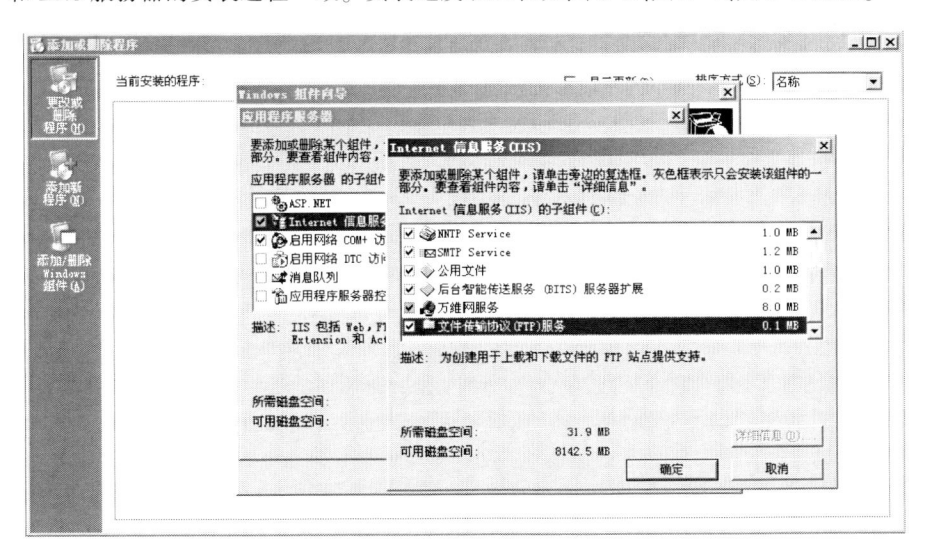

圖 6-2 FTP 服務器安裝

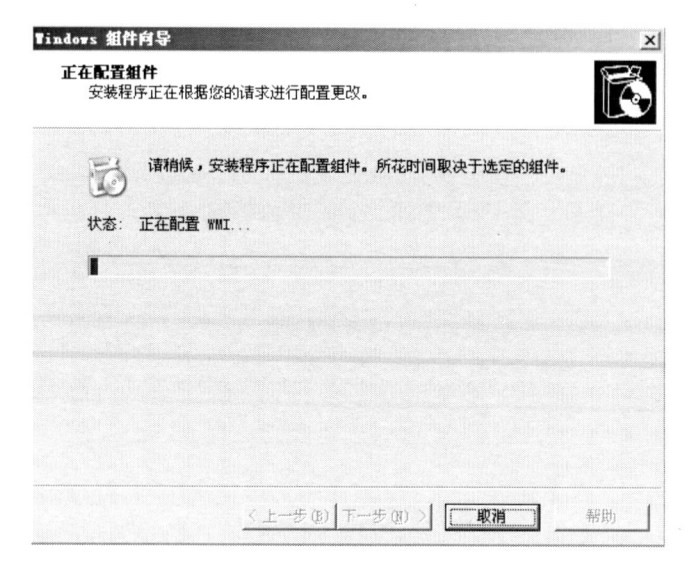

圖 6-3　安裝進度條

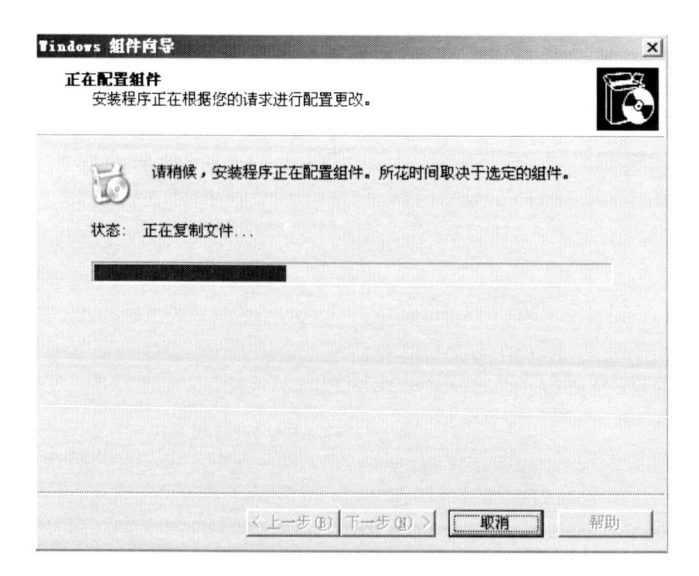

圖 6-4　安裝進度條

第 6 章　Windows Server 2003 FTP 服務器配置

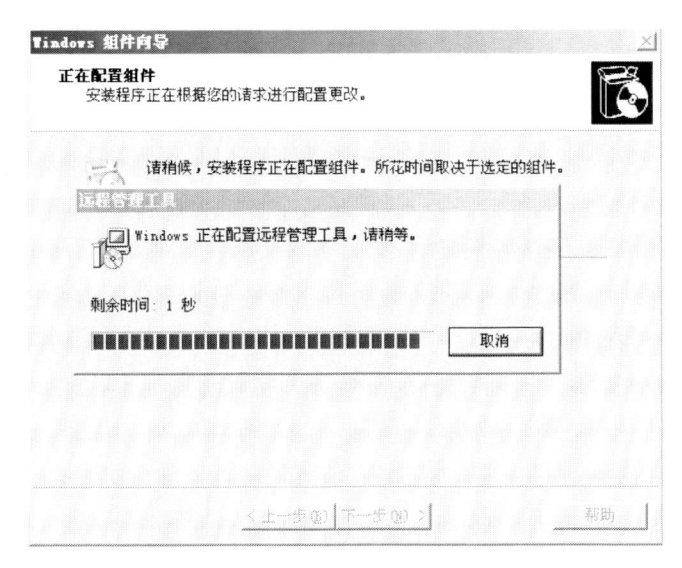

圖 6-5　組件安裝成功

安裝成功后,打開【開始】菜單→【管理工具】→【Internet 信息服務(IIS)管理器】的選擇項,FTP 即在這裡進行配置。如圖 6-6 所示。

圖 6-6　開始選單下的IIS管理器

6.3 FTP 服務器的配置和測試

FTP 服務器的配置主要有三種方式,第一種是最基本的 FTP 服務器配置,也是 FTP 服務器提供的默認服務器;第二種是配置一個用戶隔離的 FTP 站點,不同用戶訪問 FTP 站點的時候,能登錄的目錄位置受限制;第三種是不同用戶訪問權限不同,這也是在實際工作和生活當中使用最多的一種方式。

FTP 服務器的測試也採用三種方式:使用 CuteFTP 軟件進行測試、使用 Web 頁面進行測試以及 DOS 端採用命令進行測試。

打開 IIS 服務管理器,展開【FTP 站點】,可以看見默認 FTP 站點,一個時刻服務器只允許有一個端口號的 FTP 站點處於運行狀態,因此新建的時候可以將默認的 FTP 站點停止。然後右鍵單擊【FTP 站點】,選擇【新建】→【FTP 站點】,打開【FTP 站點創建向導】,單擊【下一步】。如圖 6-7、圖 6-8 所示。

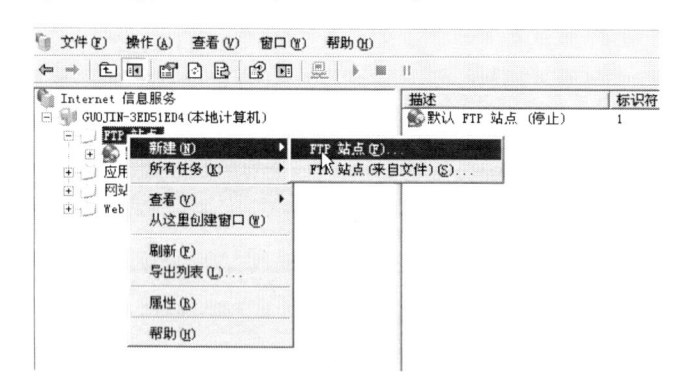

圖 6-7 新建 FTP 站點

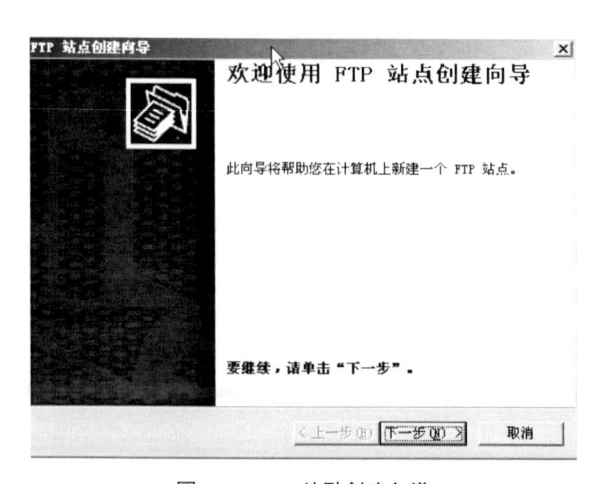

圖 6-8 FTP 站點創建向導

第 6 章　Windows Server 2003 FTP 服務器配置

打開 FTP 站點描述頁面,輸入 FTP 站點的描述,然后單擊【下一步】,如圖 6-9 所示。這個描述信息是展示在 IIS 的控制臺根目錄的名字。

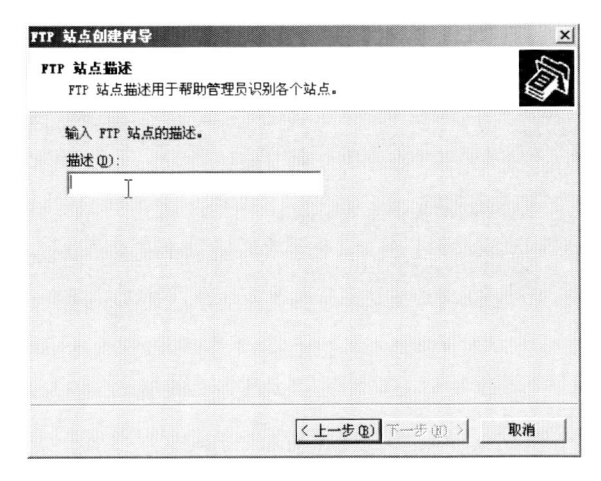

圖 6-9　FTP 站點描述設置

選擇【IP 地址和端口設置】,在【輸入此 FTP 站點使用的 IP 地址】單擊下拉菜單,即可看到目前服務器的 IP 地址為 172.16.161.69,然后選擇即可,端口信息默認保留為 21,選擇【下一步】。如圖 6-10 所示。

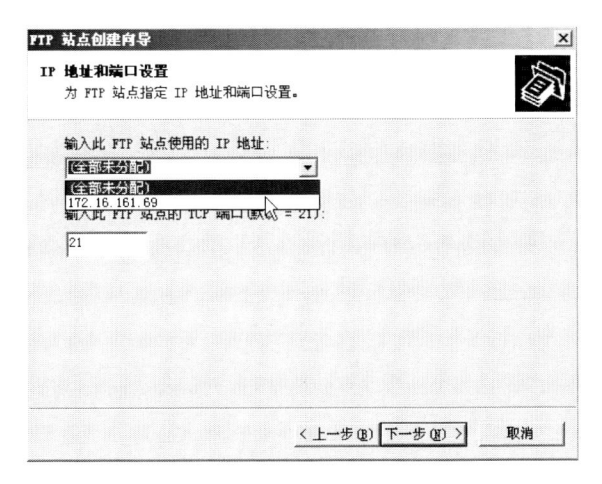

圖 6-10　IP 地址分配和端口設置

打開【FTP 用戶隔離】頁面,有三個選擇項:一是不隔離用戶。這種設置下用戶可以訪問 FTP 站點下的所有目錄,但是用戶具備的讀寫權限受后續設置的限制。二是隔離用戶。在這種設置下,不同用戶訪問的 FTP 站點是不一樣的,不同用戶登錄后進到的目錄是不一樣的,而且相對於不同用戶,其他目錄是不可見的。三是用 Active Directory 隔離用戶,由於本書中沒有對 Active Directory 作講解和配置,這裡就不作介紹。

81

操作系統原理與實踐

選擇【不隔離用戶】，然后單擊【下一步】。如圖 6-11 所示。

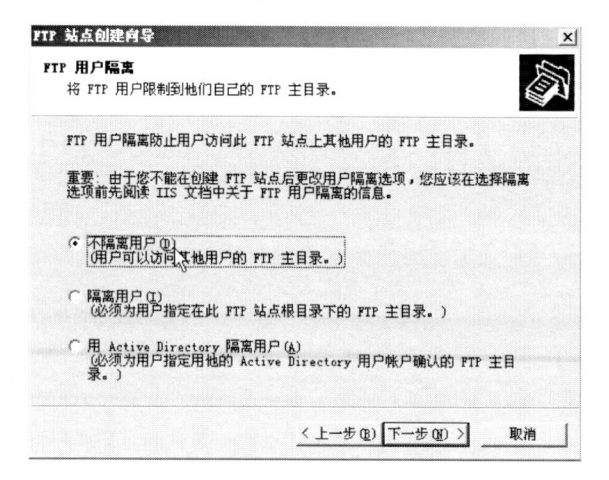

圖 6-11　FTP 站點模式設置

進入到設置【FTP 站點主目錄】位置，選擇【瀏覽】按鈕，Windows Server 2003 的 FTP 默認站點的位置為 c:\Inetpub\FTProot。這裡也設置這個目錄為 FTP 主目錄，然后單擊【下一步】。如圖 6-12 所示。

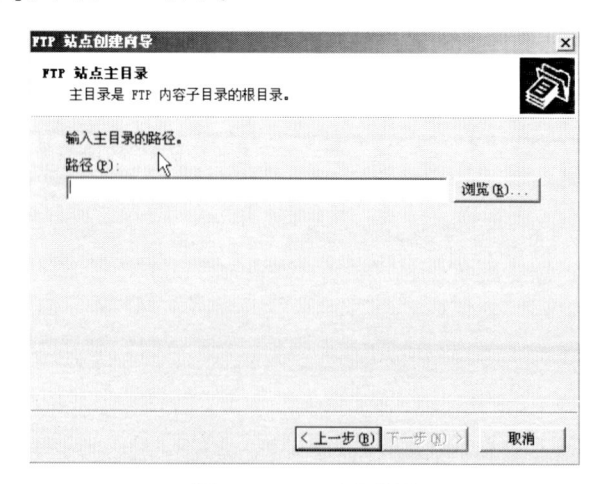

圖 6-12　FTP 路徑設置

設置 FTP 站點訪問權限，如果設置為讀取，那麼用戶就只有讀的權限，如果設置為寫入，那這個用戶登錄后最終有沒有寫入的權限還要看用戶對文件夾的權限是什麼，如果該目錄針對用戶是有寫入權限的，那最終才具備寫入權限，否則也只有讀取的權限。勾選上【讀取】權限，然后單擊【下一步】，如圖 6-13 所示。FTP 站點設置完成如圖 6-14 所示。

第 6 章　Windows Server 2003 FTP 服務器配置

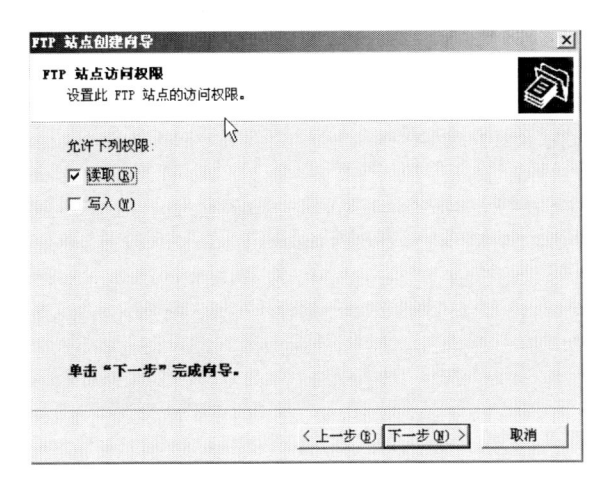

圖 6-13　FTP 站點訪問權限

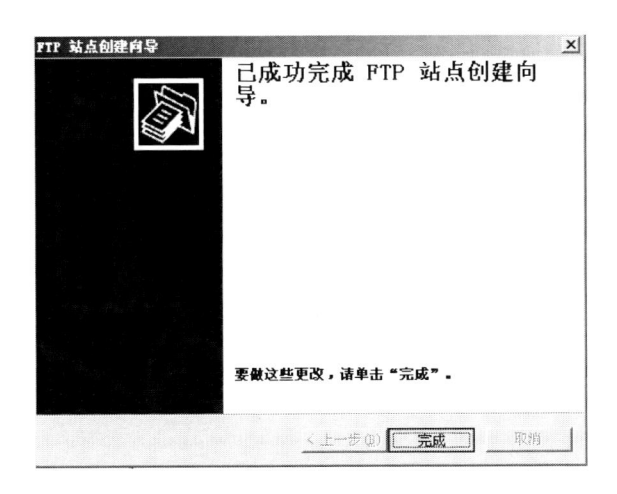

圖 6-14　FTP 站點設置完成

　　完成了 FTP 站點的快速創建后,FTP 站點還有很多屬性是可以進行設置的。單擊選擇新建的站點,然后右鍵選擇【屬性】,打開站點的屬性,屬性頁面包括的設置選項卡有 FTP 站點、安全帳戶、消息、主目錄、目錄安全性。FTP 站點包括描述、IP 地址、TCP 端口號,這些信息都是最開始創建 FTP 站點的時候設置的,也可以在此進行修改。FTP 站點連接限制為 100000,保留為默認,連接超時為 120 秒,連接成功后不作任何操作將斷開。啟用日誌記錄包括連接用戶對服務器的操作記錄。如圖 6-15 所示。

83

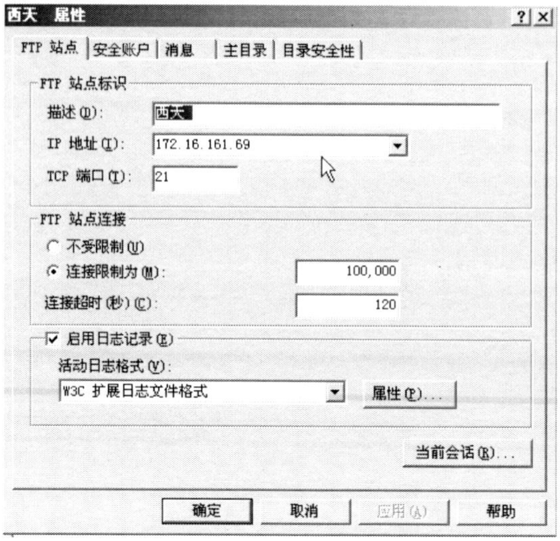

操作系統原理與實踐

圖 6-15　屬性 FTP 站點設置

選擇單擊【安全帳戶】選項，打開如圖 6-16 所示的安全帳戶設置屬性，【允許匿名連接】復選框為選中狀態，FTP 的匿名用戶名為 anonymous，密碼是一個帶@的郵件地址，這個郵件地址不一定是網路上註冊的合法地址。

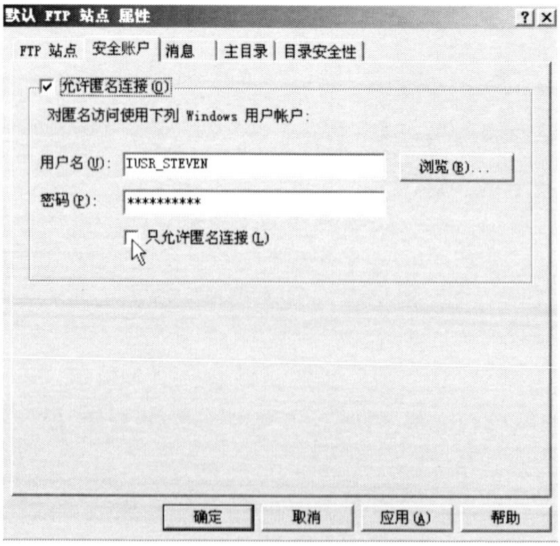

圖 6-16　FTP 屬性安全帳戶設置

選擇【消息】選項按鈕，打開消息設置窗口，填寫【標題】信息為「注意：未經本站允許，任何轉載本站信息的行為都是違法的」。填寫【歡迎】信息為「歡迎來到西南財經大學天府學院信息輔修專業 FTP」。填寫【退出】信息為「謝謝你對本站的訪問」。填寫【最大連接數】信息為「已經超過了最大連接數」。這些都是在登錄 FTP 的時候的提

第 6 章　Windows Server 2003 FTP 服務器配置

示交互信息。如圖 6-17 所示。

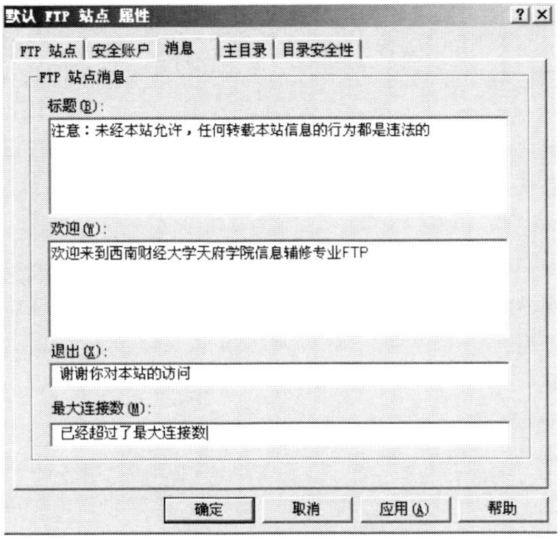

圖 6-17　FTP 站點消息

選擇【主目錄】選項卡，打開主目錄頁面，可以看到相關配置信息。【此資源的內容來源】可以是本機上的目錄，也可以是另外一臺計算機上的目錄；【FTP 站點目錄】的路徑也是之前配置 FTP 的時候設置成功的，在此還可以進行修改。另外，還包括了訪問的權限：讀取、寫入以及記錄訪問。如圖 6-18 所示。

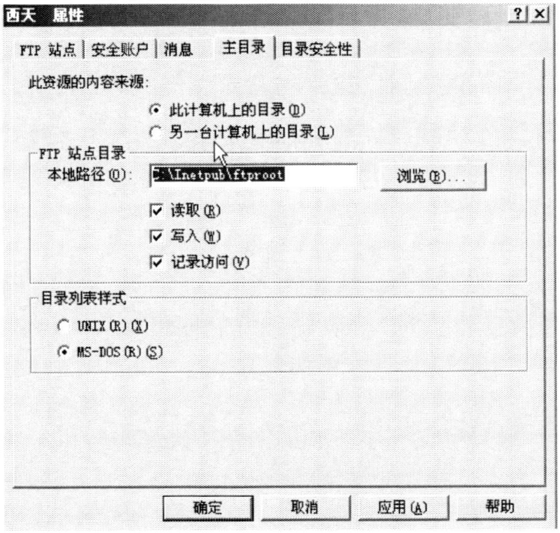

圖 6-18　FTP 主目錄設置

選擇【目錄安全性】選項，進入到【TCP/IP 地址訪問限制】，單擊【添加】按鈕，設置拒絕訪問的 IP 地址等信息，也可以進行【刪除】和【編輯】。如圖 6-19 所示。

操作系統原理與實踐

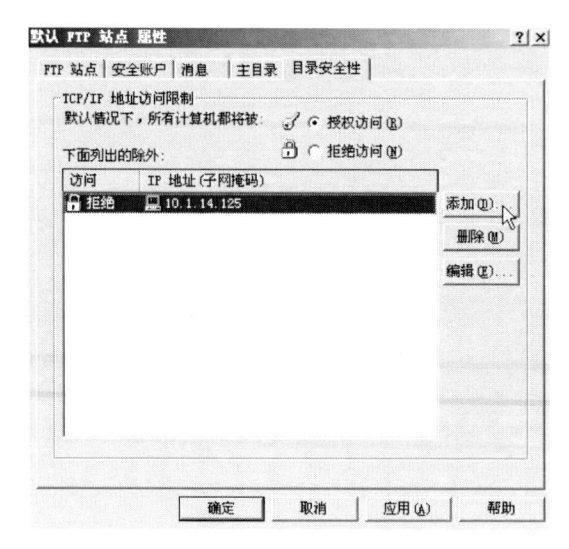

圖 6-19 FTP 目錄安全性設置

通過屬性設置和完善,一個基本的 FTP 站點就搭建成功,接下來進行三種方式的測試。測試之前,首先要保證服務器和客戶端的連結正常,可以先分別查詢目前的服務器和客戶端的 IP 地址,然後在 DOS 端使用 ping 命令進行測試。

(1)使用 CuteFTP 軟件進行測試

CuteFTP 軟件是一個連接 FTP 進行文件傳輸的工具,支持斷點下載,使用也非常方便。打開 CuteFTP,在 Host 位置輸入 FTP 服務器的 IP 地址 172.16.161.69,Username 和 Password 可以不填寫,也可以填寫匿名用戶 anonymous,密碼為郵箱地址,端口 21 保留,點擊后面的【連接】按鈕,即可實現軟件方式的連接。如圖 6-20 所示。

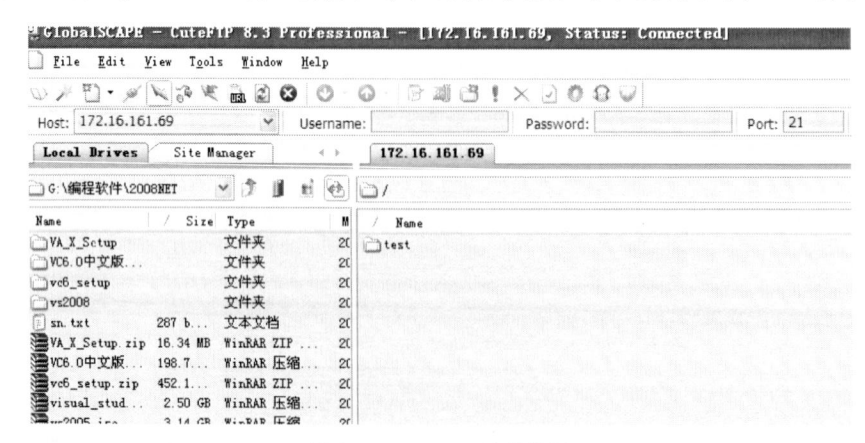

圖 6-20 CuteFTP 連接設置

在 CuteFTP 的命令欄中,可以看到之前在服務器的屬性中設置的信息。如圖 6-21 所示。

第 6 章　Windows Server 2003 FTP 服務器配置

```
*** CuteFTP 8.3 - build Aug 25 2008 ***
STATUS:>      [2014-3-19 14:31:34] Getting listing ""...
STATUS:>      [2014-3-19 14:31:34] Connecting to FTP server... 172.16.161.69:21 (ip = 172.16.161.69)...
STATUS:>      [2014-3-19 14:31:34] Socket connected. Waiting for welcome message...
              [2014-3-19 14:31:34] 220-Microsoft FTP Service
              220 未經本站允許，任何轉載都是違法行為！
STATUS:>      [2014-3-19 14:31:34] Connected. Authenticating...
COMMAND:>     USER anonymous
              [2014-3-19 14:31:34] 331 Anonymous access allowed, send identity (e-mail name) as password.
COMMAND:>     PASS *****
              [2014-3-19 14:31:34] 230-歡迎來到西天！
              230 Anonymous user logged in.
STATUS:>      [2014-3-19 14:31:34] Login successful.
COMMAND:>     [2014-3-19 14:31:34] PWD
              [2014-3-19 14:31:34] 257 "/" is current directory.
STATUS:>      [2014-3-19 14:31:34] Home directory: /
```

圖 6-21　歡迎提示訊息

（2）使用 Web 頁面進行測試

在客戶端打開 Web 頁面，在頁面的地址欄輸入 ftp://172.16.161.69，測試打開 FTP 站點（如圖 6-22 所示）。如果配置了 DNS 服務器，將 ftp.fxtest.com 和 IP172.16.161.69 映射起來，還可以輸入 ftp:// ftp.fxtest.com 域名進行訪問。在客戶端測試的時候，需要將客戶端的 DNS 服務器的 IP 地址修改為服務器的 IP。

圖 6-22　Web 頁面測試

（3）使用 DOS 端命令進行測試

DOS 下也可以進行 FTP 的連接，而且 FTP 服務器提供了很多命令，可以實現包括上傳和下載等任務。在 DOS 端輸入命令 ftp 172.16.161.69，輸入用戶名和密碼，用戶名這裡輸入 administrator，密碼為操作系統開機密碼，也可以輸入匿名用戶和郵件地址。登錄成功后，可以看到之前設置的消息提示信息。當命令端變為 ftp>的時候，便可以使用 FTP 的相關命令。如圖 6-23 所示。

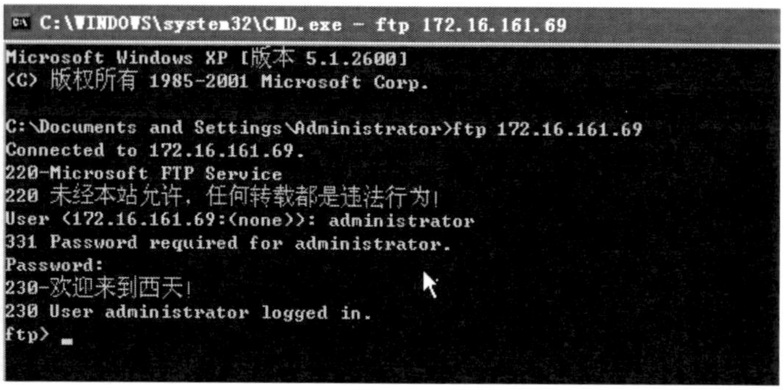

圖 6-23　DOSFTP 測試

FTP 相關命令如下：

❖ help、?、rhelp
* help：顯示 LOCAL 端的命令說明，若不接受則顯示所有可用命令。
* ?：相當於 help，例如：? cd。
* rhelp：同 help，只是它用來顯示 REMOTE 端的命令說明。

❖ ascii、binary、image、type
* ascii：切換傳輸模式為文字模式。
* binary：切換傳輸模式為二進制模式。
* image：相當於 binary。
* type：讓你更改或顯示目前傳輸模式。

❖ bye、quit
* bye：退出 FTP 服務器。
* quit：相當於 bye。

❖ cd、cdup、lcd、pwd、!
* cd：改變當前工作目錄。
* cdup：回到上一層目錄，相當於「cd..」。
* lcd：讓你更改或顯示 LOCAL 端的工作目錄。
* pwd：顯示目前的工作目錄（REMOTE 端）。
* !：讓你執行外殼命令，例如：「! ls」。

❖ delete、mdelete、rename
* delete：刪除 REMOTE 端的文件。
* mdelete：批量刪除文件。
* rename：更改 REMOTE 端的文件名。

❖ get、mget、put、mput、recv、send
* get：下載文件。
* mget：批量下載文件。

第 6 章　Windows Server 2003 FTP 服務器配置

* put：上傳文件。
* mput：批量上傳文件。
* recv：相當於 get。
* send：相當於 put。

❖ hash、verbose、status、bell

* hash：當有數據傳送時，顯示#號，每一個#號表示傳送了 1024/8192 bytes/bits。
* verbose：切換所有文件傳輸過程的顯示。
* status：顯示目前的一些參數。
* bell：當指令做完時會發出叫聲。

❖ ls、dir、mls、mdir、mkdir、rmdir

* ls：有點像 UNIX 下的 ls(list)命令。
* dir：相當於「ls -l」。
* mls：只是將遠端某目錄下的文件存於 LOCAL 端的某文件裡。
* mdir：相當於 mls。
* mkdir：像 DOS 下的 md(創建子目錄)一樣。
* rmdir：像 DOS 下的 rd(刪除子目錄)一樣。

❖ open、close、disconnect、user

* open：連接某個遠端 FTP 服務器。
* close：關閉目前的連接。
* disconnect：相當於 close。
* user：再輸入一次用戶名和口令(有點像 Linux 下的 su)。

6.4　創建用戶隔離的 FTP 站點

在創建用戶隔離的 FTP 站點模式下，用戶可以訪問與其用戶名匹配的主目錄，根據本機或帳戶驗證用戶，用戶只能訪問到屬於自己的 FTP 主目錄，不允許訪問瀏覽自己目錄外的其他內容。

創建用戶隔離的 FTP 站點，首先需要創建用戶，創建用戶可以在用戶管理下完成，也可以在 DOS 下使用命令 net user 創建，這裡創建的兩個用戶為 xiaobai 和 xiaohuihui，密碼分別為 xiaobai 和 xiaohuihui(如圖 6-24 所示)，命令為：

net user xiaobai xiaobai /add

net user xiaohuihui xiaohuihui /add

接下來需要為這兩個用戶分別創建兩個主目錄，創建主目錄有嚴格的要求，首先在 Inetpub 的 ftproot 目錄下，創建文件夾 Localuser，然後在 Localuser 下創建三個目錄，

操作系統原理與實踐

分別為 public、xiaobai 和 xiaohuihui。如圖 6-25 所示。

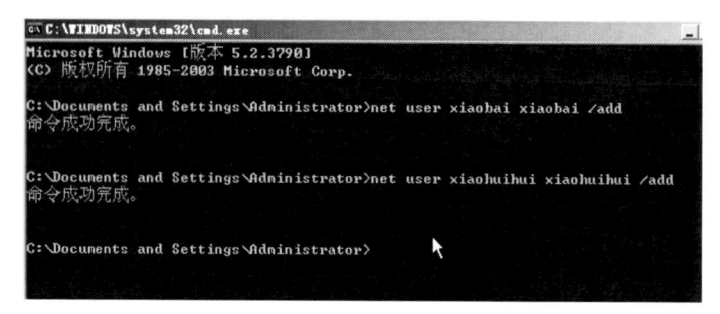

圖 6-24　FTP 用戶添加

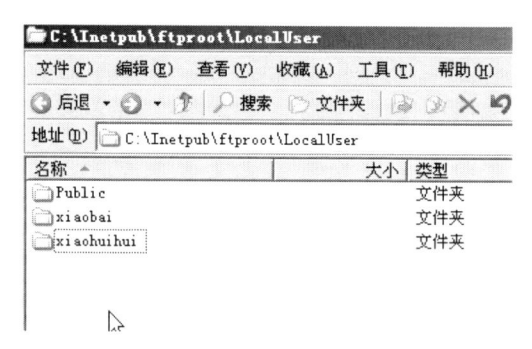

圖 6-25　文件夾設置

準備工作就緒后,打開 FTP 站點,右鍵選擇【新建站點】,然后輸入 FTP 描述信息為隔離用戶,單擊【下一步】。如圖 6-26 所示。

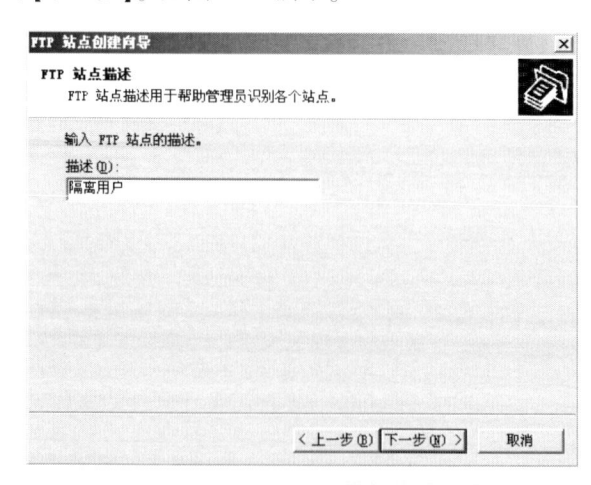

圖 6-26　FTP 站點描述設置

第 6 章　Windows Server 2003 FTP 服務器配置

同樣選擇 IP 地址為本機 IP，端口號 21 不變，單擊【下一步】。如圖 6-27 所示。

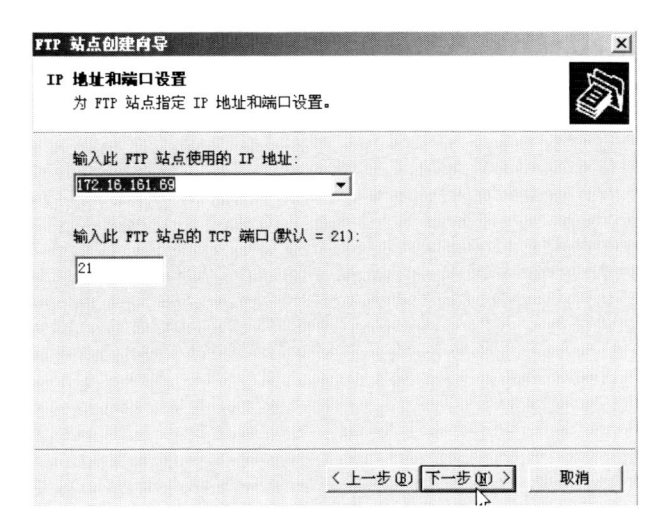

圖 6-27　IP 地址和端口設置

在 FTP 用戶隔離選項中選擇【隔離用戶】，然后單擊【下一步】。如圖 6-28 所示。

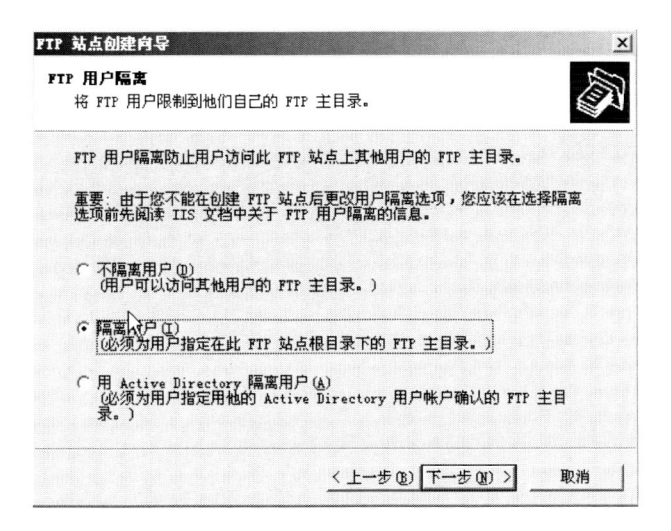

圖 6-28　FTP 用戶隔離設置

選擇 FTP 站點主目錄非常重要，目錄的位置選擇為 C：\Inetpub\ftproot（不能選擇定位到 Localuser 目錄下，否則沒有任何隔離效果），單擊【下一步】。如圖 6-29 所示。

91

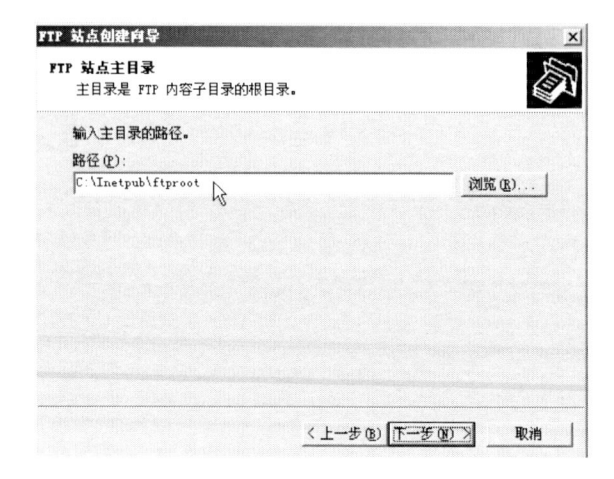

圖 6-29　FTP 站點路徑設置

在 FTP 站點訪問權限的頁面選擇【讀取】和【寫入】的權限，單擊【下一步】。如圖 6-30 所示。

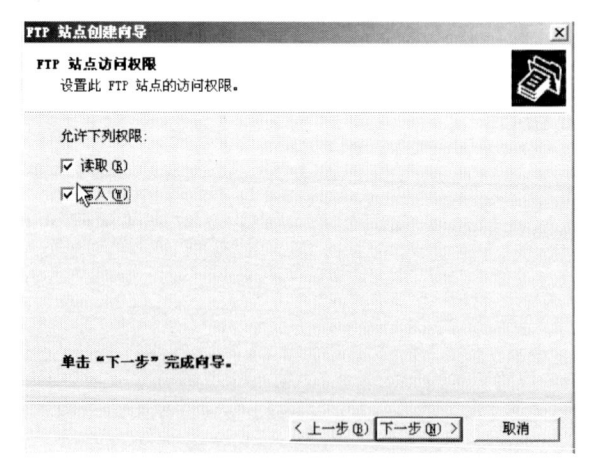

圖 6-30　FTP 讀寫權限設置

完成設置工作后，接下來進行測試，測試的方式和之前章節中的三種測試方式一樣，都可以選擇。如果直接使用 anonymous 用戶登錄，則只能看見 public 目錄的內容，其他目錄內容不可見；如果使用 xiaobai 用戶登錄，則只能看見 xiaobai 目錄的內容，其他目錄內容不可見；如果使用 xiaohuihui 用戶登錄，則只能看見 xiaohuihui 目錄的內容，其他目錄內容不可見。這樣的模式在現實當中是非常有用的，比如一家公司搭建一個 FTP 服務器，這家公司有很多部門，包括市場部、銷售部、會計部、採購部，每個部門都希望可以有屬於自己的用戶主目錄，而其他部門的目錄相互是不可見的，就可以設置這樣模式的 FTP 站點結構。

第6章　Windows Server 2003 FTP 服務器配置

● 6.5　創建不同用戶訪問 FTP 站點的權限

除了創建基本的 FTP 站點和隔離用戶站點外,還可以創建不同的用戶對 FTP 站點的不同目錄的訪問權限。這樣的 FTP 站點模式非常實用,比如學校搭建一個 FTP 服務器,主要包括了兩個部分:計算機系和英語系。學生作為一般的用戶,可以登錄後訪問所有的資源,並且可以進行下載;計算機系老師登錄 FTP 之後,可以查看所有資源,包括英語系資源,但是只能在計算機系目錄進行修改操作;英語系老師也可以查看所有資源,包括計算機系資源,但是只能在英語系目錄進行修改操作。這樣模式的 FTP 站點則不屬於隔離用戶結構。如何創建一個 FTP 站點,使不同用戶訪問 FTP 站點的權限不同,這需要涉及 FTP 站點的權限以及文件夾的權限來設置共同完成。

(1)首先分別創建兩個用戶 jsj 和 eng,密碼分別為 jsj 和 eng。

(2)創建目錄結構。在 ftproot 下創建目錄 compute 和 English。

(3)分別設置 compute 和 english 文件夾的權限,在權限屬性設置中,首先添加進 jsj 和 eng 用戶,然後設置用戶的文件夾訪問權限。compute 文件夾中,jsj 具有讀寫權限,eng 只有讀權限,限制寫權限;English 文件夾中,eng 具有讀寫權限,jsj 只有讀權限,限制寫權限。

(4)創建 FTP 站點,設置的時候選擇不隔離用戶站點。

(5)最後進行測試。

第 7 章　Windows Server 2003 WWW 服務器

本章首先通過 Dreamweaver 簡稱(DM)設置製作一個簡單的網站,然后通過安裝和配置 WWW 服務器進行發布和測試,主要介紹如何通過一臺服務器發布多個站點。通過本章的學習,讀者應該掌握以下內容:

* 使用 DM 實現簡單的頁面製作。
* WWW 服務器的安裝和配置測試。
* 如何實現一臺服務器發布多個站點技術。

● 7.1　簡單 Web 頁面製作

軟件使用 Dreamweaver MX,網頁主題為「我的童年」,網頁素材準備就緒。首先創建網站站點目錄,站點目錄名為 myhome,創建四個文件夾分別為 tnyx(童年游戲)、tnls(童年零食)、tndy(童年電影)和 other(存在圖片等網頁元素)。

(1)選擇菜單【站點】,點擊【新建站點】,在新建站點對話框,填寫【站點名稱】為 myhome,選擇【本地根文件夾】為 myhome 文件夾的路徑,【HTTP 地址】為 http://localhost。如圖 7-1 所示。

第 7 章　Windows Server 2003 WWW 服務器

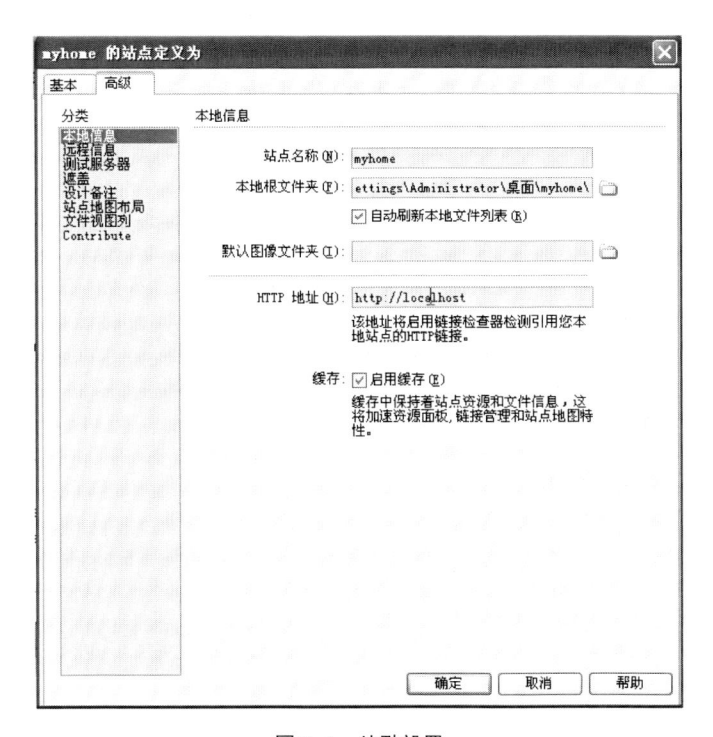

圖 7-1　站點設置

（2）站點下設置頁面文件。如圖 7-2 所示。

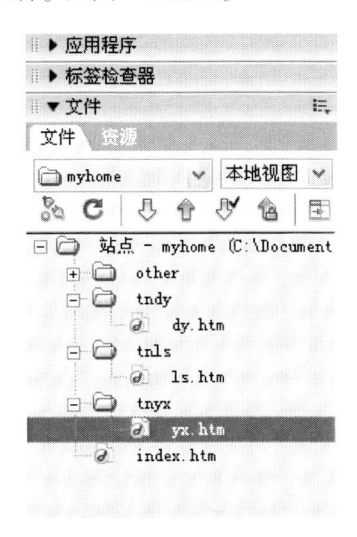

圖 7-2　頁面站點設置

（3）設置主頁內容，創建標題為「我的童年」，然後居中，放大字體設置為紫色，選擇【插入】→【導航條】，設置動畫效果，對圖片進行配置。如圖 7-3 所示。

95

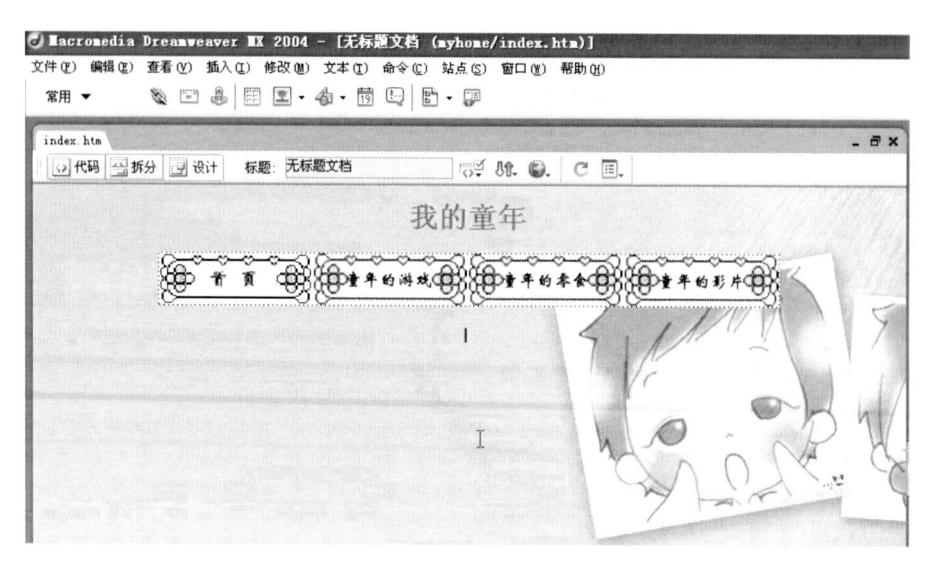

圖 7-3　主頁設置

　　(4)設置導航條的超連結,分別設置好導航條「童年的游戲」和 yx.htm 連結、「童年的影片」和 dy.htm 連結、「童年的零食」和 ls.htm 連結,實現超連結。如圖 7-4 所示。

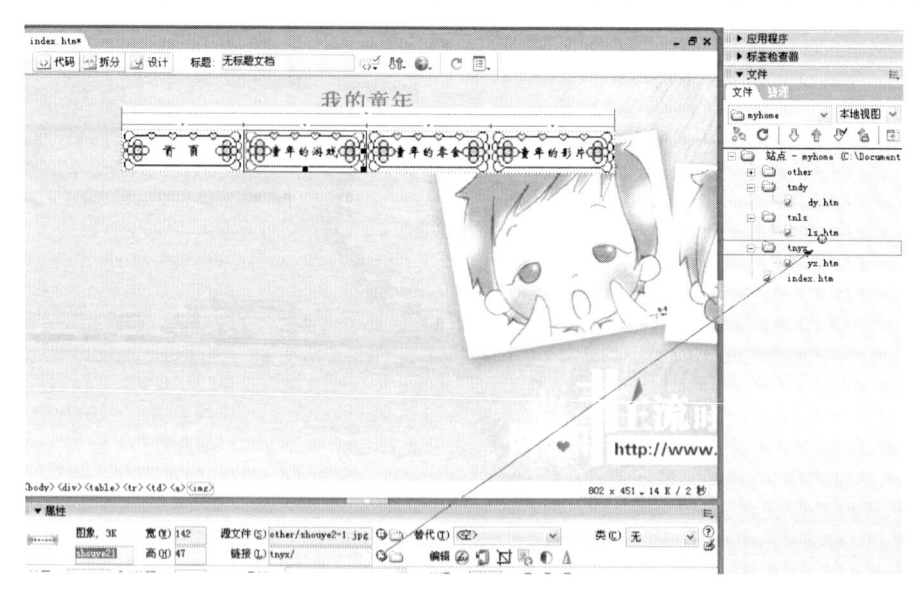

圖 7-4　超連結設置

　　(5)最后分別設置三個子頁面,完成整個靜態網站的快速搭建。

第 7 章　Windows Server 2003 WWW 服務器

7.2　安裝和配置 WWW 服務器

站點設計完成后,就可以開始安裝和配置 WWW 服務器,進行站點的發布工作。

首先選擇【開始】菜單→【控制面板】→【添加或刪除程序】→【添加或刪除 Windows 組件】。如圖 7-5 所示。

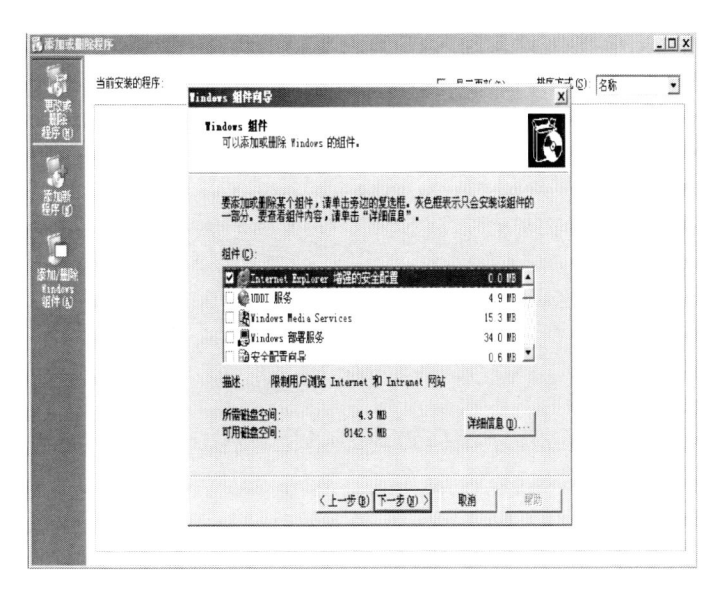

圖 7-5　組件安裝

選擇【應用程序服務器】,單擊【詳細信息】→【internet 信息服務 IIS】→【詳細信息】,將【萬維網服務】的復選框勾選上,單擊【確定】(如圖 7-6 所示)。等待 WWW 服務器安裝成功,如果安裝過程中提示需要導入安裝盤,則安裝過程和 DNS 服務器的安裝過程一致。安裝過程如圖 7-7、圖 7-8、圖 7-9 所示。

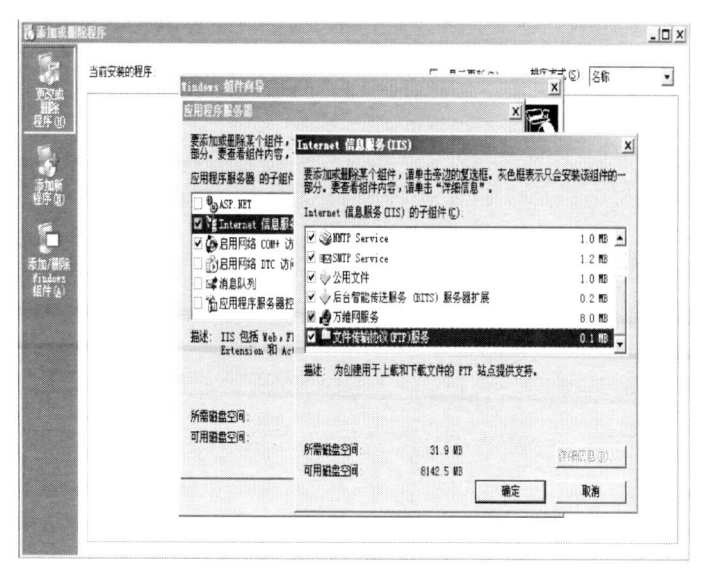

圖 7-6　Web 組件安裝

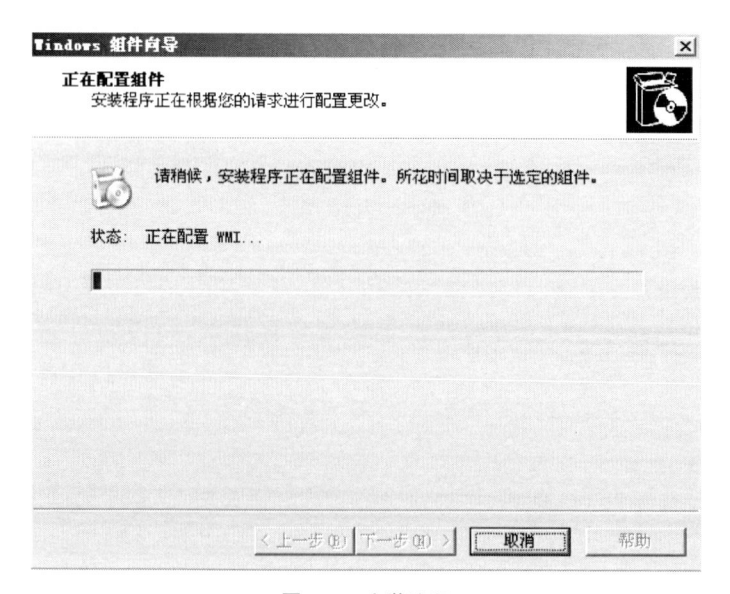

圖 7-7　安裝流程

第 7 章　Windows Server 2003 WWW 服務器

圖 7-8　安裝流程

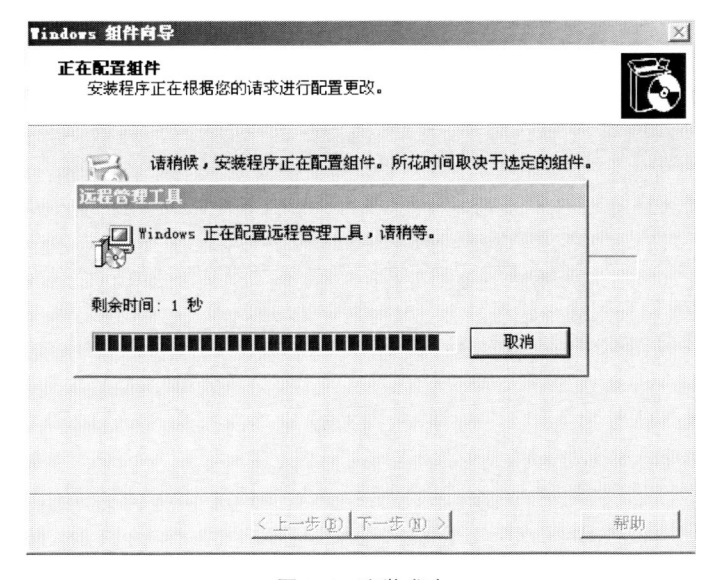

圖 7-9　安裝成功

安裝成功后,打開【開始】菜單→【管理工具】→【Internet 信息服務(IIS)管理器】選擇項(如圖 7-10 所示),Web 站點即在這裡進行配置。

操作系統原理與實踐

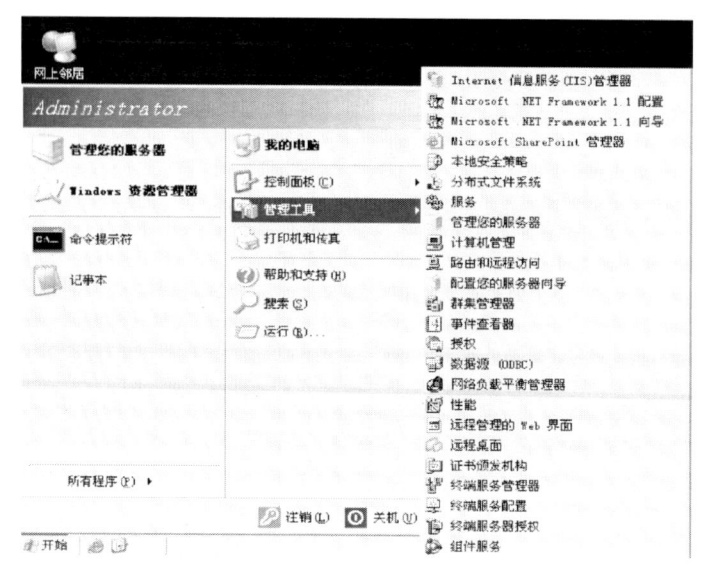

圖 7-10　IIS開始選單

選擇【默認網站】屬性進行設置,利用默認的網站站點發布最基本的網站,也可以選擇新建一個站點。這裡利用已經存在的默認站點進行發布。選擇【網站標示】→【描述】信息填寫名稱(名稱為控制臺目錄顯示內容),【IP 地址】為 172.16.165.68(服務器的 IP 地址),【TCP 端口】為默認 80,【連接超時】設置為 120 秒,並且保持 HTTP 連接,以及啟用日誌記錄。如圖 7-11 所示。

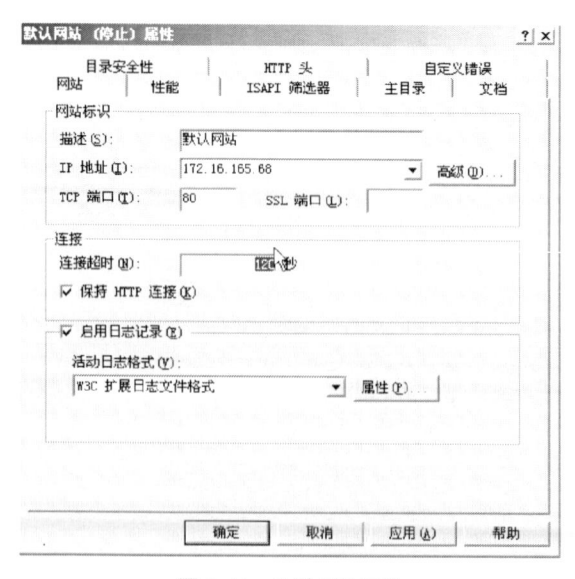

圖 7-11　站點網站設置

第 7 章　Windows Server 2003 WWW 服務器

選擇【主目錄】選項,要發布的站點可以是此計算機上的目錄,也可以是另外一臺計算機的共享目錄,或者可以重定向到 URL。這裡默認為本機資源,本地路徑為 C:\inetpub\wwwroot,如果要發布 myhome 站點,則需要點擊【瀏覽】,定位到 myhome 的目錄。如圖 7-12 所示。

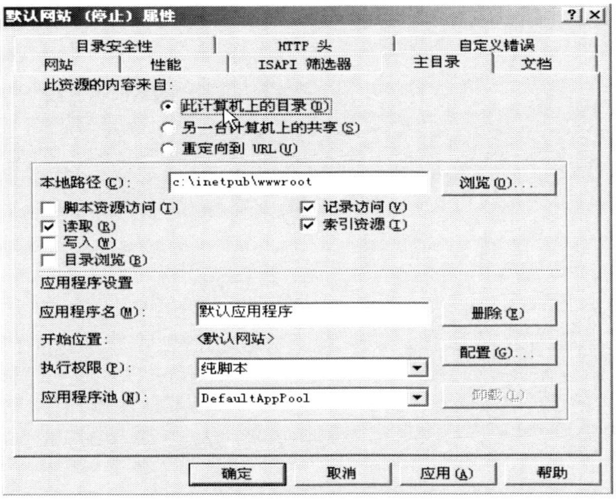

圖 7-12　站點主目錄設置

選擇【文檔】選項,可以看到目前啟用默認內容文檔包括了 iisstart.htm、index.htm、Default.htm、Default.asp、Default.aspx(如圖 7-13 所示)。默認是沒有 index.htm 頁面的,這裡點擊【添加】按鈕添加一個 index.htm,網站的主要習慣命名為 index.htm。將 index.htm 設置首選,如果沒有 index.htm 頁面,將查詢是否有后面名字的頁面,依次打開。

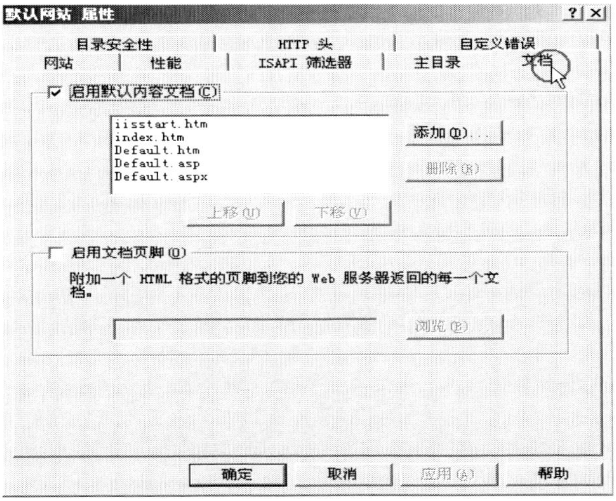

圖 7-13　站點文檔設置

操作系統原理與實踐

在 wwwroot 目錄下新建一個名叫 index.htm 的文件,編寫代碼如下:

<html>

<head><title>我的網站</title></head>

<body>我的第一個網頁</body>

</html>

在客戶端打開瀏覽器進行測試,Web 瀏覽器中輸入 http://172.16.165.68 即可打開看到頁面信息(如圖 7-14 所示)。如果配置了 DNS 服務器,將 www.fxtest.com 和 172.16.165.68 映射起來,還可以輸入 www://www.fxtest.com 域名進行訪問。在客戶端測試的時候,需要將客戶端的 DNS 服務器的 IP 地址修改為服務器的 IP。

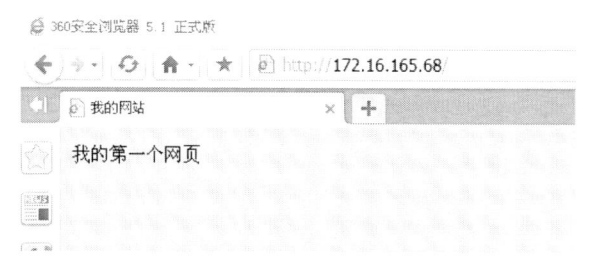

圖 7-14 主頁測試

對於第一節中創建的 myhome 的我的童年網站,只需要修改主目錄的配置信息即可,將主目錄修改為 myhome 的路徑,打開頁面便可以看到頁面,仔細觀察 http 路徑,可以發現頁面跳轉的時候,路徑的變換和之前站點的建立是對應的。如圖 7-15 所示。

圖 7-15 網站測試

第 7 章　Windows Server 2003 WWW 服務器

7.3　創建和發布多個 Web 站點

WWW 服務器可以同時發布多個 Web 站點，主要的技術包括了多個 port 端口發布多個站點、虛擬機目錄發布多個站點以及多個主機頭發布多個站點。

7.3.1　多個 port 端口發布多個站點

首先在站點下創建兩個文件夾分別為 port80 和 port8888，然后在 port80 下創建一個 index.htm 的頁面，頁面內容為：

    <html>

    <head><title>我的網站</title></head>

    <body>這個是 80 端口發布的網站</body>

    </html>

在 port8888 目錄下也創建一個 index.htm 的頁面，頁面內容為：

    <html>

    <head><title>我的網站</title></head>

    <body>這個是 8888 端口發布的網站</body>

    </html>

打開站點右鍵，選擇【新建站點】，在【IP 地址和端口設置】下，選擇【網站 IP 地址】為本機 IP，【網站 TCP 端口】為 80，主機頭因為還沒有配置 DNS 服務器，不填寫，單擊【下一步】。如圖 7-16 所示。

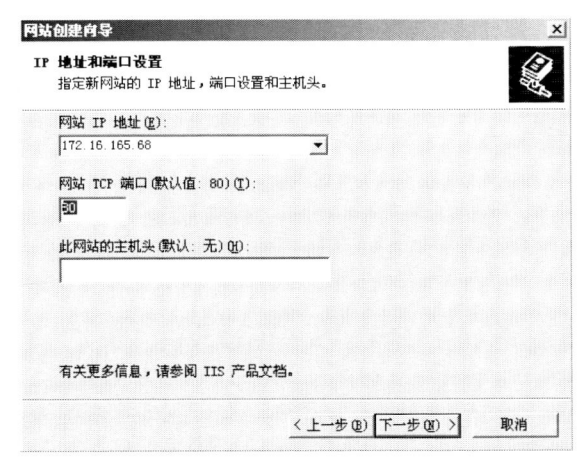

圖 7-16　多端口設置

103

選擇【路徑】，單擊【瀏覽】，設置路徑為 C：\inetpub\testWeb\port80，然后單擊【下一步】完成設置。如圖 7-17 所示。

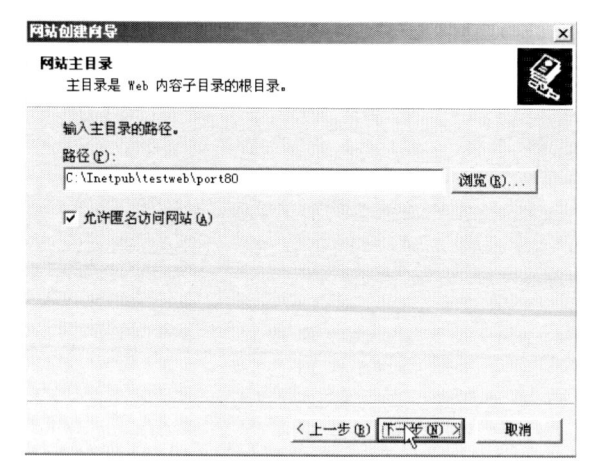

圖 7-17　路徑設置

同理，在【新建站點】下新建一個 port8888 的網站站點，選擇【網站 IP 地址】為本機 IP，【網站 TCP 端口】為 8888，主機頭因為還沒有配置 DNS 服務器，不填寫，單擊【下一步】。如圖 7-18 所示。

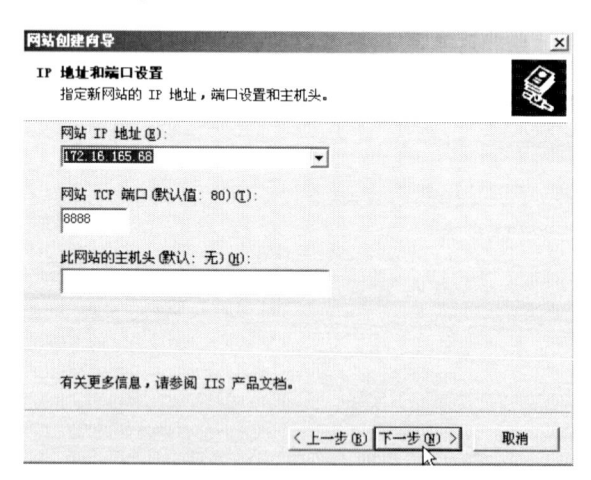

圖 7-18　多端口設置

選擇【路徑】，單擊【瀏覽】，設置路徑為 C：\inetpub\testWeb\port8888，然后單擊【下一步】完成設置。如圖 7-19 所示。

第 7 章　Windows Server 2003 WWW 服務器

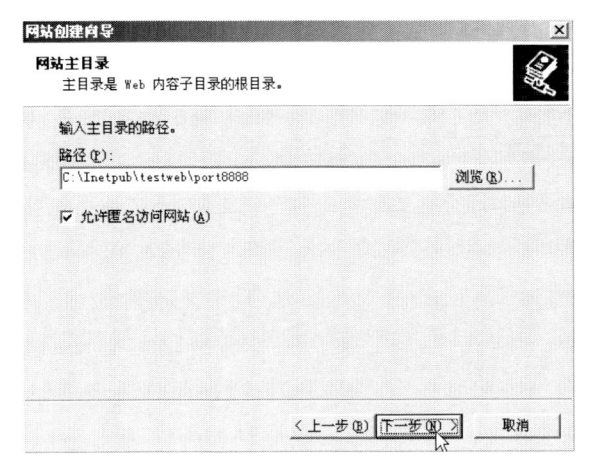

圖 7-19　路徑設置

接下來在 Web 頁面進行測試，分別在 Web 瀏覽器中輸入 http://172.16.165.68:80 和 http://172.16.165.68:8888，可以看到同時發布的兩個站點。如圖 7-20 所示。

圖 7-20　多端口測試頁面

7.3.2　虛擬目錄發布多個站點

虛擬目錄是為不在服務器硬盤的主目錄下的一個物理目錄或者其他計算機上的主目錄而指定的好記的名稱或「別名」。虛擬目錄與主目錄的位置可以相同也可以不同，要訪問虛擬目錄，用戶必須知道虛擬目錄的別名，並在瀏覽器中鍵入 URL。虛擬目錄的好處有很多，包括數據的安全訪問、方便文件的管理等。

首先在站點下創建兩個文件夾分別為 xuni1 和 xuni2，然後在 xuni1 下創建一個 index.htm 的頁面，頁面內容為：

<html>

<head><title>我的網站</title></head>

105

<body>這個是虛擬目錄1端口發布的網站</body>

</html>

在 xuni2 目錄下也創建一個 index.htm 的頁面，頁面內容為：

<html>

<head><title>我的網站</title></head>

<body>這個是虛擬目錄2發布的網站</body>

</html>

可以在默認站點上單擊右鍵新建一個虛擬目錄，然後在虛擬目錄別名中填寫 xuni1，單擊【下一步】。如圖 7-21 所示。

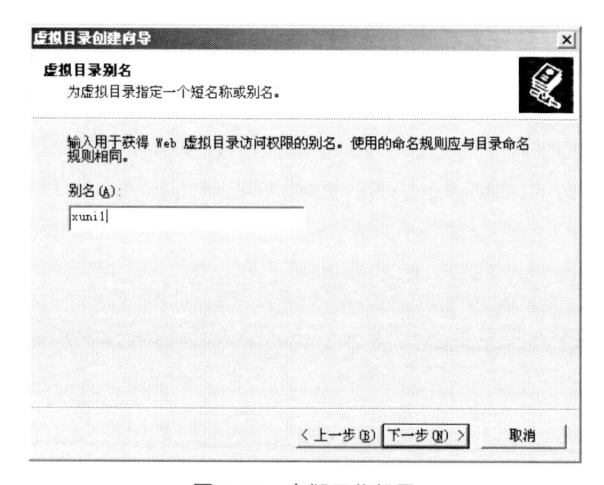

圖 7-21　虛擬目錄設置

在網站內容目錄中選擇【路徑】，單擊【瀏覽】，找到 xuni1 的目錄路徑 C:\Inetpub\testWeb\xuni1，單擊【下一步】完成。如圖 7-22 所示。

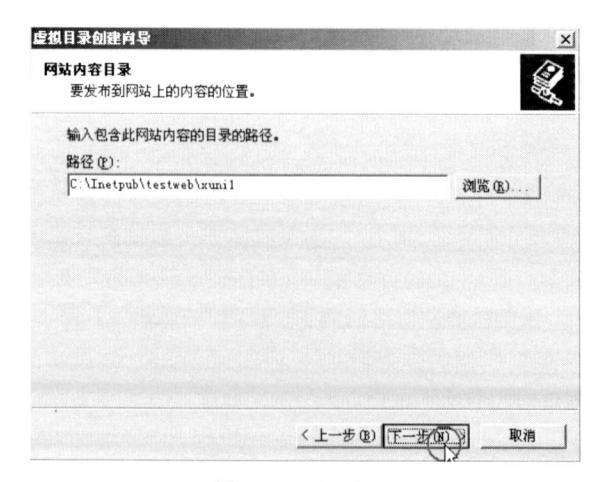

圖 7-22　路徑設置

第 7 章　Windows Server 2003 WWW 服務器

同樣再創建一個虛擬目錄，然后在虛擬目錄別名中填寫 xuni2，單擊【下一步】。如圖 7-23 所示。

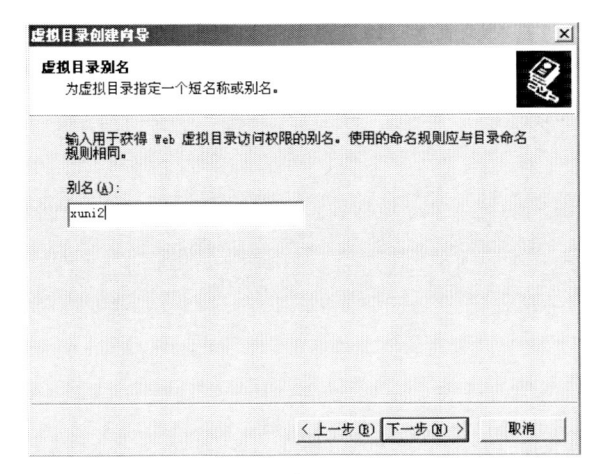

圖 7-23　虛擬目錄設置

在網站內容目錄中選擇【路徑】，單擊【瀏覽】，找到 xuni2 的目錄路徑 C：\Inetpub\testWeb\xuni2，單擊【下一步】完成。如圖 7-24 所示。

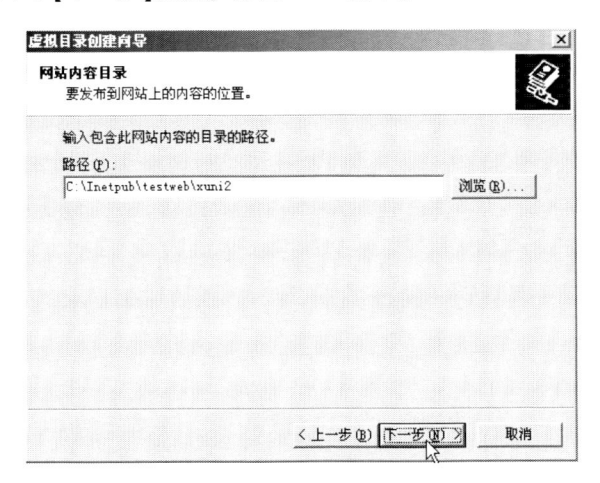

圖 7-24　路徑設置

接下來在 Web 頁面進行測試，分別在 Web 瀏覽器中輸入 http：//172.16.165.68/xuni1 和 http：//172.16.165.68/xuni2，可以看到同時發布的兩個站點。如圖 7-25 所示。

107

操作系統原理與實踐

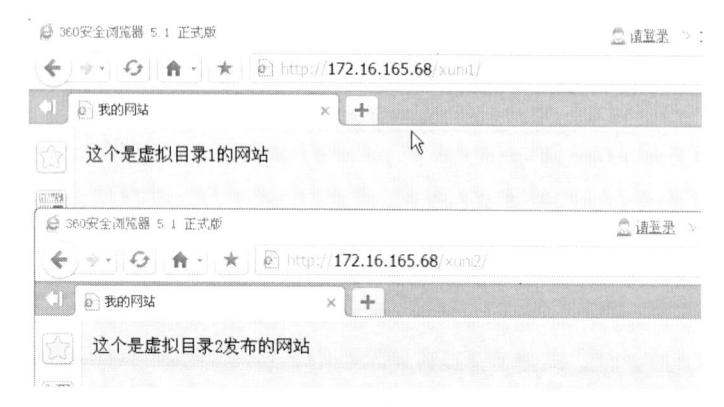

圖 7-25　虛擬機目錄測試

7.3.3　多個主機頭發布多個站點

首先在站點下創建兩個文件夾分別為 hosta 和 hostb，然後在 hosta 下創建一個 index.htm 的頁面，頁面內容為：

<html>

<head><title>我的網站</title></head>

<body>這個是主機頭 hosta 發布的網站</body>

</html>

在 hostb 目錄下也創建一個 index.htm 的頁面，頁面內容為：

<html>

<head><title>我的網站</title></head>

<body>這個是主機頭 hostb 發布的網站</body>

</html>

打開 DNS 服務器，設置一個 fxtest.com 的域，然后在域下面創建兩個主機頭，名字分別為 hosta 和 hostb，單擊【添加主機】完成。如圖 7-26、圖 7-27 所示。

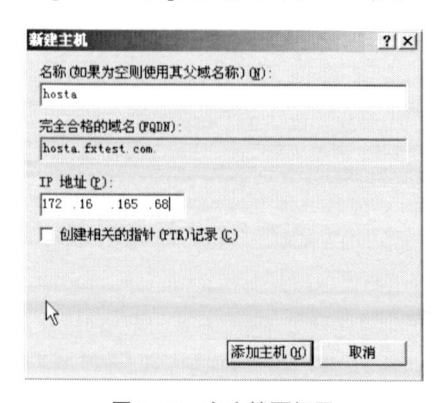

圖 7-26　多主機頭設置

108

第 7 章　Windows Server 2003 WWW 服務器

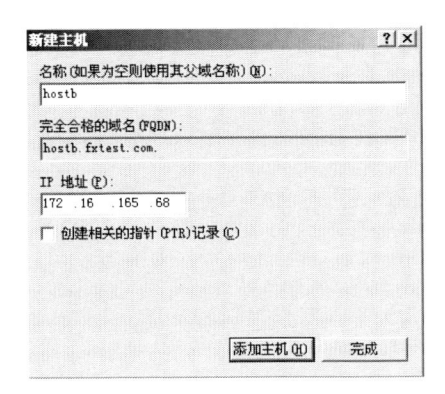

圖 7-27　多主機頭設置

選擇【站點】,右鍵新建站點,名字為 hosta,在【IP 地址和端口設置】,選擇【網站 IP 地址】為 172.16.165.68,【網站 TCP 端口】為 80,設置【此網站的主機頭】為 hosta.fxtest.com,單擊【下一步】。如圖 7-28 所示。

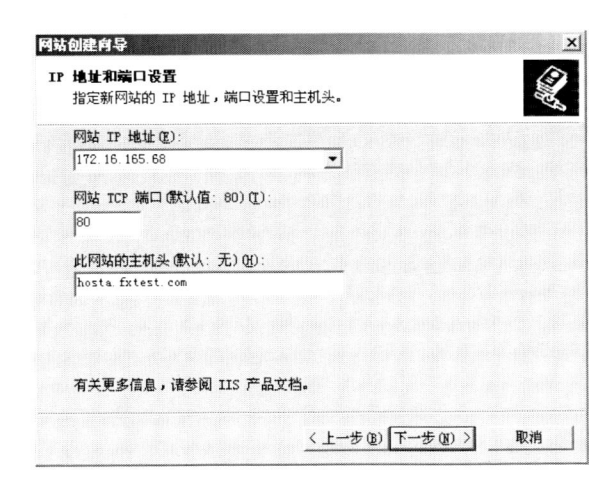

圖 7-28　端口設置

在網站主目錄,選擇【輸入主目錄路徑】,單擊【瀏覽】按鈕選擇路徑為 C:\Inetpub\testWeb\hosta,單擊【下一步】完成設置。如圖 7-29 所示。

109

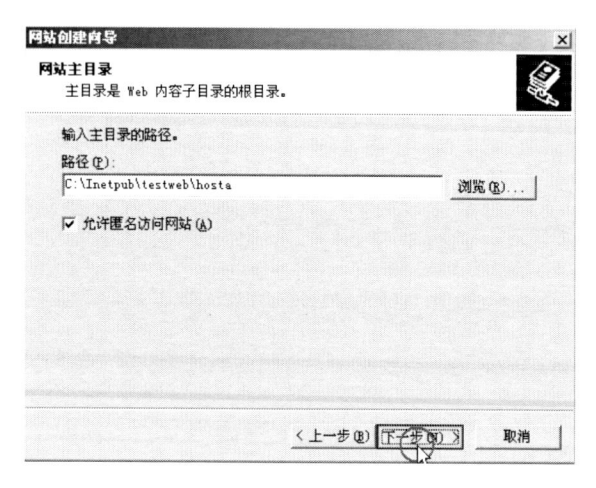

圖 7-29　路徑設置

同理,選擇【站點】,右鍵新建站點,名字為 hostb,在【IP 地址和端口設置】,選擇【網站 IP 地址】為 172.16.165.68,【網站 TCP 端口】為 80,設置【此網站的主機頭】為 hostb.fxtest.com,單擊【下一步】。如圖 7-30 所示。

圖 7-30　端口設置

在網站主目錄,選擇輸入主目錄路徑,單擊【瀏覽】按鈕選擇路徑為 C:\Inetpub\testWeb\hostb,單擊【下一步】完成設置。如圖 7-31 所示。

第 7 章　Windows Server 2003 WWW 服務器

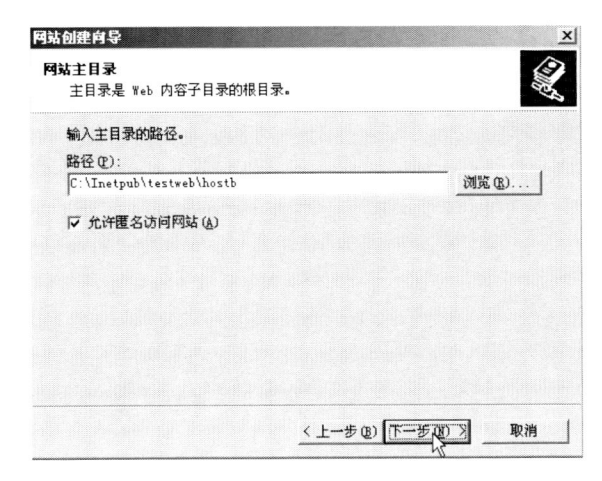

圖 7-31　路徑設置

接下來在 Web 頁面進行測試，測試的時候首先需要設置客戶端的 DNS，因為訪問需要用到域名，因此將客戶端的 DNS 的 IP 設置為服務器的 IP 地址。

分別在 Web 瀏覽器中輸入 http://hosta.fxtest.com 和 http://hostb.fxtest.com，可以看到同時發布的兩個站點。如圖 7-32 所示。

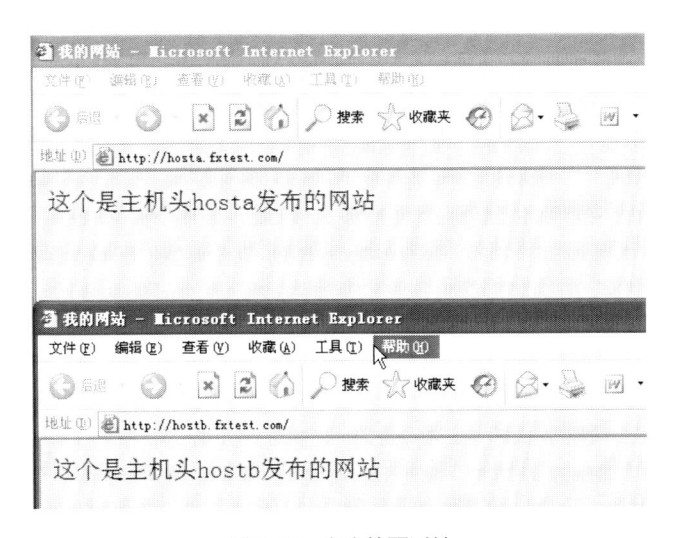

圖 7-32　多主機頭測試

第 8 章　Apache 和 Tomcat 服務器

本章主要介紹動態頁面的發布，Apache 服務器的搭建以及 Tomcat 服務器的搭建和管理。通過本章的學習，讀者應該掌握以下內容：

* Apache 服務器的基本概念。
* Apache 服務器的安裝。
* DW 和 MYSQL 以及 Apache 服務器結合發布動態頁面技術。
* Tomcat 服務器的基本概念。
* Tomcat 服務器的安裝配置。
* JSP 頁面的發布。

8.1　Apache 服務器安裝配置

Apache HTTP Server(简稱 Apache)是 Apache 軟件基金會的一個開放源碼的網頁服務器，可以在大多數計算機操作系統中運行，由於其具有多平臺和安全性特點被廣泛使用，是最流行的 Web 服務器軟件之一。

(1)Apache 服務器的安裝。下載 Xampp 的集成開發環境進行安裝，包括 Apache 服務器和 Mysql 服務器。選擇安裝的語言【English】，單擊【OK】。如圖 8-1 所示。

第 8 章　Apache 和 Tomcat 服務器

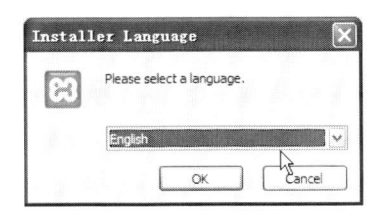

圖 8-1　安裝選擇語言

進入到安裝向導，單擊【next】。如圖 8-2 所示。

圖 8-2　安裝歡迎界面

選擇安裝路徑，保留默認路徑為 c：\xampp，單擊【Next】。如圖 8-3 所示。

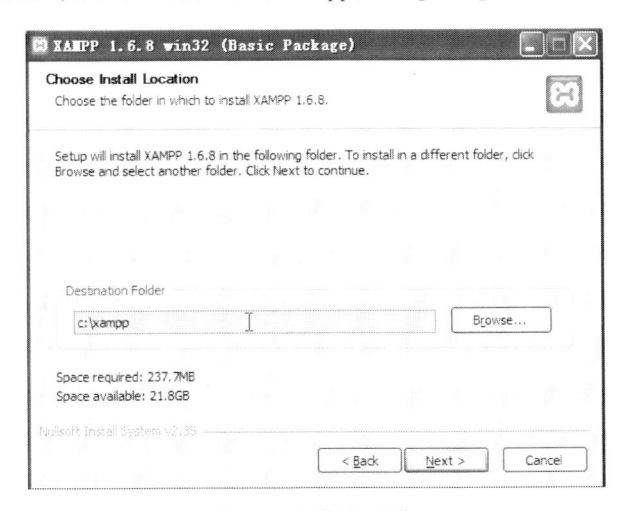

圖 8-3　安裝路徑選擇

113

操作系統原理與實踐

選擇安裝服務,至少需要安裝 Apache 和 Mysql 數據庫。單擊【下一步】。如圖 8-4 所示。

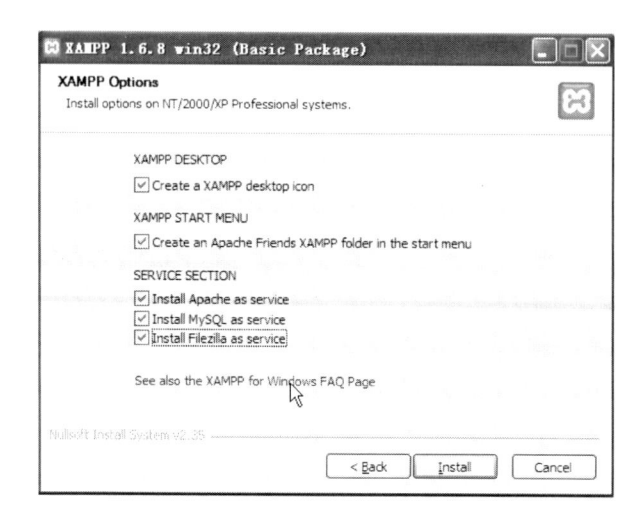

圖 8-4　安裝組件選擇

安裝進度圖示如圖 8-5 所示。

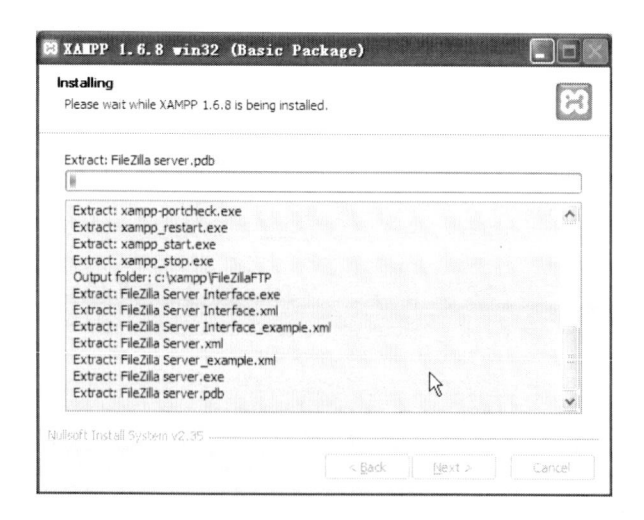

圖 8-5　安裝進度條

安裝成功,單擊【Finish】。如圖 8-6 所示。

第 8 章　Apache 和 Tomcat 服務器

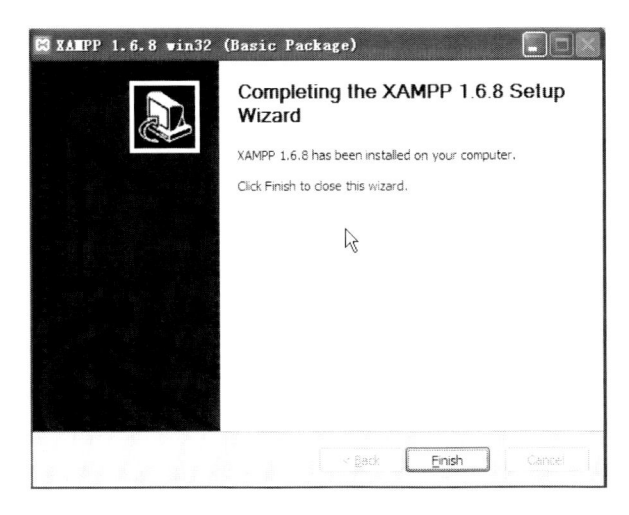

圖 8-6　安裝成功

打開 Xampp 的控制面板，可以控制 Apache 和 Mysql 數據庫的服務啓動和停止，以及相關的服務器信息的配置。如圖 8-7 所示。

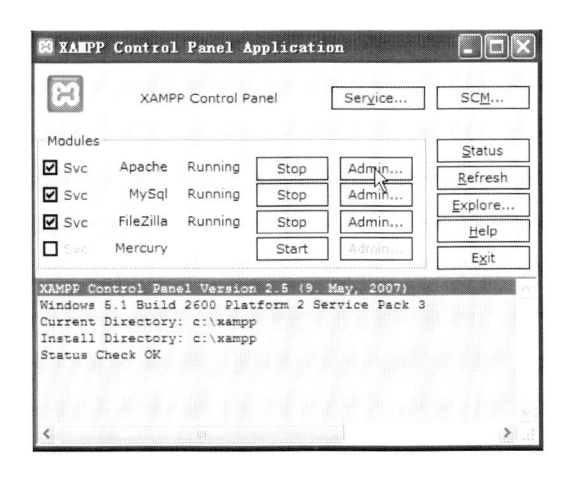

圖 8-7　控制面板

（2）PHP 和 Dreamwaver 連結調試網站。Dreamwaver 站點設置需要配置本地文件夾以及 http 地址，如圖 8-8 所示。

操作系統原理與實踐

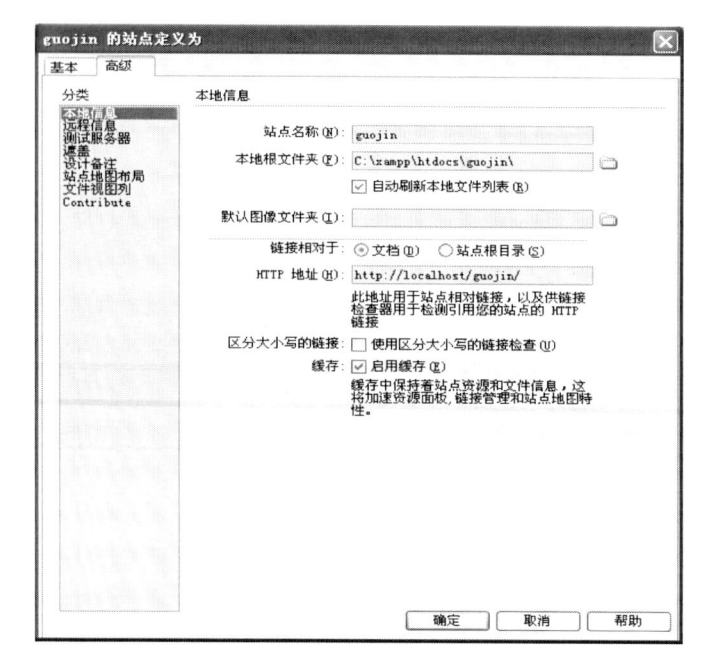

圖 8-8　站點搭建

配置測試服務器,選擇【PHP MySQL】以及測試服務器文件夾,填寫 URL 前綴。如圖 8-9 所示。

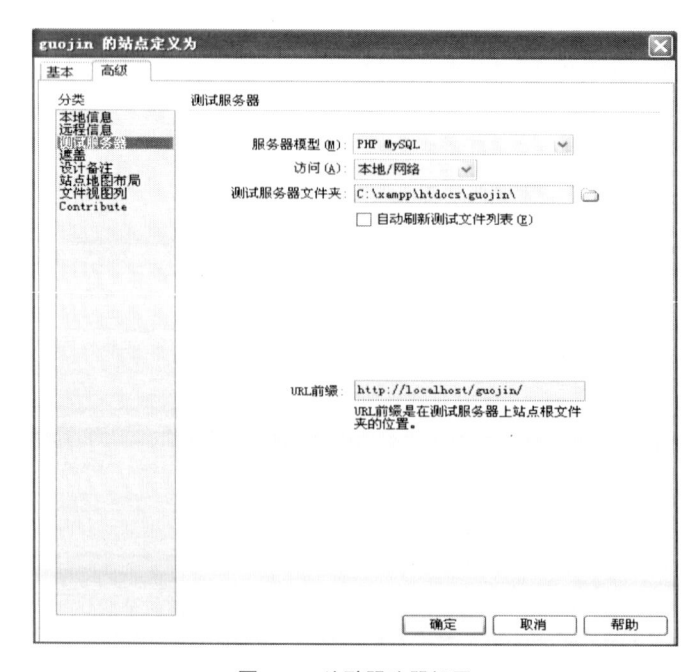

圖 8-9　站點服務器設置

第 8 章　Apache 和 Tomcat 服務器

（3）數據庫建立。Phpmyadmin 中建立好數據庫，信息如下：
數據庫名字：login_register，如圖 8-10 所示。

圖 8-10　數據庫建立

數據表名字：user_info，如圖 8-11 所示。

圖 8-11　表和字段建立

數據表字段，如圖 8-12、圖 8-13、圖 8-14 所示。

圖 8-12　字段屬性設置

圖 8-13　字段設計結果

圖 8-14　表數據

117

(4)分析用戶登錄各頁面之間關係。用戶登錄各頁面的關係如圖 8-15 所示。

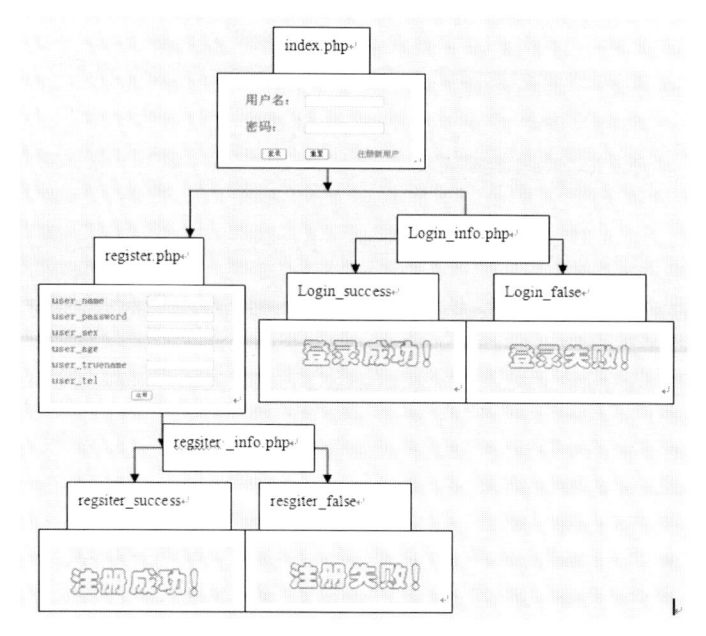

圖 8-15　界面跳轉設置

(5)站點建立。站點的建立結構如圖 8-16 所示。

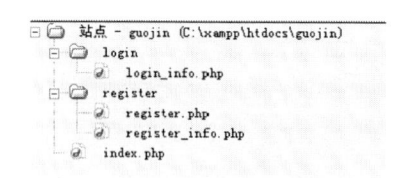

圖 8-16　站點文件

(6)代碼實現。

① Index.php

表單設計如圖 8-17 所示。

圖 8-17　表單設計

第 8 章 Apache 和 Tomcat 服務器

```
<form id="form1" name="form1" method="post" action="login/login_info.php">
<input name="text_name" type="text" id="text_name" height="20"/>
<input name="text_password" type="text" id="text_password" height="20" />
<input name="Submit_login" type="submit" id="Submit_login" value="登錄" />
<input name="Submit_reset" type="reset" id="Submit_reset" value="重置"/>
</form>
```

Login_info.php

```
<? php
    $_SESSION["text_name"] = $_POST["text_name"];//獲取 index.php 中數據
    $_SESSION["text_password"] = $_POST["text_password"];//獲取 index.php 中數據
    $name = $_SESSION["text_name"];
    $password = $_SESSION["text_password"];
    $db_host = "localhost";//連結數據庫的服務器
    $db_user = "root";//連結數據庫的用戶名
    $db_pwd = "";//連結數據庫的密碼
    $db_name = "login_register";//連結的數據庫的名字
    $sql_query = "select * from user_info where user_name='$name'";//查詢數據庫的 SQL 代碼
    $connection = mysql_connect($db_host, $db_user, $db_pwd);//連接服務器
    mysql_select_db($db_name, $connection);//連接數據庫
    $result = mysql_query($sql_query);//執行 SQL 查詢結果
    if(mysql_num_rows($result)>0)//判斷查詢結果是不是有結果,有查詢結果則
                                 表示用戶 $name 存在於數據庫
    {
       echo "用戶名: $name";
       echo "<br>";
       while($row = mysql_fetch_array($result))
       {
          if($password == $row['user_password'])//判斷用戶名密碼對不對
          {
             echo "密碼正確,登錄成功";
          }
          else
          {
             echo "密碼錯誤,登錄失敗";
```

```
            }
        }
    }
    else//判斷查詢結果是不是有結果,無查詢結果則表示用戶 $name 存在於數據庫
    {
        echo "沒有用戶: $name";
    }
    mysql_close( $connection );//斷開連接的服務器
? >
```
② Register.php

表單設計如圖 8-18 所示。

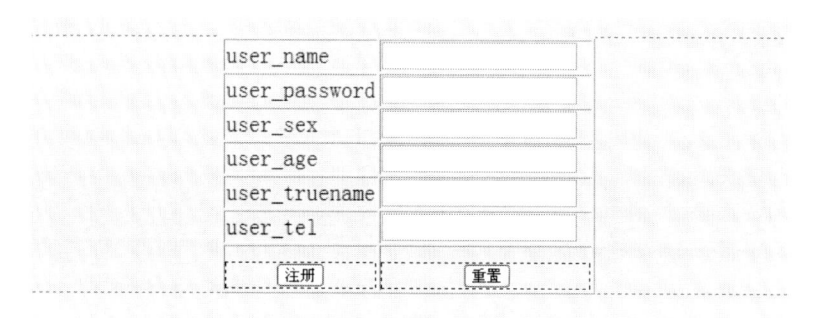

圖 8-18　表單設計

代碼編寫如下：

```
<form id="form1" name="form1" method="post" action="register_info.php" >
<input type="text" name="user_name" height="20" />
<input type="text" name="user_password" height="20" />
<input type="text" name="user_sex" height="20" />
<input type="text" name="user_age" height="20" />
<input type="text" name="user_truename" height="20" />
<input type="text" name="user_tel" height="20" />
<input name="Submit_register" type="submit" id="Submit_register" value="註冊" />
<input name="Submit_reset" type="reset" id="Submit_reset" value="重置" />
</form>
```

Register_info.php

```
<? php
    $_SESSION["user_name"] = $_POST["user_name"];//獲取 index.php 中數據
    $_SESSION["user_password"] = $_POST["user_password"];//獲取 index.php
```

第 8 章　Apache 和 Tomcat 服務器

中數據

　　$_SESSION["user_sex"] = $_POST["user_sex"];//獲取 index.php 中數據

　　$_SESSION["user_age"] = $_POST["user_age"];//獲取 index.php 中數據

　　$_SESSION["user_truename"] = $_POST["user_truename"];//獲取 index.php 中數據

　　$_SESSION["user_tel"] = $_POST["user_tel"];//獲取 index.php 中數據

　　$name = $_SESSION["user_name"];

　　$password = $_SESSION["user_password"];

　　$sex = $_SESSION["user_sex"];

　　$age = $_SESSION["user_age"];

　　$truename = $_SESSION["user_truename"];

　　$tel = $_SESSION["user_tel"];

　　$db_host = "localhost";//連結數據庫的服務器

　　$db_user = "root";//連結數據庫的用戶名

　　$db_pwd = "";//連結數據庫的密碼

　　$db_name = "login_register";//連結的數據庫的名字

　　$connection = mysql_connect($db_host, $db_user, $db_pwd);//連接服務器

　　mysql_select_db($db_name, $connection);//連接數據庫

　　$sql_query =

　　"insert into user_info（user_name, user_password, user_sex, user_age, user_truename, user_tel）

　　　values（'$name','$password','$sex','$age','$truename','$tel'）";

//查詢數據庫的 SQL 代碼

　　if(mysql_query($sql_query))

　　{

　　　　echo "註冊成功";

　　}

　　else

　　{

　　　　echo "註冊失敗";

　　}

　　mysql_close($connection);//斷開連接的服務器

? >

（7）通過 Apache 發布一個 php+mysql 的登錄和註冊的頁面。

8.2 Tomcat 服務器安裝配置

　　JSP——將內容的生成和顯示進行分離,這有助於操作者保護自己的代碼,同時保證任何基於 HTML 的 Web 瀏覽器的完全可用性,強調可重用的組件,開發人員能夠共享和交換執行普通操作的組件或者使得這些組件能為更多的使用者或者客戶團體所使用。基於組件的方法加速了總體開發過程,優化了程序的結構;採用標示簡化頁面開發,通過開發定制標示庫,JSP 技術是可以擴展的。第三方開發人員和其他人員為常用功能創建自己的標示庫,這使得 Web 頁面開發人員能夠使用熟悉的工具執行特定功能的構件來工作。具有廣泛的服務器支持,JSP 同 PHP 類似,幾乎可以運行於所有平臺,如 Windows NT、Linux、UNIX。Windows NT 下的 IIS 通過一個插件,如 JRUN 或者 ServletExec 就能支持 JSP。

　　Tomcat——Jakarta 項目中的一個重要的子項目,其被 Java World 雜誌的編輯評選為 2001 年度最具創新的 Java 產品,同時它又是 Sun 公司官方推薦的 Servlet 和 JSP 容器,因此越來越多地受到軟件公司和開發人員的喜愛。Servlet 和 JSP 的最新規範都可以在 Tomcat 的新版本中得到實現。Tomcat 是完全免費的軟件,任何人都可以從互聯網上自由下載。Tomcat 和 IIS、Apache 等 Web 服務器一樣,具有處理 HTML 頁面的功能,另外它還是一個 Servlet 和 JSP 容器,獨立的 Servlet 容器是 Tomcat 的默認模式。不過,Tomcat 處理靜態 HTML 的能力不如 Apache。

　　(1)Tomcat 服務器的安裝。下載 Tomcat 的安裝文件,然後進入到安裝的向導,單擊【Next】。如圖 8-19 所示。

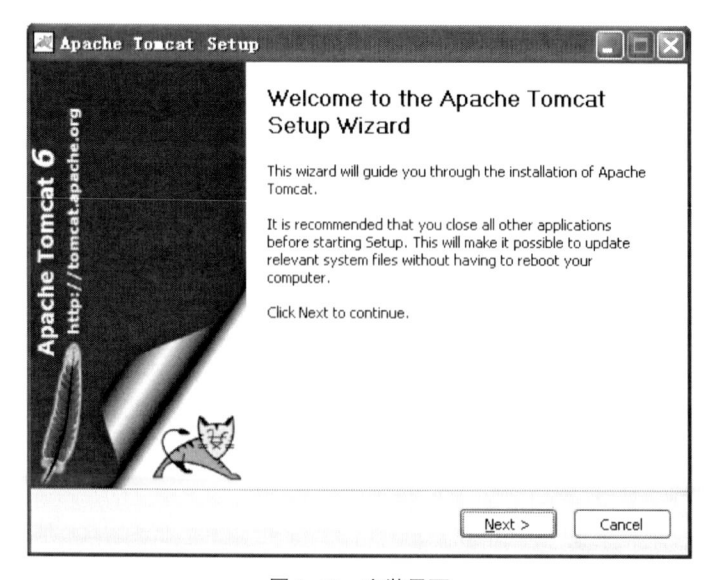

圖 8-19　安裝界面

第 8 章　Apache 和 Tomcat 服務器

選擇安裝的組件內容，勾選上復選框，單擊【Next】，如圖 8-20 所示。

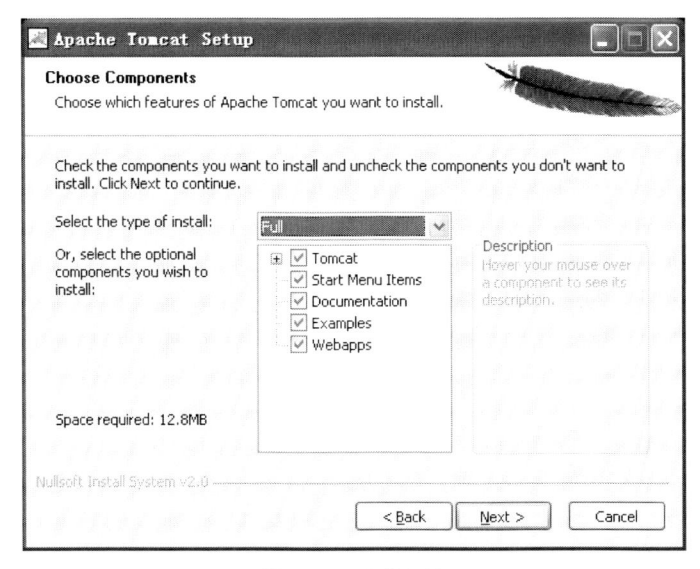

圖 8-20　安裝組件

選擇安裝的路徑為 D:\Tomcat6.0，如圖 8-21 所示。

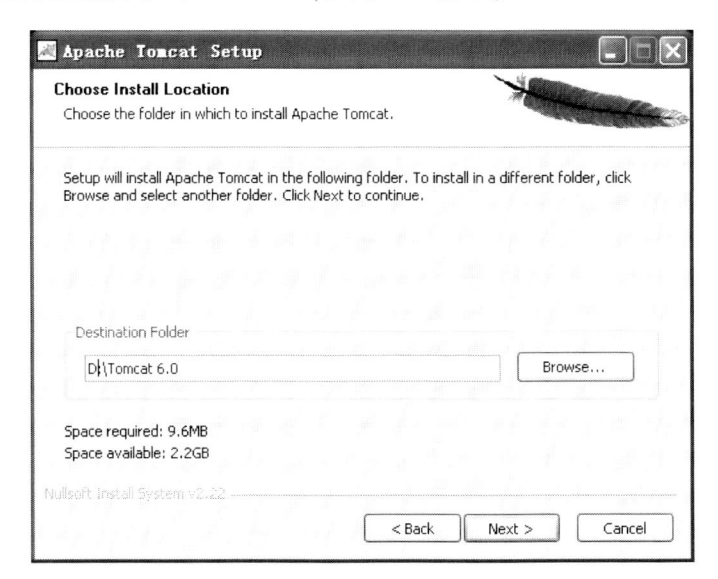

圖 8-21　安裝路徑

為 Tomcat 配置安裝的 jdk 路徑，然后單擊【Install】。如圖 8-22 所示。

123

圖 8-22　配置 jdk

　　到此為止 Tomcat 已經安裝完成了。要檢驗是否安裝成功,打開 IE 瀏覽器,在地址欄中輸入「http://localhost:8080/」,單擊【轉到】按鈕,會彈出一個如圖 8-23 所示的窗口,這時就表明服務器已經正確安裝了。

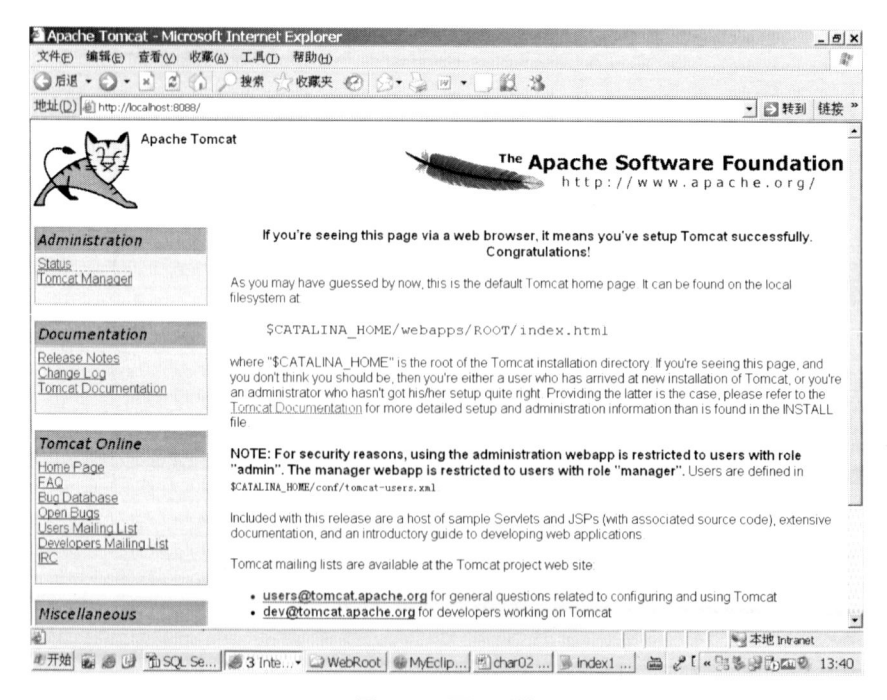

圖 8-23　頁面測試

第 8 章　Apache 和 Tomcat 服務器

（2）測試一個 JSP 程序。在安裝成功后打開 Tomcat 安裝目錄,可以看到幾個文件夾。其中,Tomcat 將由 JSP 文件轉譯后的 Java 源文件和 class 文件存放在 work 文件夾下,bin 為 Tomcat 執行的腳本目錄,conf 文件夾下存放有 Tomcat 的配置文件,lib 文件夾為 Tomcat 運行時需要的庫文件,Tomcat 執行時的日誌文件存放在 logs 文件夾下,Webapps 為 Tomcat 的 Web 發布目錄。按照下面的操作過程創建和運行第一個 JSP 程序：

* 在 Tomcat 安裝目錄下的 Webapps 目錄中,可以看到 ROOT、examples、manager、tomcat-docs 之類 Tomcat 自帶的 Web 應用範例。

* 在 Webapps 目錄下新建一個名稱為 HelloJsp 的文件夾。

* 在 HelloJsp 下新建一個文件夾 Web-INF。注意：目錄名稱是區分大小寫的。

* 在 Web-INF 下新建一個文件 Web.xml,該文件為 Tomcat 的部署文件,並在其中添加如下代碼：

```xml
<?xml version="1.0" encoding="UTF-8"?>
<!DOCTYPE Web-app PUBLIC "-//Sun Microsystems, Inc.//DTD Web Application 2.3//EN" "http://java.sun.com/dtd/Web-app_2_3.dtd">
<Web-app>
<display-name>My Web Application</display-name>
<description>
A JSP application for test
</description>
<welcome-file-list>
<welcome-file>Test.jsp</welcome-file>
</welcome-file-list>
</Web-app>
```

* 在 HelloJsp 目錄下創建文本文件,並為其指定文件名為 Test.jsp。注意 JSP 頁面的擴展名必須為.jsp。然后在該文本文件中輸入如下代碼：

```jsp
<%@ page contentType="text/html;charset=gb2312" %>
<html>
<head>
<title>
第一個 JSP 程序
</title>
</head>
<body>
<h2 align="center">
<%=new java.util.Date()%>
```

\</h2\>

\</body\>

\</html\>

Tomcat 服務器控制頁面如圖 8-24 所示，JSP 頁面測試如圖 8-25 所示。

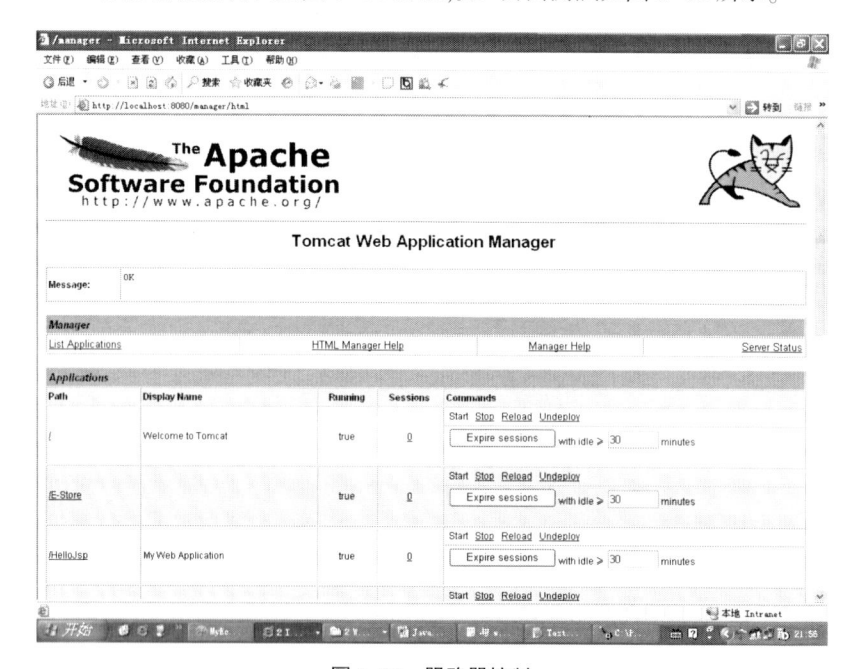

圖 8-24　服務器控制

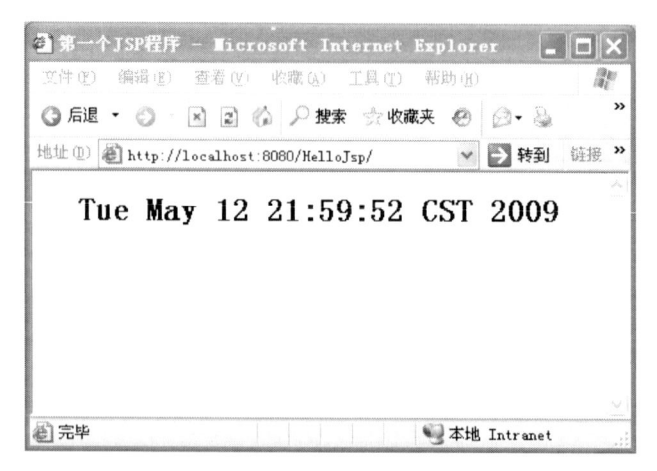

圖 8-25　JSP 頁面測試

第 9 章 Windows Server 2003 Email 服務器

本章主要介紹郵件發送的基本原理以及相關的郵件協議,Foxmail 的使用,POP3 和 SMTP 服務器的安裝和配置。通過本章的學習,讀者應該掌握以下內容:

* 電子郵件結構以及常用的電子郵件協議。
* 電子郵件的投遞原理。
* Foxmail 軟件的使用。
* SMTP 和 POP3 服務器的安裝和配置。
* 電子郵件投遞測試。

9.1 電子郵件結構以及郵件協議

電子郵件主要是由兩部分構成,即收件人的姓名和地址、信件的正文。

信頭是由幾行文字組成的。一般來說,信頭包含下列幾行內容(具體情況可能隨有關郵件程序不同而有所不同):收件人(To),即收信人的 Email 地址;抄送(Cc),即抄送者的 Email 地址;主題(Subject),郵件的主題。

Email 的正文就是一些文字。另外,程序、圖形及其他一些計算機二進制文件,也可以作為電子郵件的附帶內容一起發送。

RFC 822 協議——定義了 SMTP、POP3、IMAP 以及其他電子郵件傳輸協議所提交、傳輸的內容。

簡單郵件傳輸協議(Simple Mail Transfer Protocol,簡稱 SMTP)——SMTP 通常用

於把電子郵件從客戶機傳輸到服務器以及從某一服務器傳輸到另一個服務器。默認使用 TCP 端口為 25。配置了 SMTP 協議的電子郵件服務器稱為 SMTP 服務器。

郵局協議(Post Office Protocol, 簡稱 POP3)——POP3 目前是第 3 版, 提供信息存儲功能, 負責為用戶保存收到的電子郵件, 並且從郵件服務器下載取回這些郵件。默認使用 TCP 端口 110。

網際消息訪問協議(Internet Message Access Protocol, 簡稱 IMAP4)——IMAP4 目前是第 4 版, 使用 IMAP 時, 用戶可以有選擇地下載電子郵件, 甚至只下載部分郵件。

MIME 作為多用途的網際郵件擴展, 增強了在 RFC 822 中定義的電子郵件報文的能力, 允許傳輸二進制數據。

電子郵件的投遞過程和信的投遞過程大致類似, 寫信的時候首先寫好信的內容, 然后填寫好收件人的地址和郵編, 將信交給郵局, 郵局負責投遞, 投遞的過程中可能需要某些郵局進行中轉, 最后交到收件人的手上。電子郵件也是類似的, 首先發件人寫好郵件的內容, 填寫好郵件的主題和收件人的郵箱地址, 信交給 SMTP 服務器負責發送和投遞出去, 投遞到對方的 POP3 服務器上, 當收件人通過自己的郵件用戶名和密碼登錄到 POP3 服務器上驗證成功的時候, 才可以接受到郵件。

如圖 9-1 所示, 用戶 Jack 的電子郵箱為 jack@abc.com, 用戶 Mary 的電子郵件為 mary@xyz.com, 當 Jack 為 Mary 發送郵件的時候, 將寫好的郵件發送給 abc.com 的 SMTP 服務器, SMTP 負責向自己的 DNS 服務器請求, 查詢 xyz.com 的域對應的 IP 地址, 然后 abc.com 的 SMTP 服務器將郵件投遞出去, 發送到 xyz.com 的 SMTP 服務器上, 保存到 xyz.com 的 POP3 服務器上, 當 Mary 登錄自己的郵件系統的時候, 驗證通過后, POP3 分發郵件給 Mary, 即完成郵件發送。

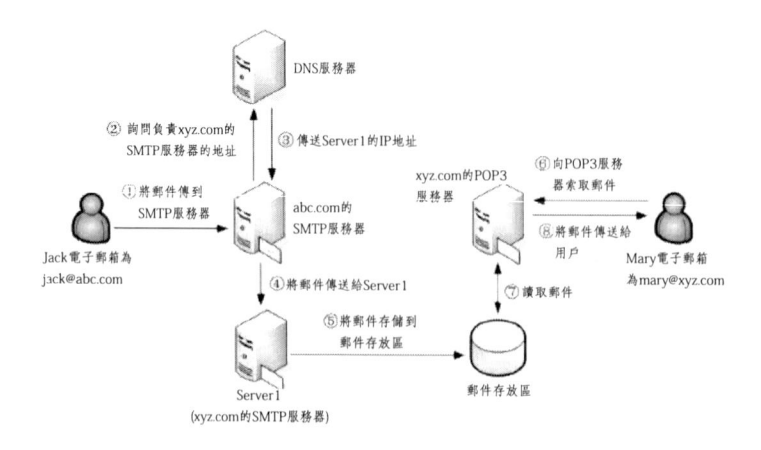

圖 9-1　郵件傳遞原理

第9章 Windows Server 2003 Email 服務器

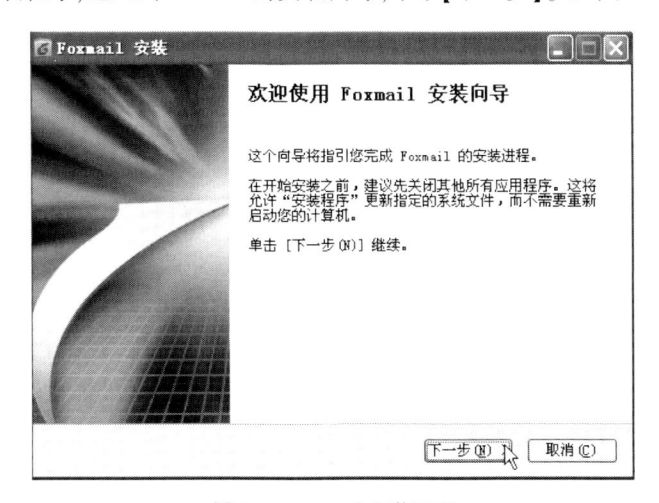

9.2 Foxmail 的使用

Foxmail 是騰訊旗下的一個郵箱,域名「foxmail.com」。Foxmail 可以看作是 QQ 郵箱的一個別名,QQ 郵箱的用戶可以在「設置-帳戶」中為 QQ 郵箱設一個 Foxmail 的別名。

通過 Foxmail 可以將自己所有的郵箱管理起來,在軟件上直接可以查看和發送郵件等,不再需要登錄相關頁面,省時省力。

雙擊安裝程序,進入到 Foxmail 的安裝向導,單擊【下一步】。如圖 9-2 所示。

圖 9-2　Foxmail 安裝界面

進入到【軟件許可協議】,單擊【我同意】,進入到安裝程序進行安裝。如圖 9-3 所示。

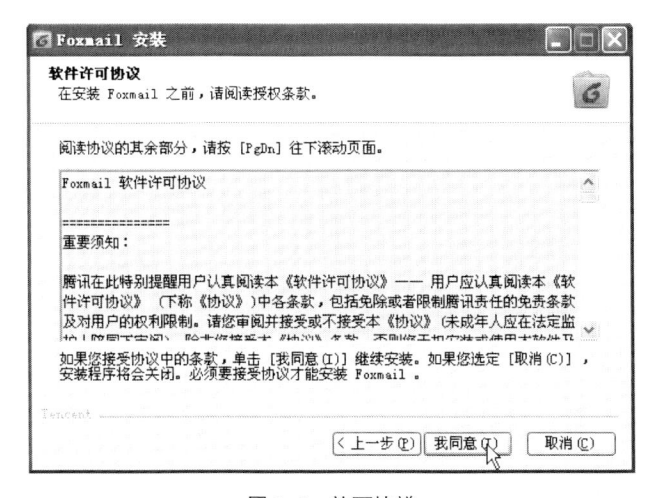

圖 9-3　許可協議

操作系統原理與實踐

進入 Foxmail 的安裝流程,安裝過程完成,單擊【下一步】。如圖 9-4 所示。

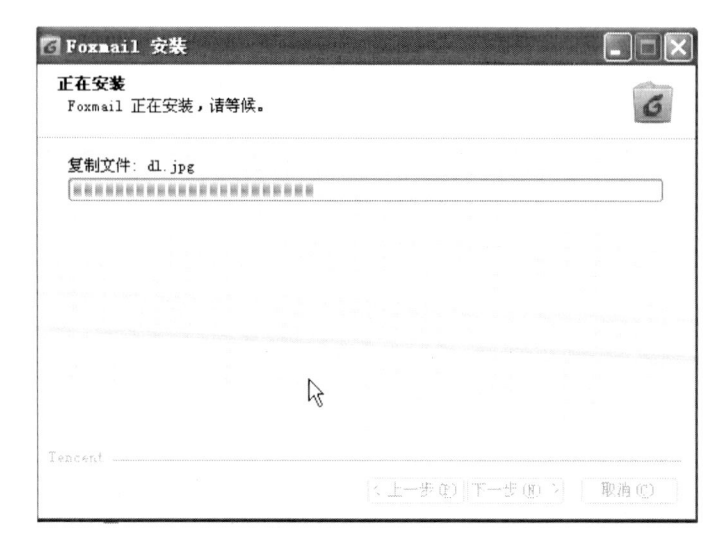

圖 9-4　安裝進度

取消 Foxmail 的一些安裝插件,然後單擊【下一步】。如圖 9-5 所示。

圖 9-5　完成安裝

打開 Foxmail 軟件,輸入一個 Email 郵件地址,然後單擊【下一步】。如圖 9-6 所示。

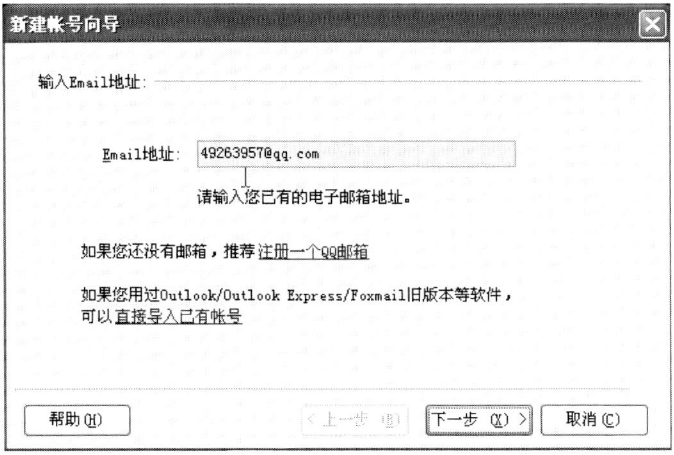

第 9 章　Windows Server 2003 Email 服務器

圖 9-6　帳戶輸入

選擇【郵箱類型】,如果選擇 IMAP 則需要郵件系統支持 IMAP,輸入密碼后,單擊【下一步】。如圖 9-7 所示。

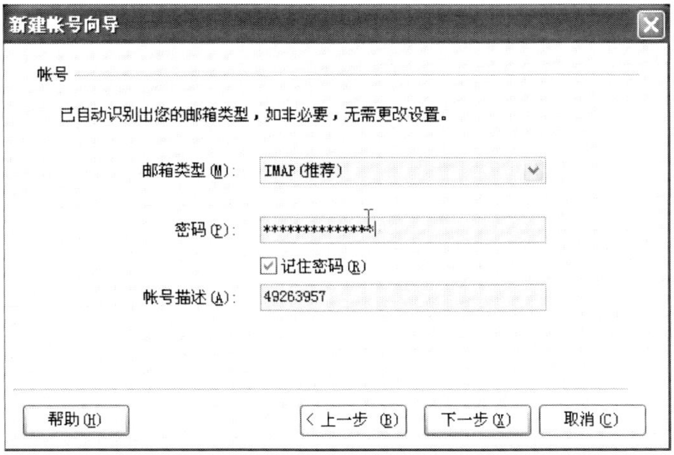

圖 9-7　密碼輸入

在【新建帳號向導】中,可以看見目前帳號的信息,單擊【修改服務器】可以修改 SMTP 和 POP3 服務器的屬性,單擊【測試】可以查看是否連接成功。如圖 9-8 所示。

131

操作系統原理與實踐

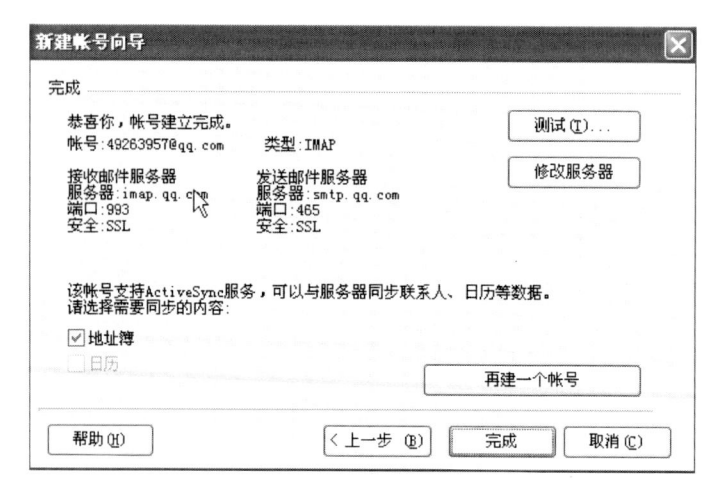

圖 9-8　測試服務器

全部測試成功后，帳號便登錄成功，可以順利收發郵件。如圖 9-9 所示。

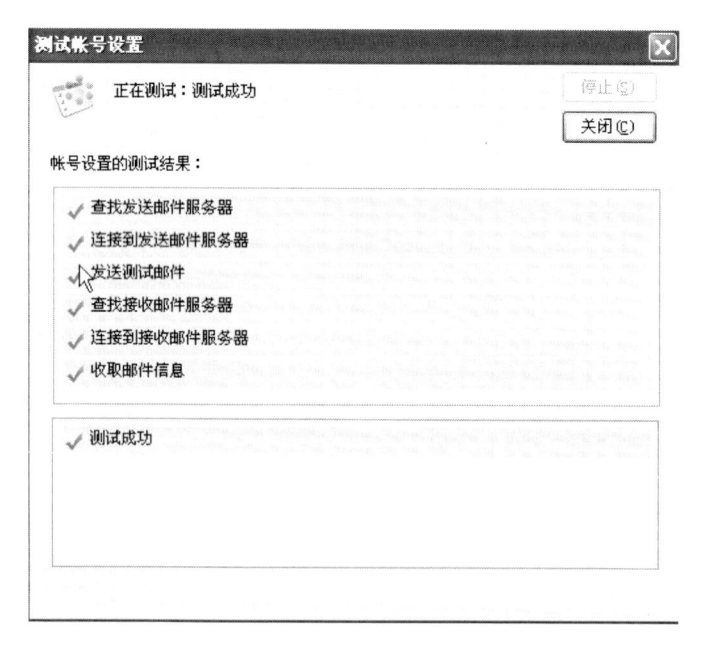

圖 9-9　測試結果

Foxmail 可以登錄多個帳號，並且可以同時進行管理，非常方便。如圖 9-10 所示。

第 9 章　Windows Server 2003 Email 服務器

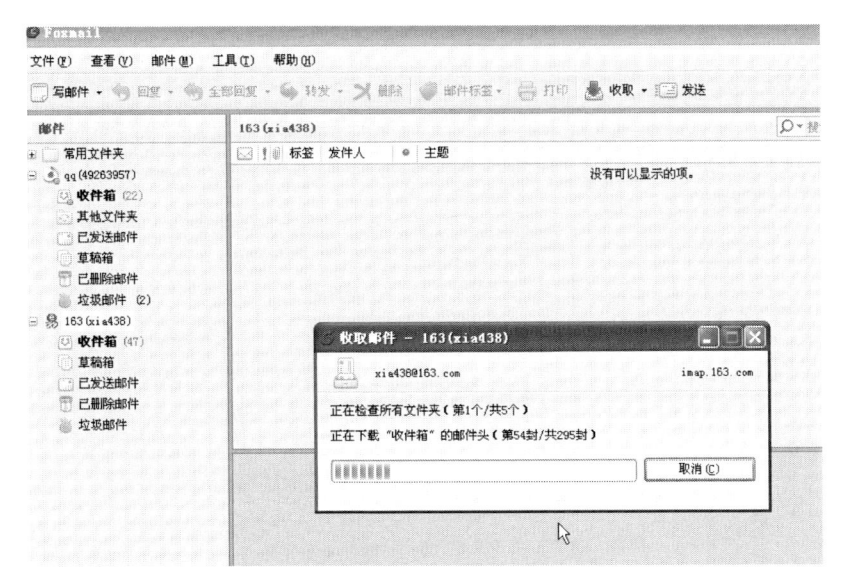

圖 9-10　接受郵件

9.3　POP3 服務器和 SMTP 服務器的安裝配置

選擇【開始】菜單→【控制面板】→【添加刪除程序】→【添加刪除 Windows 組件】。如圖 9-11 所示。

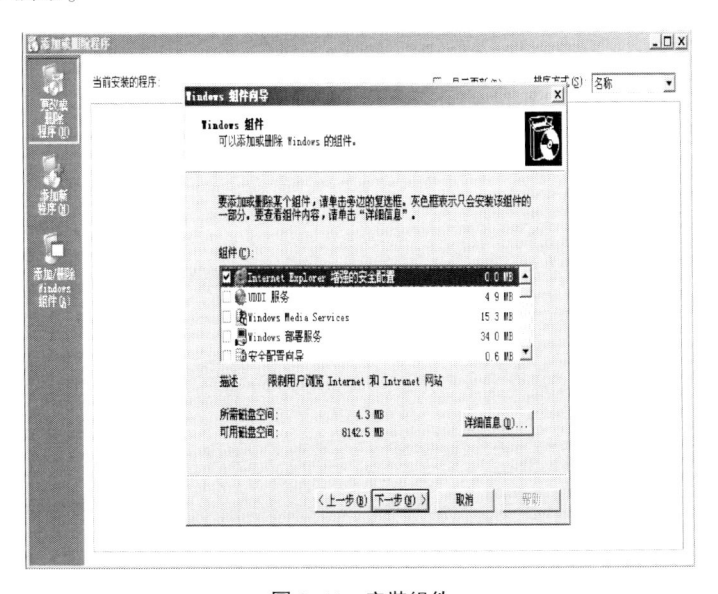

圖 9-11　安裝組件

133

選擇【應用程序服務器】→【詳細信息】→【internet 信息服務 IIS】→【詳細信息】，將【SMTP Service】的復選框勾選上，單擊【確定】開始安裝 SMTP 服務器。如圖 9-12 所示。

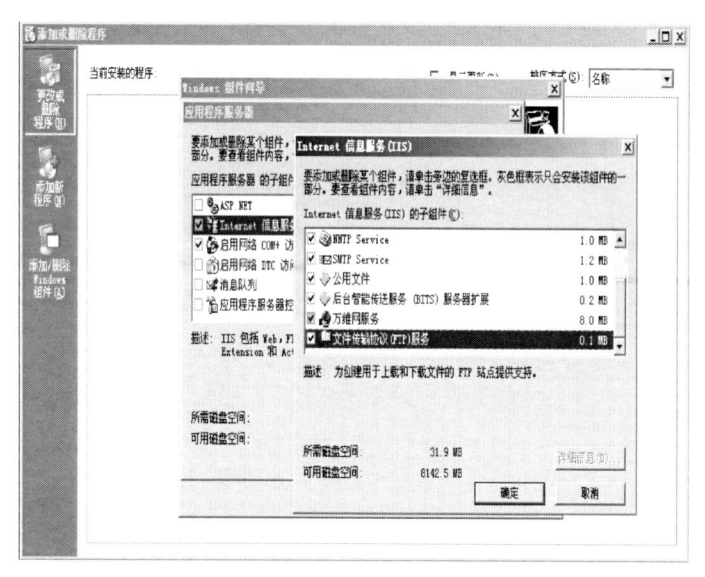

圖 9-12　安裝 SMTP

選擇【電子郵件服務】，單擊【詳細信息】（如圖 9-13 所示），勾選上【POP3 服務】和【POP3 服務 Web 管理】，單擊【確定】開始安裝 POP3 服務器。如圖 9-14 所示。

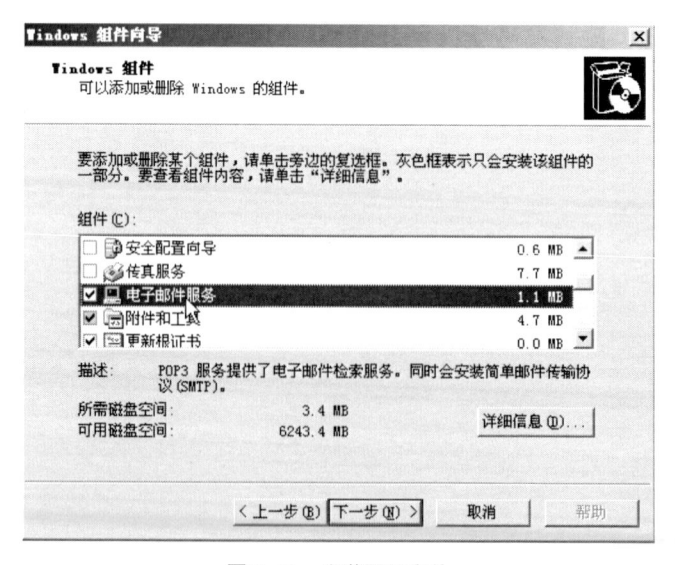

圖 9-13　安裝電子郵件

第 9 章 Windows Server 2003 Email 服務器

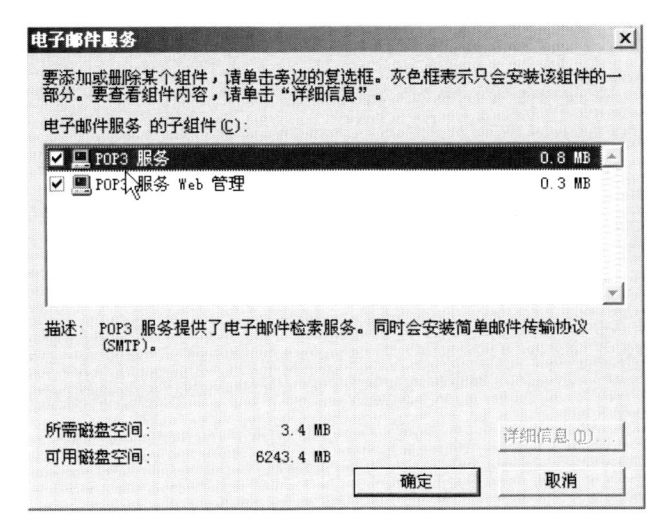

圖 9-14 安裝 POP3 服務

等待 SMTP 服務器和 POP3 服務器安裝成功,如果安裝過程中提示需要導入安裝盤,則安裝過程和 DNS 服務器的安裝過程一致。安裝進度如圖 9-15、圖 9-16 所示,安裝完成情況如圖 9-17 所示。

圖 9-15 安裝進度條

135

圖 9-16　安裝進度條

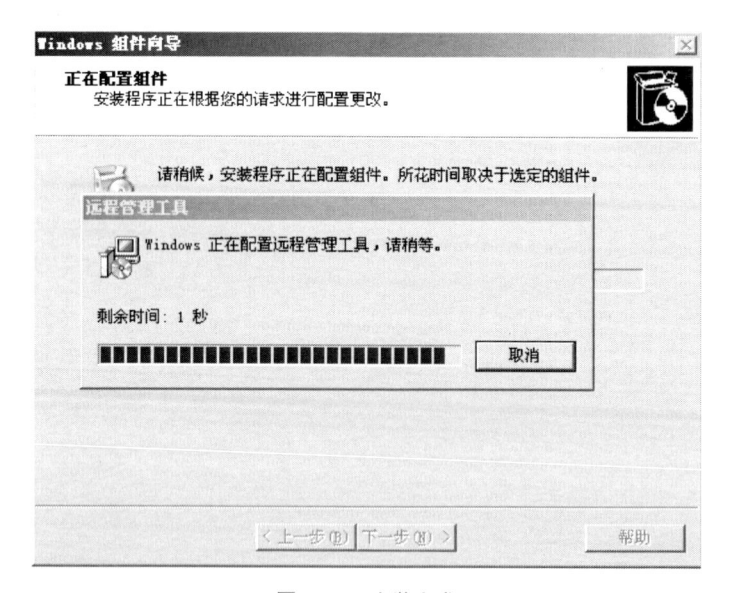

圖 9-17　安裝完成

安裝成功后,打開【開始】菜單→【管理工具】,將出現 POP3 服務器即在這裡進行配置。

打開 POP3 服務器,選擇服務器右鍵,新建一個域,名字為 fxtestmail.com,單擊【確定】。如圖 9-18 所示。

第 9 章　Windows Server 2003 Email 服務器

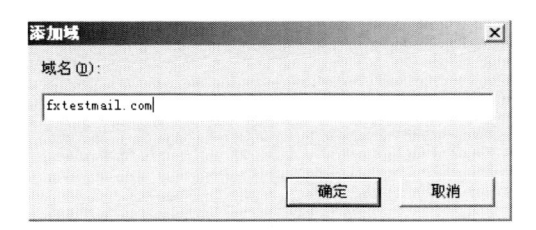

圖 9-18　新建域

在新建的域下,右鍵新建用戶,分別創建名為 xiaobai 和 xiaohuihui 的兩個用戶。如圖 9-19 所示。

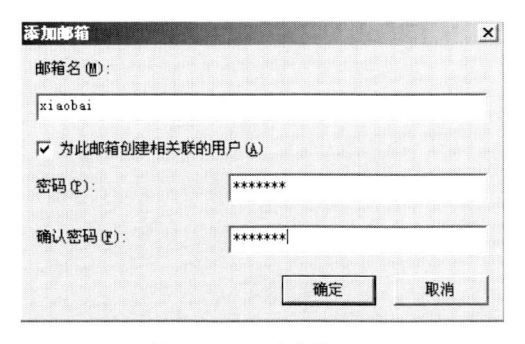

圖 9-19　新建郵箱用戶

接下來打開 Foxmail 分別登錄兩個新建的用戶進行測試,在 Email 地址欄輸入 xiaobai@fxtestmail.com 以及 xiaohuihui@fxtestmail.com。如圖 9-20 所示。

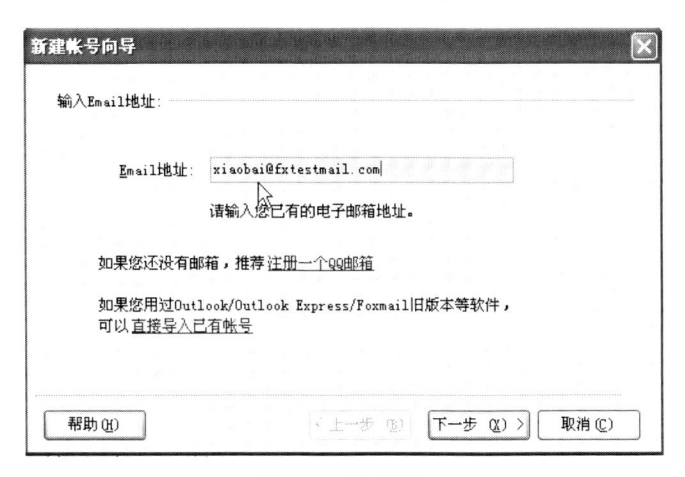

圖 9-20　登錄用戶

分別輸入兩個帳號的密碼,然后單擊【下一步】。如圖 9-21 所示。

137

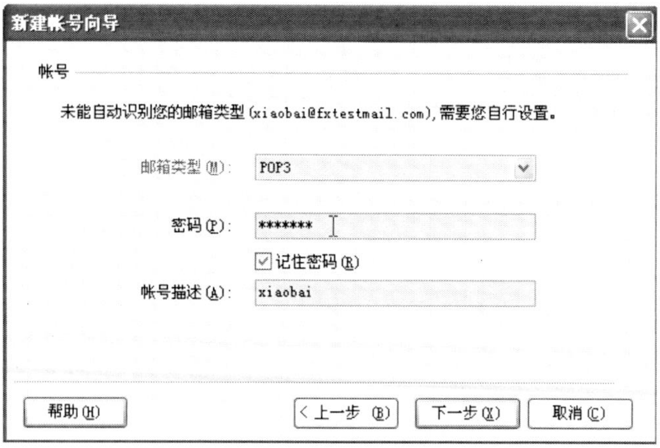

图 9-21　选择邮箱类型

　　接受邮件服务器和发送邮件服务器默认是写的域名，分别是 smtp.fxtestmail.com 和 pop.fxtestmail.com，由于没有在 DNS 服务器配置相关的域名和 IP 映射信息，因此这里还不能填写为域名的形式，所以修改「接受邮件服务器」为 IP 地址 172.16.166.60，修改「发送邮件服务器」为 IP 地址 172.16.166.60，然后单击【下一步】，并且进行测试。如图 9-22 所示。

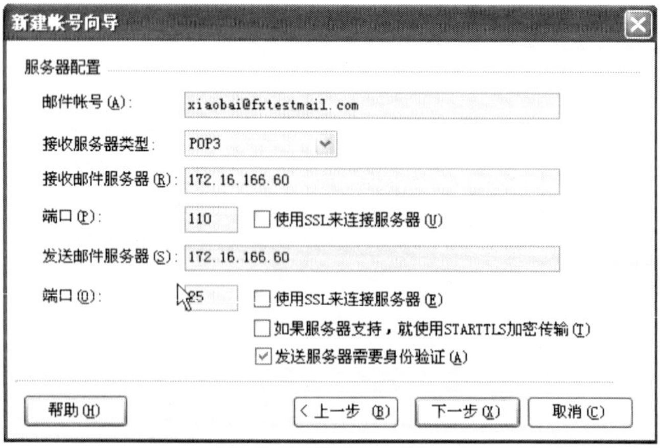

图 9-22　选择设置邮件服务器地址

　　通过 Foxmail 绑定的两个帐号相互进行邮件的收发，测试两个帐号都是可以顺利通过设定的 SMTP 服务器发送邮件以及 POP3 服务器接受邮件。如图 9-23 所示。

第 9 章　Windows Server 2003 Email 服務器

圖 9-23　測試結果

在搭建的 POP3 服務器中可以看見郵件的數目，郵件已經保存在了 POP3 服務器的 mailbox 中。如圖 9-24 所示。

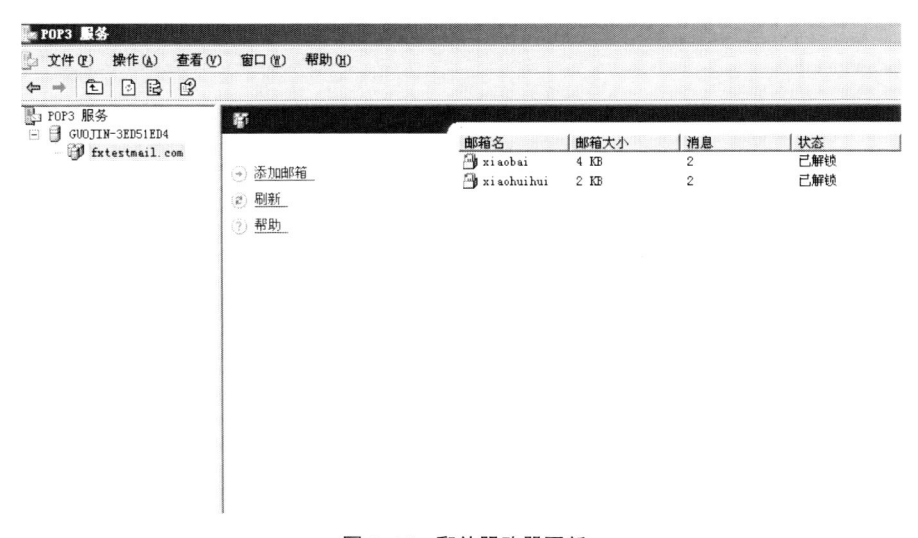

圖 9-24　郵件服務器更新

9.4 DOS 下郵件的收發

9.4.1 DOS 下接受郵件

連接 POP3 郵件服務器：telnet pop3.163.com 110。如圖 9-25 所示。

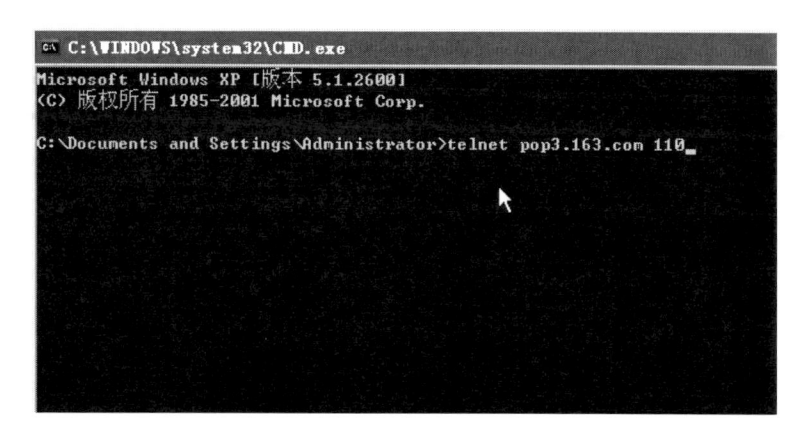

圖 9-25　連接 POP 服務器

輸入用戶名：xia438@163.com

密碼：******

顯示結果如圖 9-26 所示。

圖 9-26　連接成功

查看郵件狀態 stat 以及看郵件列表 list。顯示結果如圖 9-27 所示。

第 9 章　Windows Server 2003 Email 服務器

圖 9-27　查看郵件列表

接受具體的郵件用 repr +郵件編號即可。

9.4.2　DOS 下發郵件

連接 SMTP 郵件服務器：telnet 172.16.166.60, 25。如圖 9-28 所示。

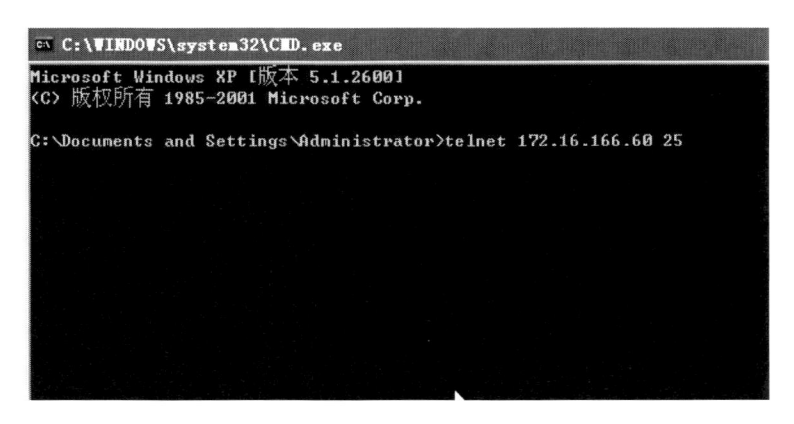

圖 9-28　連接 SMTP 服務器

與郵件服務器連接：helo
發送郵件：mail from：xiaobai@fxtestmail.com
Rcpt to：xiaohuihui@fxtestmail.com
　　　　Data
　　　　This is xiaobai,hello world！
發送郵件按回車鍵即可。圖 9-29 為流程和郵件發送完成的提示。

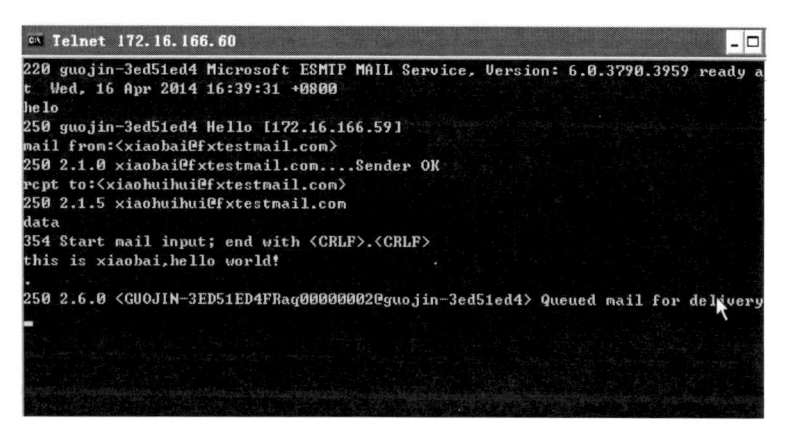

圖 9-29　發送郵件

第 10 章　Linux 操作系統概述以及 Oracle Enterprise Linux 操作系統安裝

本章主要介紹 Linux 操作系統的基本概念、Unix 操作系統和 Linux 操作系統的發展歷史、Linux 操作系統的系統組成，以及 Oracle Enterprise Linux 操作系統的安裝流程。通過本章的學習，讀者應該掌握以下內容：

* Linux 操作系統概述。
* Unix 操作系統和 Linux 操作系統的發展歷史。
* Linux 操作系統的組成。
* Oracle Enterprise Linux 操作系統的安裝。

10.1　Linux 操作系統概述

Linux 操作系統是一套免費使用和自由傳播的類 Unix 操作系統，它主要用於基於 Intel x86 系列 CPU 的計算機上。這個操作系統是由全世界各地的成千上萬的程序員設計和實現的，其目的是建立不受任何商品化軟件的版權制約且全世界都能自由使用的 Unix 操作系統兼容產品。

Linux 操作系統的出現，最早開始於一位名叫 Linus Torvalds 的計算機業余愛好者，當時他是芬蘭赫爾辛基大學的學生。Linus 在自己的計算機上，利用 Tanenbaum 教授設計的微型 Unix 操作系統 Minix 為開發平臺，開發了屬於他自己的第一個程序。

Linux 操作系統之所以受到廣大計算機愛好者的喜愛，主要原因有以下幾個：

（1）為大家提供了學習、探索以及修改計算機操作系統內核的機會；

(2)可以節省大量的資金；
(3)豐富的應用軟件；
(4)使我們的工作更加方便；
(5)提供功能強大而穩定的網路服務；
(6)Linux 可以進行內核定制；
(7)Linux 的系統角色靈活；
(8)Linux 的 GUI 是可選組件；
(9)Linux 系統擁有完善的功能和卓越的穩定性；
(10)真正的多任務、多用戶級 32 位操作系統；
(11)支持多種硬件平臺；
(12)開放性和可移植性；
(13)全面支持網路協議。

10.2　Linux 操作系統組成

Linux 操作系統主要包括了內核、Shell 以及文件結構。如圖 10-1 所示。

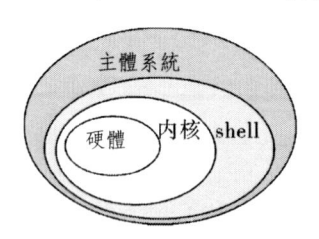

圖 10-1　Linux 操作系統的組成

內核是系統的心臟，是運行程序和管理(如磁盤和打印機等)硬件設備的核心程序。

Shell 是系統的用戶界面，它提供了用戶與內核進行交互操作的一種接口。實際上，Shell 是一個命令解釋器，它解釋由用戶輸入的命令並把它們送到內核去執行。不僅如此，Shell 有自己的用於對命令進行編輯的編程語言，它允許用戶編寫由 Shell 命令組成的程序。Shell 編程語言具有普通編程語言的很多特點，比如循環結構和分支控制結構等，用這種編程語言編寫的 Shell 程序與其他應用程序具有同樣的效果。Linux 操作系統提供了像 Microsoft Windows 那樣的可視的命令輸入界面——X Window 的圖形用戶界面(GUI)。它提供了很多窗口管理器，其操作就像 Windows 一樣，有窗口、圖標和菜單，所有的管理都通過鼠標控制。現在比較流行的窗口管理器是 KDE 和 GNOME。每個 Linux 操作系統的用戶可以擁有自己的用戶界面或 Shell，用以

第 10 章　Linux 操作系統概述以及 Oracle Enterprise Linux 操作系統安裝

滿足他們專門的需要。同 Linux 操作系統一樣，Shell 也有多種不同的版本。

　　文件結構是文件存放在磁盤等存儲設備上的組織方法，主要體現在對文件和目錄的組織上。目錄提供了管理文件的一個方便而有效的途徑，我們不但能夠從一個目錄切換到另一個目錄，而且可以設置目錄、文件的權限及文件的共享程度。Linux 操作系統目錄採用多級樹形結構，用戶可以瀏覽整個系統，可以進入任何一個已授權的目錄，並訪問那裡的文件，如表 10-1 所示。表 10-2 為 Linux 操作系統目錄說明。

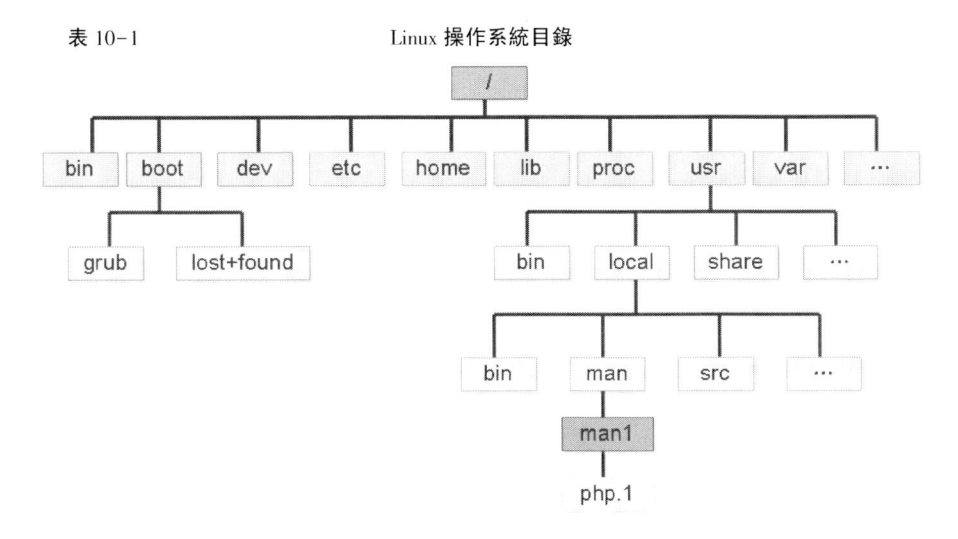

表 10-1　　　　　　　　　　　　Linux 操作系統目錄

```
                          /
  ┌──┬──┬──┬──┬──┬──┬──┬──┬──┐
 bin boot dev etc home lib proc usr var ...
      │                      │
   ┌──┴──┐              ┌────┼────┬────┐
  grub lost+found      bin local share ...
                            │
                       ┌────┼────┬────┐
                      bin  man  src  ...
                            │
                          man1
                            │
                          php.1
```

表 10-2　　　　　　　　　　　　目錄說明

目錄名	說明
/	Linux 系統根目錄
/bin	存放普通用戶可執行文件，系統中的任何用戶都可以執行該目錄中的命令
/sbin	存放系統的管理命令，普通用戶不能執行該目錄中的命令
/home	普通用戶的主目錄，每個用戶在該目錄下都有一個與用戶名同樣的目錄
/etc	存放系統配置和管理文件，這些文件都是文本文件
/boot	存放內核和系統啓動程序
/usr	該目錄最龐大，存放應用程序及相關文件
/dev	存放設備文件
/proc	虛擬的目錄，是系統內存的映射。可直接訪問這個目錄來獲取系統信息。
/var	用於存放大系統中經常變化的文件，如日誌文件、用戶郵件等
/tmp	公用的臨時文件存儲點

　　文件結構的相互關聯性使共享數據變得容易，幾個用戶可以訪問同一個文件。Linux 是一個多用戶系統，操作系統本身的駐留程序存放在以根目錄開始的專用目錄

145

中,有時被指定為系統目錄。

內核、Shell 和文件結構一起形成了基本的操作系統結構,它們使得用戶可以運行程序、管理文件以及使用系統。此外,Linux 操作系統還有許多被稱為實用工具的程序,輔助用戶完成一些特定的任務。

10.3　Oracle Enterprise Linux 操作系統安裝

Linux 操作系統的版本比較多,本書中採用 Oracle Enterprise Linux 服務器版本進行 Linux 操作系統的學習和服務器的配置。

首先新建一個 Oracle Enterprise Linux 的虛擬機,然後在虛擬機下安裝 Oracle Enterprise Linux 的操作系統,新建虛擬機的流程和前面新建一個 Windows 虛擬機的流程類似,主要區別在於選擇操作系統的時候,需要選擇 Oracle Enterprise Linux 的操作系統,在【Select a Guest Operating System】中的【Guest operating system】選擇【Linux】,在【Version】中選擇【Oracle Enterprise Linux】,然後單擊【Next】繼續安裝後面的其他步驟。如圖 10-2 所示。

圖 10-2　安裝操作系統類型選擇

打開虛擬機的電源,這時候虛擬機裡面是沒有操作系統的,會提示 operating system not found,選擇虛擬機→【設置】→【CD/DVD】→【Use ISO image file】,找到 Oracle Enterprise Linux 的鏡像安裝文件,然後點擊【OK】,保持【CD/DVD】的連接狀態。如圖 10-3 所示。

第 10 章　Linux 操作系統概述以及 Oracle Enterprise Linux 操作系統安裝

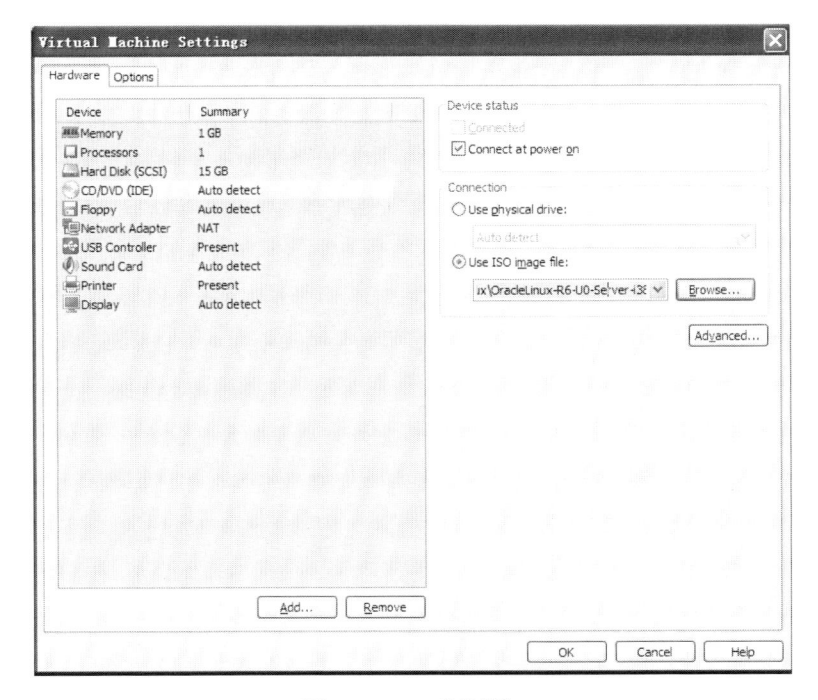

圖 10-3　ISO 光盤導入

接下來進入到 Oracle Enterprise Linux 的安裝向導中，首先選擇【Install or upgrade an existing system】。如圖 10-4 所示。安裝界面如圖 10-5 所示。

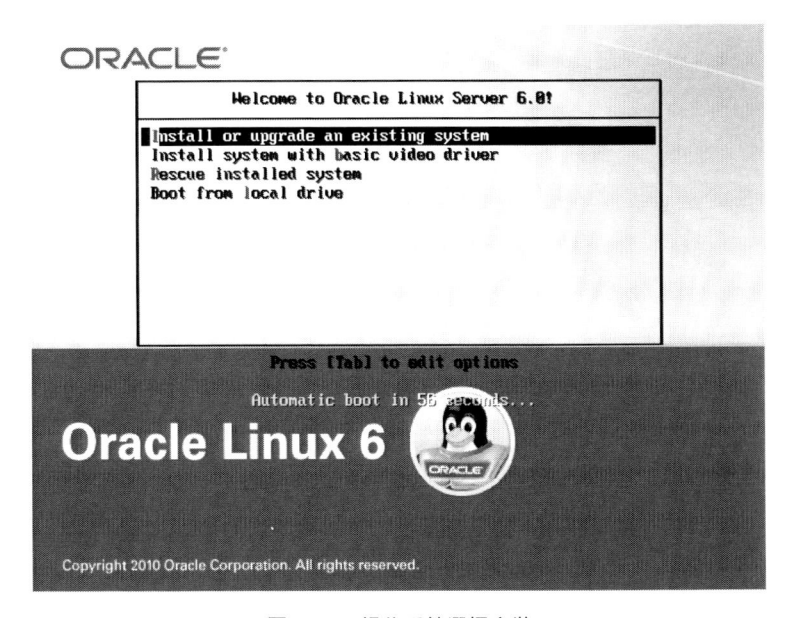

圖 10-4　操作系統選擇安裝

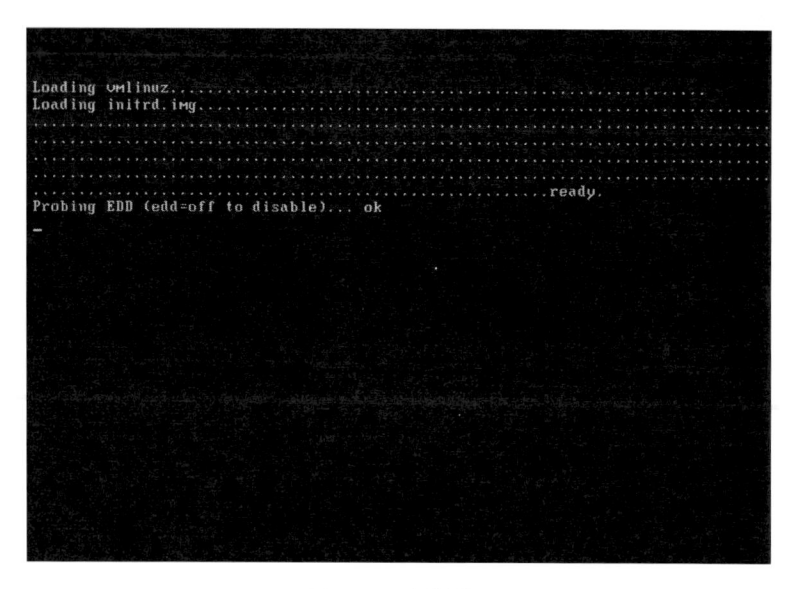

圖 10-5　安裝界面

進入到光盤的自檢環節，點擊【OK】可以在安裝之前進行光盤的測試，如果單擊【Skip】則跳過光盤的測試，直接進入到安裝環節。如圖 10-6 所示。

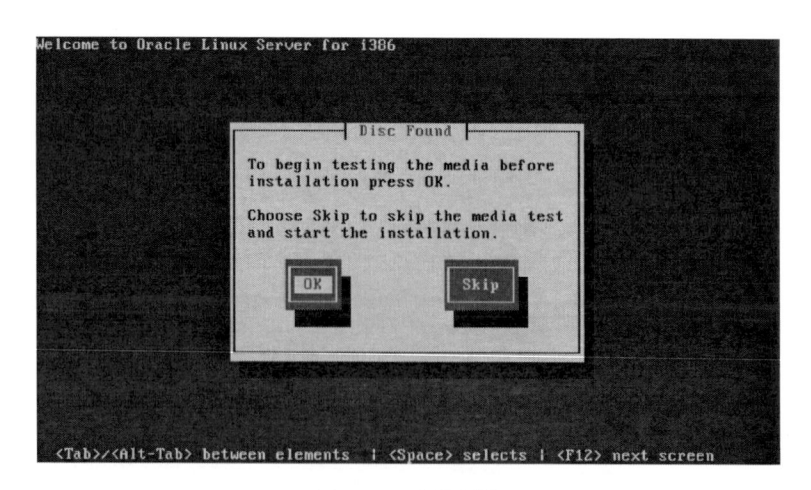

圖 10-6　光盤測試

選擇【Skip】跳過檢測環節，直接進入到安裝環節，找到本地的安裝媒體。如圖 10-7 所示。

第 10 章　Linux 操作系統概述以及 Oracle Enterprise Linux 操作系統安裝

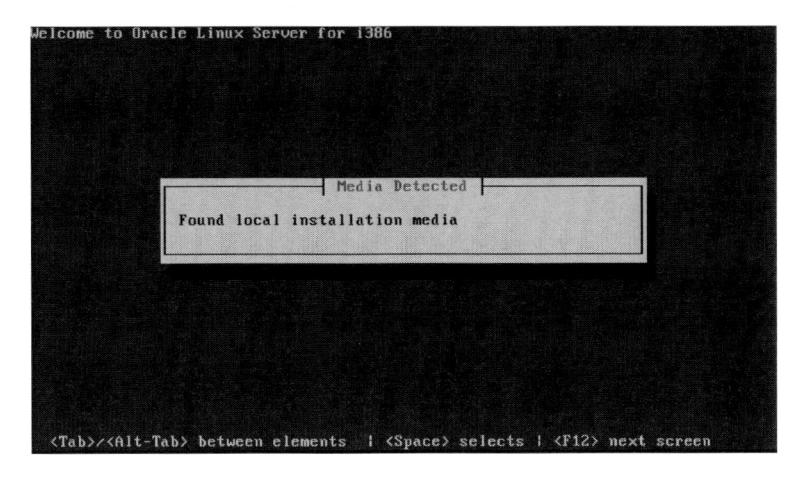

圖 10-7　找到光盤

單擊【Next】,進入到安裝語言選擇界面。如圖 10-8 所示。

圖 10-8　安裝向導

選擇【Chinese(Simplified)】中文簡體,單擊【Next】。如圖 10-9 所示。

149

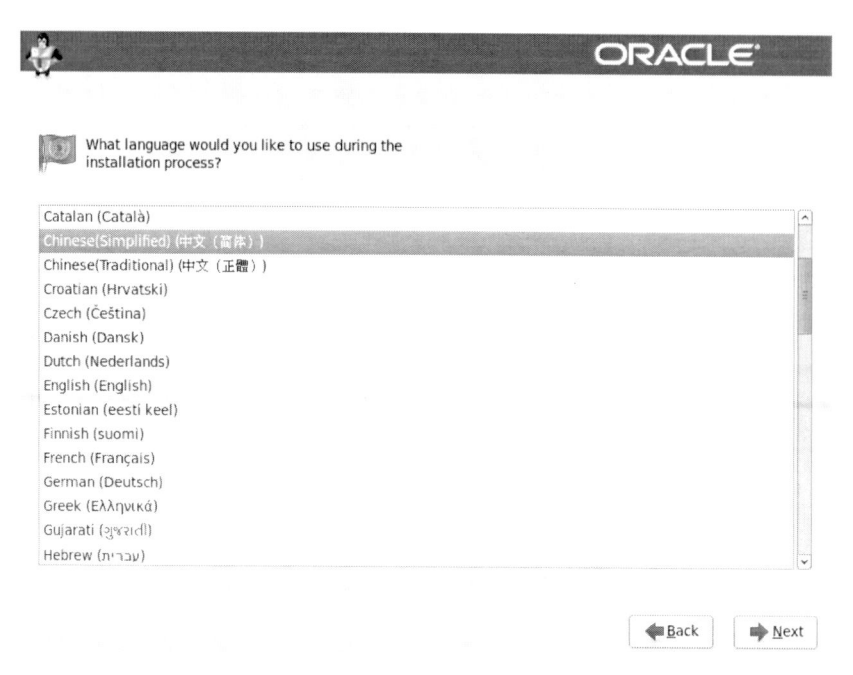

圖 10-9　安裝語言選擇

進入到鍵盤選擇界面，操作系統安裝向導可以自動識別當前適配的鍵盤，一般為【美國英語式】，因此可以不作選擇，單擊【下一步】。如圖 10-10 所示。

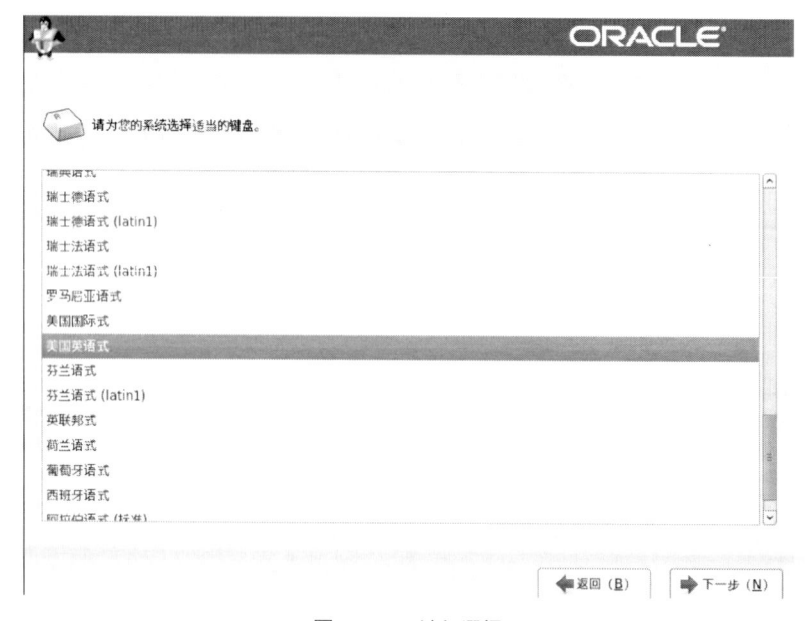

圖 10-10　鍵盤選擇

第 10 章　Linux 操作系統概述以及 Oracle Enterprise Linux 操作系統安裝

進入到選擇安裝使用哪種設備的界面,選擇【基本存儲設備】,單擊【下一步】。如圖 10-11 所示。

圖 10-11　基本存儲設備選擇

進入到格式化頁面,選擇【重新初始化所有】,然后單擊【下一步】。如圖 10-12 所示。

圖 10-12　格式化處理

151

操作系統原理與實踐

　　填寫主機名，也可以保留為默認名字【localhost.localdamain】,【配置網路】可以在操作系統安裝完成並進入操作系統後進行，這裡就不作網路配置，單擊【下一步】。如圖 10-13 所示。

圖 10-13　主機名設置

進入到時區選擇界面，選擇【亞洲/上海】，單擊【下一步】。如圖 10-14 所示。

圖 10-14　時區設置

第 10 章　Linux 操作系統概述以及 Oracle Enterprise Linux 操作系統安裝

為系統根帳號配置一個密碼,Linux 操作系統的系統管理員也可以叫做根帳號,名字為 root,類似於 Windows 下的 administrator。然后單擊【下一步】。如圖 10-15 所示。

圖 10-15　根密碼設置

選擇要進行哪種類型的安裝,可以選擇【使用所有空間】、【替換現有 Linux 系統】、【縮小現有系統】、【使用剩余空間】、【創建自定義佈局】,選擇默認【使用所有空間】安裝一個新的操作系統,單擊【下一步】。如圖 10-16 所示。

圖 10-16　安裝類型設置

153

選擇【將存儲配置寫入磁盤】，單擊【將修改寫入磁盤】，然后再單擊【下一步】。如圖 10-17 所示。

圖 10-17　寫入磁盤設置

操作系統安裝引導程序將自動為系統分區，包括文件系統、數據交換和系統 boot 等分區，這為用戶手動分區省下不少功夫，單擊【下一步】。如圖 10-18 所示。

圖 10-18　格式化分區

進入到系統安裝組件選擇，這裡需要根據需求選擇安裝的操作系統包，因此最好選擇【現在自定義】，然后可以根據需求選擇包的內容。注意：如果安裝默認的【Basic

第 10 章　Linux 操作系統概述以及 Oracle Enterprise Linux 操作系統安裝

Server】是沒有桌面的，只有命令終端，這對於剛開始接觸的初學者來說是不太方便的，因此單擊【現在自定義】，再單擊【下一步】。如圖 10-19 所示。

圖 10-19　自定義安裝

選擇自定義安裝的內容，主要包括了數據庫相關包（例如 mysql 數據庫）、桌面包（例如 KDE 桌面、X 窗口系統等）以及相關網路服務器包。單擊【下一步】。如圖 10-20 所示。

圖 10-20　組件選擇

155

操作系統原理與實踐

在正式安裝之前,操作系統安裝向導將自動檢查為安裝所選定軟件包的依賴性,如圖 10-21 所示。然後進入到安裝環節,將顯示需要安裝的包的個數、名字、大小以及安裝的進度條,如圖 10-22 所示。

圖 10-21　軟體包依賴性選擇

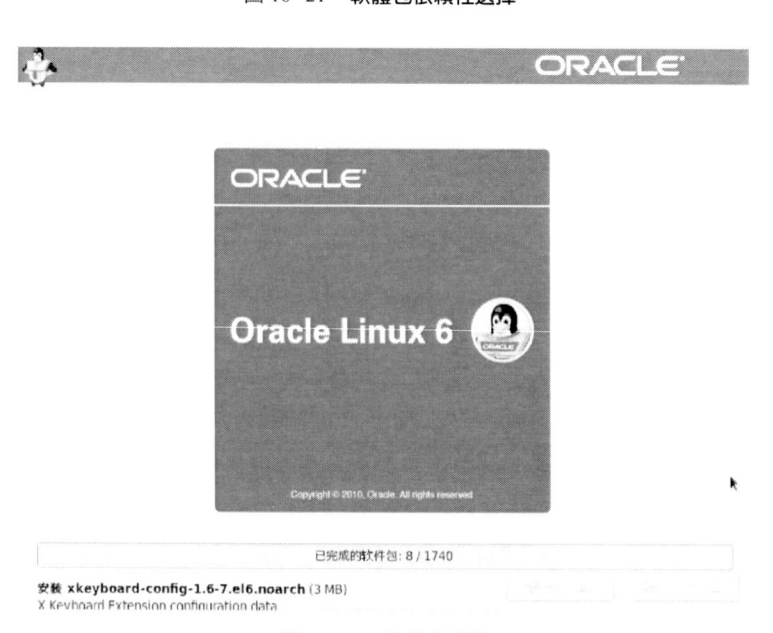

圖 10-22　安裝進度條

第 10 章　Linux 操作系統概述以及 Oracle Enterprise Linux 操作系統安裝

根據系統配置的差異，一般安裝需要 20 分鐘左右，所有包安裝成功，將提示 Oracle LinuxServer 已經安裝成功，如圖 10-23 所示。單擊【重新引導】，系統將重新從硬盤啓動，然后進入系統，如圖 10-24 所示。

圖 10-23　安裝成功

圖 10-24　重啓系統

在正式使用 Linux 操作系統之前，需要做幾個簡單的配置操作，單擊【前進】。如圖 10-25 所示。

157

圖 10-25　配置操作

進入到許可證信息頁面，選擇【是的，我同意許可證協議】，然後單擊【前進】。如圖 10-26 所示。

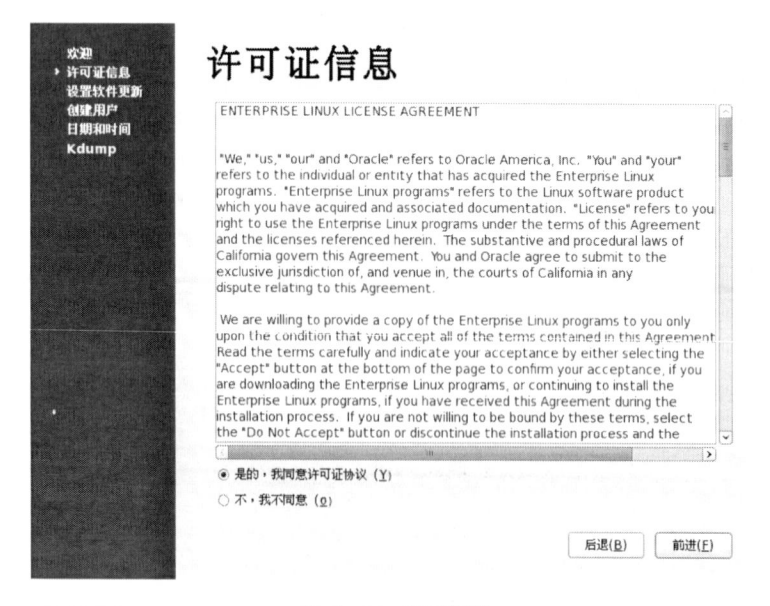

圖 10-26　許可認證

進入到設置軟件更新頁面，選擇【不，我將在以後註冊】，然後單擊【前進】。如圖 10-27 所示。

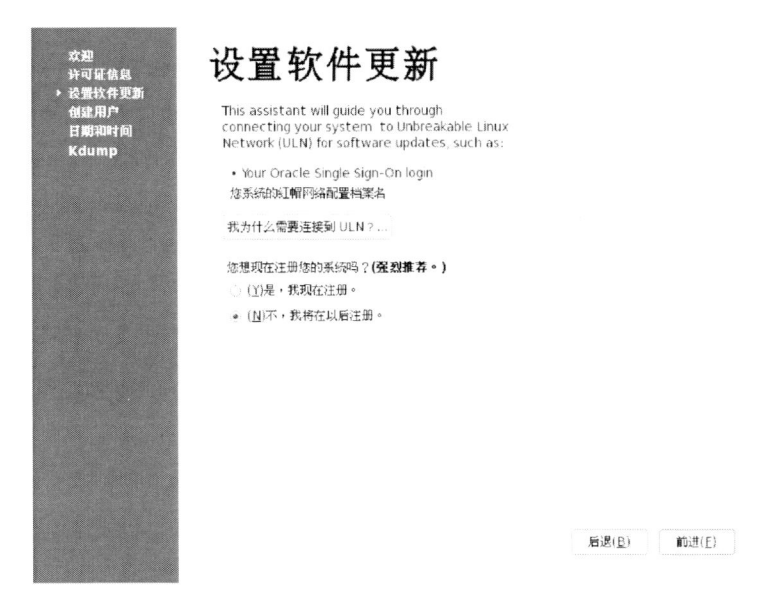

第 10 章　Linux 操作系統概述以及 Oracle Enterprise Linux 操作系統安裝

圖 10-27　設置軟體更新

進入到創建用戶頁面,在【用戶名】輸入用戶名,在【密碼】和【確認密碼】輸入正確的密碼,然後單擊【前進】。如圖 10-28 所示。

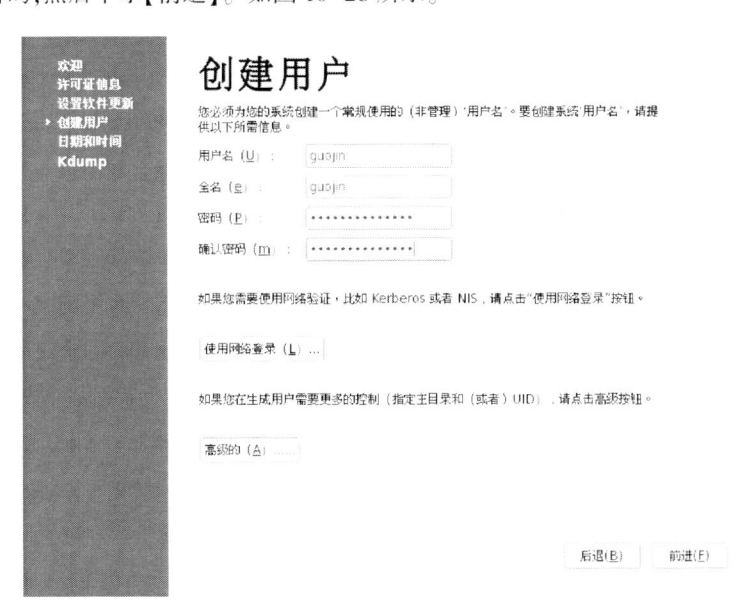

圖 10-28　創建用戶

進入到日期和時間頁面,設置日期和時間,也可以在進入到系統後進行設置,單擊【前進】。如圖 10-29 所示。

159

圖 10-29　日期和時間設置

進入到 Kump 頁面，單擊【完成】。如圖 10-30 所示。

圖 10-30　kdump 設置

選擇普通用戶名和密碼登錄到系統，但是操作系統的權限有限，也可以選擇 root 用戶，使用管理員的身分登錄。如圖 10-31 所示。

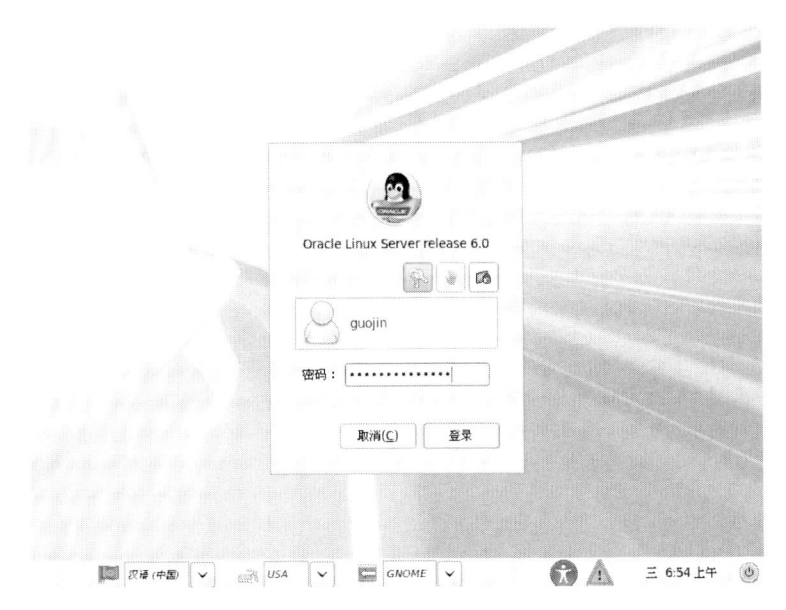

第 10 章　Linux 操作系統概述以及 Oracle Enterprise Linux 操作系統安裝

圖 10-31　用戶登錄

進入系統后,可以進行相關的屬性等操作,在【應用程序】下,可以看見如 Windows 的【開始】菜單頁面。如圖 10-32 所示。

圖 10-32　Linux 界面

161

第 11 章 Oracle Linux 文件系統

本章主要介紹 Linux 文件系統的基本概念、Linux 文件操作命令、Linux 目錄操作命令、Linux 文件壓縮以及相關聯機幫助命令,通過本章的學習,讀者應該掌握以下內容:
* Linux 文件系統類型的基本概念和常見 Linux 文件系統類型。
* Linux 文件通配符以及常見文件后綴。
* Linux 文件操作命令。
* Linux 目錄操作命令。
* Linux 文件壓縮和聯機幫助命令。

11.1 Linux 文件系統概念

文件是指具有符號名和在邏輯上具有完整意義的信息集合。文件兩要素包括文件名(即符號名)和內容(即信息)。

文件系統類型是指文件在存儲介質上存放及存儲的組織方法和數據結構。Linux 採用虛擬文件系統技術(VFS),其支持以下文件系統類型:

(1)EXT2:二次擴展。
(2)EXT3:三次擴展。
(3)SWAP:交換文件系統。
(4)FAT、FAT32。
(5)SYSV:UNIX 的文件系統。
(6)ISO9660:光盤文件系統。

第11章 Oracle Linux 文件系統

(7)NFS:網路文件系統。

11.2　Linux 文件系統基本理論

(1)常見的文件后綴以及文件類型
① ＊.conf：配置文件。
② ＊.rpm：rpm 包。
③ ＊.a：一重存檔文件。
④ ＊.c：C 語言源程序文件。
⑤ ＊.sh：shell 寫的批處理文件。
⑥ ＊.tar：打包壓縮后的文件。
⑦ ＊.html：網頁相關文件。
⑧ ＊.sql：SQL 語言文件。
(2)Linux 下文件的顏色區別
① 白色：普通文件(或黑色)。
② 紅色：壓縮文件。
③ 藍色：目錄文件。
④ 淺蘭色：連結文件(軟)。
⑤ 黃色：設備文件盤(/dev)。
⑥ 青綠色：可執行文件(/bin；/sbin)。
⑦ 粉紅色：圖片文件。
(3)Linux 下文件的命名規則
① 文件名:長度為 1-256(建議<14)。
② 命名規則：不許『/』和『　』,文件名區分大小寫。
(4)常用的通配符
① ＊：匹配零個或多個字符。
② ?:匹配任何一個字符。
③ [abc]:匹配任何一個在枚舉集合中的字符。
④ [a-z]:匹配任何一個小寫字符。
⑤ [A-F]:匹配任何一個從 A 到 F 大寫字符。
⑥ [0-9]:匹配任何一個單個數字。
例如：
① 列舉出所有后綴是.C 的文件(＊.C)。
② 列舉所有以 N 字母開頭的.conf 文件(N＊.conf)。

163

③ 列舉以 test 開始,隨後一個字符是任意的.dat 文件(test?.dat)。
④ 列舉首字符是 a,b 或 c 的所有文件([abc]*.*)。
⑤ 列舉當前首字符不是 a,b 或 c 的所有文件([^abc]*.*)。
⑥ 列舉首字符是字母的所有文件([a-z,A-Z]*.*)。

11.3　Linux 聯機幫助命令

在 Linux 操作系統中打開終端的方式有兩種:一種是在桌面上依次單擊【主程序】→【系統工具】→【終端】,可打開終端窗口;另一種是在 Linux 桌面上單擊鼠標右鍵,從彈出的快捷菜單中選擇【終端】命令,也可打開終端窗口。

一般的 Linux 操作系統使用者均為普通用戶,而系統管理員一般使用超級用戶帳號完成一些系統管理的工作。

Linux 操作系統是以全雙工的方式工作,即從鍵盤把字符輸入系統,系統再將字符回送到終端並顯示出來。通常,回送到終端的字符與輸入字符相同,因此操作員看到的正是自己輸入的字符。但也有個別的時候,系統不回送符號。

鍵盤上大多數字符是普通打印字符,它們沒有特殊含義。只有少數特殊字符指示計算機做專門的操作。其中最常見的特殊字符是回車鍵 RETURN,它表示輸入行結束;系統收到回車信息便認為輸入的當前行結束,系統的回應是讓屏幕光標回到下一行行首。

回車符只是控制符的一個例子。控制符是指控制終端工作方式的非顯示字符。輸入一般控制符必須先按下控制鍵,或稱作 Ctrl 鍵,然後再按所對應的字符鍵。例如,輸入回車符可以直接按回車鍵,也可以先按控制鍵,再按 m 鍵。另外,Control-m 或 Ctl-m 也是回車符。一些常用的控制符有:Ctl-d,表示終端的輸入結束;Ctl-g,表示控制終端響鈴;CTL-h 稱為退格鍵,用於改正輸入的錯誤。

此外還有兩個特殊鍵,一個是 Delete 鍵,另一個是 Break 鍵。大多數 Linux 操作系統中,Delete 鍵表示立即終止程序。在有些系統裡,也用 Ctl-c 終止程序。一般說來,Break 鍵與 Delete 鍵、Ctl-c 的功能基本相同。

另外,在終端上還有一個命令補齊(Command-Line Completion)的操作技巧。命令補齊是指當鍵入的字符足以確定目錄中一個唯一的文件時,只須按 Tab 鍵就可以自動補齊該文件名的剩下部分,例如要把目錄/freesoft 下的文件 gcc-2.8.1.tar.gz 解包,當鍵入到 tar xvfz /freesoft/g 時,如果此文件是該目錄下唯一以 g 開頭的文件,這時就可以按下 Tab 鍵,這時命令會被自動補齊為 tar xvfz /freesoft/gcc-2.8.1.tar.gz ,非常方便。

Linux 下命令的基本格式為:

command [選項] [文件或目錄列表]

第 11 章　Oracle Linux 文件系統

① 其中「選項」通常是以「-」開始,多個選項可用一個「-」連起來,如 ls-l-a 與 ls-la 相同。

② 所有的命令從標準輸入接受輸入,輸出結果顯示在標準輸出,而錯誤信息則顯示在標準錯誤輸出設備。

③ 可使用重定向功能對這些設備進行重定向。

幫助命令包括了 man 和 info。注意:在查看了幫助命令後,如果要退出 man 或者 info,按 q 即可。

(1) man:用來獲取相關命令的幫助信息

用法:man 命令名

例如:man cd

man 命令如圖 11-1 所示,man 查詢結果如圖 11-2 所示。

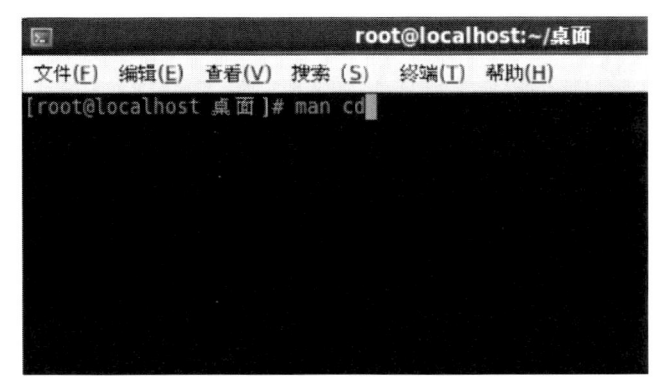

圖 11-1　man 命令

圖 11-2　man 查詢結果

（2）info：用來獲取相關命令的詳細使用方法

用法：info 命令名

例如：info cd

info 命令如圖 11-3 所示，info 查詢結果如圖 11-4 所示。

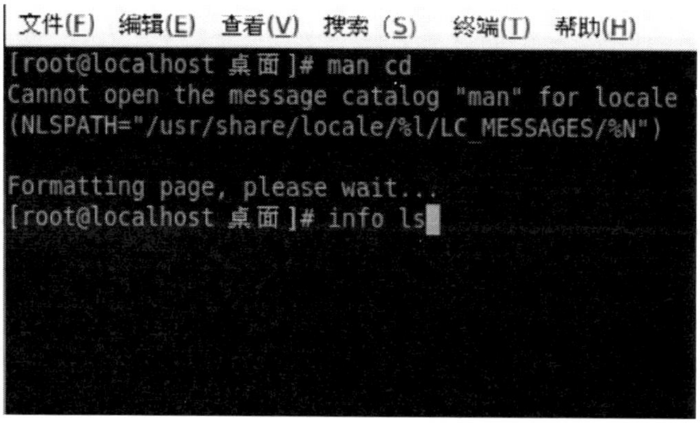

圖 11-3　info 命令

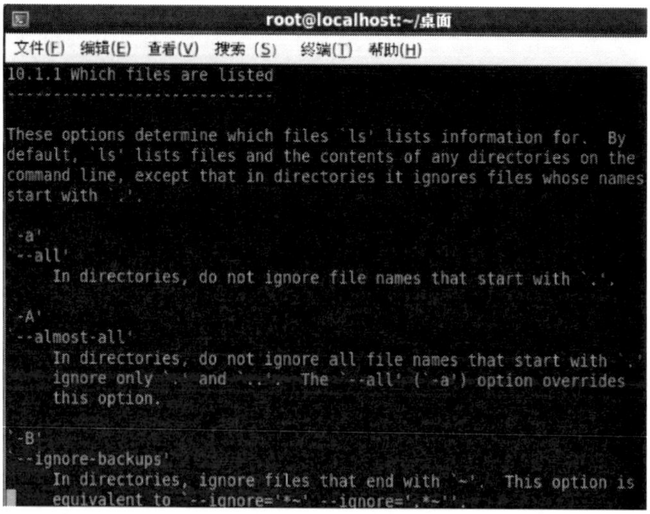

圖 11-4　info 查詢結果

● 11.4　Linux 文件操作命令

Linux 中數據也是以文件名加后綴名的形式進行存儲，文件操作命令主要包括文件的顯示、複製、刪除、移動和查找；文本操作的命令主要包括文本內容的查看、查找和

第 11 章　Oracle Linux 文件系統

字符統計。

(1) ls:文件顯示命令

用法:ls [參數] [文件目錄列表]

命令中的參數說明:

① -a:顯示所有文件及目錄。

② -c:按列輸出,縱向排序。

③ -x:按列輸出,橫向排序。

④ -l:除文件名外,也將文件狀態、權限、擁有者、大小等信息詳細列出。

⑤ -t:根據文件建立時間的先後次序列出。

⑥ -A:同 -a,但不列出「.」(目前目錄) 及「..」(父目錄)。

⑦ -X:按擴展名排序顯示。

⑧ -R:遞歸顯示下層子目錄。

⑨ --help:顯示幫助信息。

⑩ --version:顯示版本信息。

例如:查看當前目錄下的子目錄和子文件列表信息,如圖 11-5 所示。

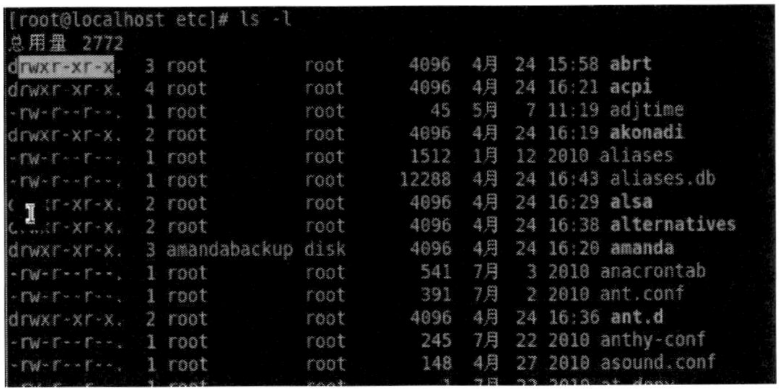

圖 11-5　ls 命令

(2) cp:文件複製命令

用法:cp [參數] 源文件 目標文件

cp [參數] 源文件組 目標目錄

命令中的參數說明:

① -a:此參數的效果和同時指定「-dpR」參數相同。

② -b:覆蓋目標文件之前的備份,備份文件會在字尾加上一個備份字符串。

③ -d:當複製符號連接時,把目標文件或目錄也建立為符號連接,並指向與源文件或目錄連接的原始文件或目錄。

④ -f:強行複製文件或目錄,不論目標文件或目錄是否已存在。

⑤ -i:覆蓋既有文件之前先詢問用戶。

167

⑥ -l:對源文件建立硬連接,而非複製文件。
⑦ -p:保留源文件或目錄的屬性。
⑧ -P:保留源文件或目錄的路徑。
⑨ -r:遞歸處理,將指定目錄下的文件與子目錄一併處理。
⑩ -R:遞歸處理,將指定目錄下的所有文件與子目錄一併處理。
⑪ -s:對源文件建立符號連接,而非複製文件。

例如:將桌面上 test1 中的 java 文件複製到 test2 中,如圖 11-6 所示。

圖 11-6　cd 命令

(3) rm:文件刪除命令

用法:rm [參數] 文件列表

命令中的參數說明:

① -d:直接把欲刪除的目錄的硬連接數據刪成 0,刪除該目錄。
② -f:強制刪除文件或目錄。
③ -i:刪除既有文件或目錄之前先詢問用戶。
④ -r:遞歸處理,將指定目錄下的所有文件及子目錄一併處理。
⑤ -v:顯示指令執行過程。

例如:將 test2 中複製的兩個 java 文件一併刪除,如圖 11-7 所示。

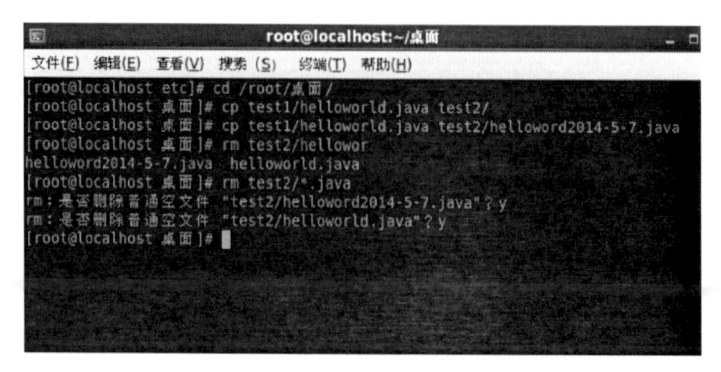

圖 11-7　rm 命令

第 11 章　Oracle Linux 文件系統

（4）mv：文件移動命令

用法：mv［參數］文件 1 文件 2

mv［參數］目錄 1 目錄 2

mv［參數］文件列表 目錄

命令中的參數說明：

① -b：若需覆蓋文件，則覆蓋前先行備份。

② -f：若目標文件或目錄與現有的文件或目錄重複，則直接覆蓋現有的文件或目錄。

③ -i：覆蓋前先行詢問用戶。

④ -S：與-b 參數一併使用，可指定備份文件所要附加的字尾。

⑤ -u：在移動或更改文件名時，若目標文件已存在，且其文件日期比源文件新，則不覆蓋目標文件。

⑥ -v：執行時顯示詳細的信息。

（5）find：文件查找命令

用法：find［目錄列表］［匹配標準］

命令中的參數說明：

① -mmin：查找在指定時間曾被更改過的文件或目錄，單位以分鐘計算。

② -mount：此參數的效果和指定「-xdev」相同。

③ -mtime：查找在指定時間曾被更改過的文件或目錄，單位以 24 小時計算。

④ -name：指定字符串作為尋找文件或目錄的範本樣式。

⑤ -newer：查找其更改時間較指定文件或目錄的更改時間更接近現在的文件或目錄。

⑥ -nogroup：找出不屬於本地主機群組識別碼的文件或目錄。

⑦ -noleaf：不去考慮目錄至少需擁有兩個硬連接存在。

⑧ -nouser：找出不屬於本地主機用戶識別碼的文件或目錄。

例如：在 test1 目錄下查找文件，如圖 11-8 所示。

圖 11-8　find 命令

(6) cat：文本內容查看命令

用法：cp［參數］文件列表

命令中的參數說明：

① -n：由 1 開始對所有輸出的行數編號。

② -b：對於空白行不編號。

③ -s：當遇到有連續兩行以上的空白行，就代換為一行的空白行。

例如：查看桌面下 test1 中的 helloworld.java 文件內容，如圖 11-9 所示。

圖 11-9　cat 命令

(7) more：文本內容查看命令

用法：more［參數］文件列表

命令中的參數說明：

① -d：提示使用者，在畫面下方顯示［Press space to continue，'q' to quit.］，如果使用者按錯鍵，則會顯示［Press 'h' for instructions.］。

② -l：取消遇見特殊字元^L 時會暫停的功能。

③ -f：計算行數時，以實際的行數，而非自動換行過后的行數。

④ -p：不以卷動的方式顯示每一頁，而是先清除螢幕後再顯示內容。

⑤ -c：跟-p 相似，不同的是先顯示內容再清除其他舊資料。

⑥ -s：當遇到有連續兩行以上的空白行，就代換為一行的空白行。

⑦ -u：不顯示下引號。

例如：查看桌面下 test1 中的 helloworld.java 文件內容，如圖 11-10 所示。

圖 11-10　more 命令

第 11 章　Oracle Linux 文件系統

（8）less：文本內容查看命令

用法：less［參數］文件列表

命令中的參數說明：

① -e：文件內容顯示完畢后，自動退出。

② -f：強制顯示文件。

③ -g：不加亮顯示搜索到的所有關鍵詞，僅顯示當前顯示的關鍵字，以提高顯示速度。

④ -l：搜索時忽略大小寫的差異。

⑤ -N：每一行行首顯示行號。

⑥ -s：將連續多個空行壓縮成一行顯示。

⑦ -S：在單行顯示較長的內容，而不換行顯示。

⑧ -x<數字>：將 Tab 字符顯示為指定個數的空格字符。

例如：查看桌面下 test1 中的 helloworld.java 文件內容，less 換頁顯示內容，如圖 11-11 所示。

圖 11-11　less 命令

（9）head：文本內容查看命令

用法：head［參數］文件列表

命令中的參數說明：

① -n<數字>：指定顯示頭部內容的行數。

② -c<字符數>：指定顯示頭部內容的字符數。

③ -v：總是顯示文件名的頭信息。

④ -q：不顯示文件名的頭信息。

例如：查看桌面下 test1 中的 helloworld.java 文件前三行內容，如圖 11-12 所示。

圖 11-12　head 命令

(10) tail:文本內容查看命令

用法:tail［參數］文件列表

命令中的參數說明:

① -c:輸出文件尾部的 N(N 為整數)個字節內容。

② -f:顯示文件最新追加的內容。

③ -n:輸出文件尾部的 N(N 位數字)行內容。

④ -q:當有多個文件參數時,不輸出各個文件名。

⑤ -s:與-f 連用,指定監視文件變化時間隔的秒數。

⑥ -v:當有多個文件參數時,總是輸出各個文件名。

例如:查看桌面下 test1 中的 helloworld.java 文件的后四行內容,如圖 11-13 所示。

```
[root@localhost 桌面]# tail -4 test1/helloworld.java
        {
                System.out.println("this is my java code");
        }
}
```

圖 11-13   tail 命令

(11) grep:文本內容查詢命令

用法:grep［參數］匹配字符串 目標文件

命令中的參數說明:

① -F:將範本樣式視為固定字符串的列表。

② -G:將範本樣式視為普通的表示法來使用。

③ -h:在顯示符合範本樣式的那一列之前,不標示該列所屬文件名稱。

④ -H:在顯示符合範本樣式的那一列之前,表示該列所屬的文件名稱。

⑤ -i:忽略字符大小寫的差別。

⑥ -l:列出文件內容符合指定的範本樣式的文件名稱。

⑦ -L:列出文件內容不符合指定的範本樣式的文件名稱。

⑧ -n:在顯示符合範本樣式的那一列之前,標示出該列的列數編號。

⑨ -q:不顯示任何信息。

⑩ -r:此參數的效果和指定-drecurse 參數相同。

⑪ -s:不顯示錯誤信息。

⑫ -v:反轉查找。

⑬ -w:只顯示全字符合的列。

⑭ -x:只顯示全列符合的列。

例如:在 test1 的 helloworld.java 文件中查找 public 字符,如圖 11-14 所示。

第 11 章　Oracle Linux 文件系統

```
[root@localhost 桌面]# grep "public" test1/helloworld.java
        public static void main(String[]args)
[root@localhost 桌面]#
```

圖 11-14　grep 命令

（12）wc：文本字符統計命令

用法：wc [參數] 目標文件

命令中的參數說明：

① c：只顯示 Bytes 數。

② -l：只顯示列數。

③ -w：只顯示字數。

例如：統計 helloworld.java 文件的行數、單詞和字符數目，如圖 11-15 所示。

```
[root@localhost 桌面]# wc test1/helloworld.java
 6 13 95 test1/helloworld.java
[root@localhost 桌面]#
```

圖 11-15　wc 命令

11.5　Linux 目錄操作命令

Linux 目錄操作命令主要有目錄顯示命令、跳轉命令、創建命令和刪除命令。

（1）pwd：顯示當前工作目錄

用法：pwd [參數]

命令中的參數說明：

① --help：在線幫助。

② --version：顯示版本信息。

例如：顯示當前工作目錄，如圖 11-16 所示。

```
[root@localhost 桌面]# pwd
/root/桌面
[root@localhost 桌面]#
```

圖 11-16　pwd 命令

操作系統原理與實踐

（2）cd：目錄跳轉

用法：cd 目標目錄

命令中的參數說明：無

例如：目錄跳轉主要包括了相對路徑和絕對路徑的跳轉，如圖 11-17 所示。

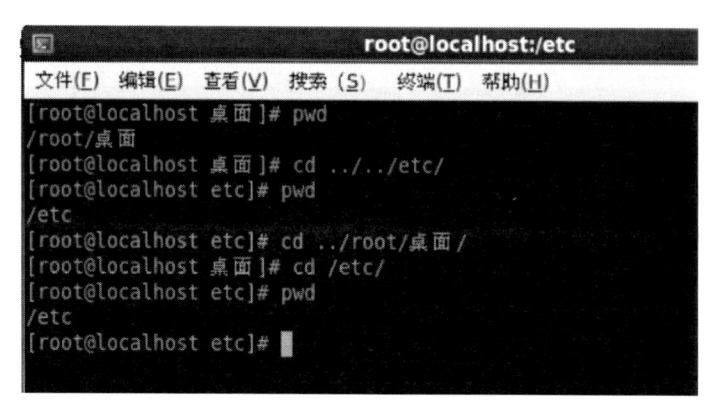

圖 11-17　cd 命令

（3）mkdir：創建目錄

用法：mkdir ［參數］ <目錄屬性> 目錄名稱

命令中的參數說明：

① -m：建立目錄同時設置目錄的權限。

② -p：所要建立目錄的上層目錄目前尚未建立，會一併建立上層目錄。

③ --help：顯示幫助。

④ --verbose：執行時顯示詳細的信息。

⑤ --version：顯示版本信息。

例如：在桌面創建 test1 和 test2，在 test1 下面創建 test3，如圖 11-18 所示。

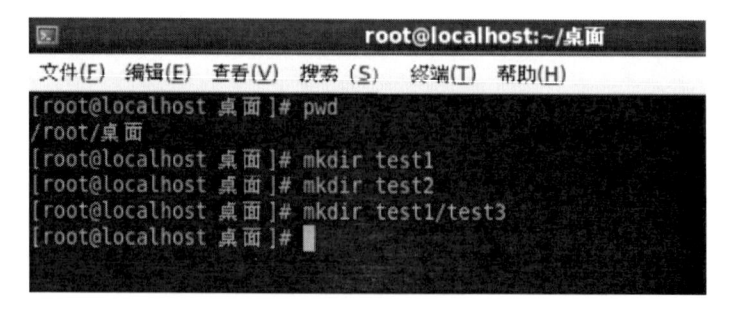

圖 11-18　mkdir 命令

（4）rmdir：刪除目錄

用法：rmdir ［參數］ 目錄

命令中的參數說明：

第 11 章　Oracle Linux 文件系統

① -p：刪除指定目錄后，若該目錄的上層目錄已變成空目錄，則將其一併刪除。
② --help：在線幫助。
③ --ignore：忽略非空目錄的錯誤信息。
④ --verbose：顯示指令執行過程。
⑤ --version：顯示版本信息。
例如：刪除 test1 和 test2 目錄，如圖 11-19 所示。

```
[root@localhost 桌面]# pwd
/root/桌面
[root@localhost 桌面]# mkdir test1
[root@localhost 桌面]# mkdir test2
[root@localhost 桌面]# mkdir test1/test3
[root@localhost 桌面]# rmdir test1/test3/
[root@localhost 桌面]# rmdir test1/
[root@localhost 桌面]# rmdir test2/
[root@localhost 桌面]#
```

圖 11-19　rmdir 命令

11.6　Linux 文件壓縮命令

Linux 文件壓縮解壓縮命令包括以下兩種：
（1）tar 備份文件
用法：tar［參數］文件或者目錄
命令中的參數說明：
① -c：創建新的檔案文件。
② -x：從檔案文件中釋放文件。
③ -r：把要存檔的文件追加到檔案文件的末尾。
④ -t：列出檔案文件的內容。
⑤ -u：更新文件。
（2）gzip 壓縮文件
用法：gzip［參數］壓縮（解壓縮）文件名
命令中的參數說明：
① -a：使用 ASCII 文字模式。
② -c：把壓縮后的文件輸出到標準輸出設備，不去改動原始文件。
③ -d：解開壓縮文件。
④ -f：強行壓縮文件，不理會文件名稱或硬連接是否存在以及該文件是否為符號

175

連接。

⑤ -h:在線幫助。

⑥ -l:列出壓縮文件的相關信息。

⑦ -L:顯示版本與版權信息。

⑧ -n:壓縮文件時,不保存原來的文件名稱及時間戳記。

⑨ -N:壓縮文件時,保存原來的文件名稱及時間戳記。

⑩ -q:不顯示警告信息。

⑪ -r:遞歸處理,將指定目錄下的所有文件及子目錄一併處理。

⑫ -S:更改壓縮字尾字符串。

⑬ -t:測試壓縮文件是否正確無誤。

⑭ -v:顯示指令執行過程。

例如:壓縮文件 helloworld 和解壓縮,如圖 11-20 所示。

圖 11-20　gzip 命令

第 12 章　Oracle Linux 用戶管理以及其他命令

本章主要介紹 Linux 文件屬性和權限管理、用戶管理相關命令以及其他常用的 Linux 命令，比如進程管理、網路管理、系統配置等相關命令。通過本章的學習，讀者應該掌握以下內容：
* Linux 文件屬性和權限管理。
* Linux 用戶管理命令。
* Linux 進程管理命令。
* Linux 網路管理命令。
* Linux 系統配置命令。

12.1　Linux 文件屬性和權限管理

Linux 文件系統有嚴格的權限控制方式，要研究文件的權限問題，就需要瞭解文件的屬性設置以及用戶和組的概念。使用 ls 可以查看文件的詳細屬性，例如查詢當前桌面上的子文件和子目錄，採用詳細列的方式顯示，可以看到在桌面上有一個文件叫 a.java，一個文件名叫新文件，. 表示當前目錄，.. 表示父目錄，drwxr-xr-x 表示類型以及讀寫屬性。如圖 12-1 所示。

操作系統原理與實踐

```
[root@localhost 桌面]# ls -al
總用量 16
drwxr-xr-x.  2 root root 4096 5月  3 18:01 .
dr-xr-x---. 35 root root 4096 5月  4 18:49 ..
-rw-r--r--.  1 root root  102 5月  3 17:24 a.java
-rw-r--r--.  1 root root    0 4月 26 22:14 a.java~
-rw-r--r--.  2 root root  728 4月 20 19:04 新文件
-rw-r--r--.  1 root root    0 4月 20 19:04 新文件~
[root@localhost 桌面]#
```

圖 12-1　權限查詢

命令中的參數說明：

① d：表示目錄。

② -：表示文件。

③ l：表示連接文件。

④ r：表示可讀，值是 4。

⑤ w：表示可以寫，值是 2。

⑥ x：表示可以執行，文件是沒有執行屬性的，只有目錄才有，值是 1。

⑦ drwxr-xr-x user1 group1 filename：表示 filename 是個目錄，user1 擁有讀寫執行的權限，和 user1 所在同一個 group1 組裡的用戶擁有只讀和執行權限，剩下其他用戶擁有只讀和執行權限。

權限說明如圖 12-2 所示。

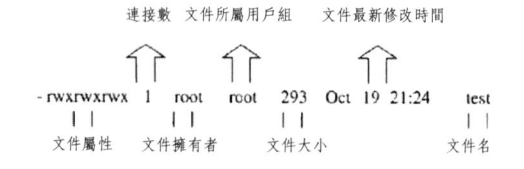

```
          連接數  文件所屬用戶組   文件最新修改時間
            ⇑        ⇑              ⇑
- rwxrwxrwx  1     root   root   293  Oct 19 21:24   test
  | |        |            |            |
  | |        |            |            |
  文件屬性   文件擁有者    文件大小             文件名
```

圖 12-2　權限說明

更改文件權限的命令有 chgrp、chown、chomd。

（1）chgrp：改變文件所屬用戶組

用法：chgrp ［參數］ 目錄/文件

命令中的參數說明：

① -c：效果類似 -v 參數，但僅回報更改的部分。

② -f：不顯示錯誤信息。

③ -h：只對符號連接的文件作修改，而不改動其他任何相關文件。

④ -R：遞歸處理，將指定目錄下的所有文件及子目錄一併處理。

⑤ -v：顯示指令執行過程。

例如：將文件的用戶組修改為 users。命令為：

chgrp users install.log

第12章　Oracle Linux 用戶管理以及其他命令

（2）chown：改變文件所有者

用法：chown ［參數］ 帳號 文件或目錄

命令中的參數說明：

① -c：效果類似-v 參數，但僅回報更改的部分。

② -f：不顯示錯誤信息。

③ -h：對符號連接的文件作修改，而不更動其他任何相關文件。

④ -R：遞歸處理，將指定目錄下的所有文件及子目錄一併處理。

例如：將文件 install.log 的所有者改為 bin，命令為：

chown bin install.log

（3）chomd：更改文件的屬性

用法：chomd ［參數］ 文件或目錄

命令中的參數說明：

① u：User，即文件或目錄的擁有者。

② g：Group，即文件或目錄的所屬群組。

③ o：Other，除了文件或目錄擁有者或所屬群組之外，其他用戶皆屬於這個範圍。

④ a：All，即全部的用戶，包含擁有者，所屬群組以及其他用戶。

⑤ r：讀取權限，數字代號為「4」。

⑥ w：寫入權限，數字代號為「2」。

⑦ x：執行或切換權限，數字代號為「1」。

⑧ -：不具任何權限，數字代號為「0」。

⑨ -c：效果類似-v 參數，但僅回報更改的部分。

⑩ -f：不顯示錯誤信息。

⑪ -R：遞歸處理，將指定目錄下的所有文件及子目錄一併處理。

⑫ -v：顯示指令執行過程。

例如：install.log 文件的權限被修改為 rwxrwxrwx，命令為：

chomd 777 install.log

12.2　Linux 用戶管理命令

Linux 是一個真正的多用戶操作系統，從本機或遠程登錄的多個用戶可以同時使用同一臺計算機，同時訪問同一個外部設備，不同的用戶對於相同的資源擁有不同的使用權限。Linux 將同一類型用戶歸於同一組群，可以通過設置群組的權限來批量設置用戶的權限，從而保證系統中用戶數據和進程的安全。

Linux 下的用戶管理主要有兩個配置文件：etc/passwd 和 etc/shadow。

179

passwd 文件裡面主要是保存了用戶相關信息,如圖 12-3 所示。

```
qemu:x:107:107:qemu user:/:/sbin/nologin
webalizer:x:67:67:Webalizer:/var/www/usage:/sbin/nologin
qpidd:x:496:494:Owner of Qpidd Daemons:/var/lib/qpidd:/sbin/nologin
sshd:x:74:74:Privilege-separated SSH:/var/empty/sshd:/sbin/nologin
postgres:x:26:26:PostgreSQL Server:/var/lib/pgsql:/bin/bash
dovecot:x:97:97:Dovecot IMAP server:/usr/libexec/dovecot:/sbin/nologin
dovenull:x:495:493:Dovecot's unauthorized user:/usr/libexec/dovecot:/sbin/nologin
pulse:x:494:492:PulseAudio System Daemon:/var/run/pulse:/sbin/nologin
hsqldb:x:96:96::/var/lib/hsqldb:/sbin/nologin
gdm:x:42:42::/var/lib/gdm:/sbin/nologin
tomcat:x:91:91:Apache Tomcat:/usr/share/tomcat6:/bin/sh
guojin:x:500:500:guojin:/home/guojin:/bin/bash
```

圖 12-3　passwd 文件

用戶相關信息說明:

① 用戶名。

② 口令。

③ UID:用戶唯一標示符。

④ GID:用戶組的唯一標示符。

⑤ 用戶描述信息。

⑥ 用戶主目錄:用戶登錄的初始目錄。

⑦ SHELL 類型:設置 SHELL 程序的種類。

UID 說明:

① 超級用戶:擁有最高權限,UID = 0。

② 系統用戶:與系統服務相關,但不能用於登錄,UID = 1-499。

③ 普通用戶:由超級用戶創建並賦予權限,只能操作其擁有權限的文件和目錄,只能管理自己啓動的進程,UID = 500-6000。

例如:

內容:用戶名:密碼:UID:GID:用戶全名:用戶主目錄 ;shell 類型

實例:u1 : x : 501 : 502 : u1 /home/u1 :/bin/bash

shadow 文件裡面主要是保存了用戶密碼相關信息,如圖 12-4 所示。

```
webalizer:!!:16561::::::
qpidd:!!:16561::::::
sshd:!!:16561::::::
postgres:!!:16561::::::
dovecot:!!:16561::::::
dovenull:!!:16561::::::
pulse:!!:16561::::::
hsqldb:!!:16561::::::
gdm:!!:16561::::::
tomcat:!!:16561::::::
guojin:$6$LiSSDx4fJ87KO5Yd$X8U7jO7RBC/
gx4WmSyevCkCKbXnthFqS4NK2w3nQPL1XiaMe1WymjRqYBb3VPH/7GRwYywe.UJwozTRDNzafi1:16561:0:99999:7:::
xiaobai:!!!:16573:0:99999:7:::
```

圖 12-4　shadow 文件

例如:

功能:存放用戶口令(加密過的口令)

第 12 章　Oracle Linux 用戶管理以及其他命令

實例:u1:bq $#:10750:0:99999:7:::

說明:密文處為!!時表示為該用戶為禁用狀態,新建一個用戶沒設密碼時為此。

Linux 下除了用戶的概念,還有組的概念。可以將具有相同操作權限的某些用戶分成組,以組的形式來進行管理就更加方便快捷。

Linux 下組的分類包括私用組(創建用戶時自動創建的組)和標準組(可以包含多個用戶的組)。私有組也可以加其他的用戶,但隨著用戶的刪除而消失。用戶的權限是根據 UID,並不隨著加入組的權限而改變。組的配置文件為 etc/group,如圖 12-5 所示。

```
root:x:0:root
bin:x:1:root,bin,daemon
daemon:x:2:root,bin,daemon
sys:x:3:root,bin,adm
adm:x:4:root,adm,daemon
tty:x:5:
disk:x:6:root
lp:x:7:daemon,lp
```

圖 12-5　group 文件

例如:

實例:bin:x:1:root,bin,daemon

說明:組名:組 ID:組成員

用戶和組的管理命令主要包括:who、whoami、last、su、logout、useradd、passwd、userdel、usermod、groupadd、groupdel、groupmod、gpasswd、groups。

(1) who:查看當前用戶

用法:who [參數]

命令中的參數說明:

① -H:顯示各欄位的標題信息列。

② -i:顯示閒置時間,若該用戶在前一分鐘之內有進行任何動作,將標示成「.」號,如果該用戶已超過 24 小時沒有任何動作,則標示出「old」字符串。

③ -q:只顯示登入系統的帳號名稱和總人數。

④ -s:此參數將忽略不予處理,僅負責解決 who 指令其他版本的兼容性問題。

⑤ -w:顯示用戶的信息狀態欄。

(2) whoami:顯示當前用戶登錄信息

用法:whoami[參數]

命令中的參數說明:無

(3) last:顯示最近登錄用戶

用法:last [參數]

命令中的參數說明:

① -a:把從何處登入系統的主機名稱或 IP 地址顯示在最後一行。

② -d:將 IP 地址轉換成主機名稱。

③ -f:指定記錄文件。

④ -n:設置列出名單的顯示列數。

⑤ -R:不顯示登入系統的主機名稱或 IP 地址。

⑥ -x:顯示系統關機、重新開機以及執行等級的改變等信息。

(4) logout:註銷用戶,用戶退出系統

用法:logout [參數]

命令中的參數說明:無

(5) su:切換用戶

用法:su [參數] 用戶名

命令中的參數說明:無

(6) useradd:添加用戶

用法:useradd [參數] 用戶名

命令中的參數說明:

① -u:指定用戶的 UID 值。

② -g:指定用戶所屬的默認組。

③ -G:指定用戶附加組。

④ -d:指定用戶主目錄。

⑤ -e:指定用戶帳號有效日期(YYYY-MM-DD)。

⑥ -s:指定默認的 shell 類型。

⑦ -m:建立用戶主目錄。

⑧ -M:不建立用戶主目錄。

例如:添加用戶

useradd u2

useradd -u 501 test1

useradd -g g2 u2

useradd -e 2011-08-12 u3

(7) passwd:設置用戶密碼

用法:password [參數] 用戶名

命令中的參數說明:

① -l:鎖定帳號;//鎖定:即不能用該帳號登錄。

② -u:解鎖帳號。

③ -d:刪除帳號的密碼。

(8) userdel:刪除用戶

用法:userdel [參數] 用戶名

命令中的參數說明:

-r:同時刪除用戶主目錄。

第12章 Oracle Linux 用戶管理以及其他命令

例如:# userdel u2

userdel -r u3

(9) usermod:修改用戶信息

用法:usermod [參數] 用戶名

命令中的參數說明:

① -l:新用戶名 當前用戶名 //更改用戶名。

② -d:路徑 //更改用戶主目錄。

③ -G:組名 //修改附加組。

④ -L:用戶帳號名 //鎖定用戶帳號(不能登錄)。

⑤ -U:用戶帳號名 //解鎖用戶帳號。

例如:

usermod -d /abc u3

usermod -G group2 u3

usermod -l user3 u3

usermod -L user1

usermod -U user1

(10) groupadd:添加組

用法:groupadd [參數] 組名

命令中的參數說明:

① -g:指定新建組的 GID 值。

② -r:建立偽用戶組(1--499)。

例如:

groupadd g2

groupadd -r g3

(11) groupdel:刪除組

用法:groupdel [參數] 組名

命令中的參數說明:無

例如:

groupdel g3

(12) groupmod 修改組信息

用法:groupmod [參數] 組名

命令中的參數說明:

① -n:新組名 原組名 //修改組的名稱。

② -g:GID //修改組的 GID。

例如:

groupmod -n group g1

操作系統原理與實踐

groupmod -g 860 g2

（13）gpasswd：為組添加或者刪除成員

用法：gpasswd［參數］組名

命令中的參數說明：

① -a：用戶名//向指定組添加用戶。

② -d：用戶名//從指定組中刪除用戶。

例如：

#gpasswd -a u1 u2 u3 root

#gpasswd -d u1 root

（14）groups：顯示用戶所屬組

用法：groups［參數］用戶名

命令中的參數說明：無

例如：

#groups（顯示當前用戶所屬組）

#groups root（顯示 root 用戶的所屬組）

12.3　Linux 進程管理命令

（1）ps：查看進程信息

用法：ps［參數］

命令中的參數說明：

① -c：顯示 CLS 和 PRI 欄位。

② -d：顯示所有程序，但不包括階段作業領導者的程序。

③ -e：此參數的效果和指定「A」參數相同。

④ -f：顯示 UID、PPIP、C 與 STIME 欄位。

⑤ -j：採用工作控制的格式顯示程序狀況。

⑥ -l：採用詳細的格式來顯示程序狀況。

（2）kill：終止一個進程的運行

用法：kill［參數］

命令中的參數說明：

① -l：若不加<信息編號>選項，則-l 參數會列出全部的信息名稱。

② -s：指定要送出的信息。

第 12 章　Oracle Linux 用戶管理以及其他命令

（3）free：查看內存狀態
用法：free［參數］
命令中的參數說明：
① -b：以 Byte 為單位顯示內存使用情況。
② -k：以 KB 為單位顯示內存使用情況。
③ -m：以 MB 為單位顯示內存使用情況。
④ -o：不顯示緩衝區調節列。
⑤ -s：持續觀察內存使用狀況。
⑥ -t：顯示內存總和列。
（4）top：查看或者管理正在執行中的程序
用法：top［參數］
命令中的參數說明：
① b：使用批處理模式。
② c：列出程序時，顯示每個程序的完整指令，包括指令名稱、路徑和參數等相關信息。
③ d：設置 top 監控程序執行狀況的間隔時間，單位以秒計算。
④ i：執行 top 指令時，忽略閒置或是已成為 Zombie 的程序。
⑤ n：設置監控信息的更新次數。
⑥ q：持續監控程序執行的狀況。
⑦ s：使用保密模式，消除互動模式下的潛在危機。

12.4　Linux 網路管理命令

（1）ifconfig：查看網路連接
用法：groups［參數］用戶名
命令中的參數說明：
① add：設置網路設備 IPv6 的 IP 地址。
② del：刪除網路設備 IPv6 的 IP 地址。
③ down：關閉指定的網路設備。
④ io：設置網路設備的 I/O 地址。
⑤ irq：設置網路設備的 IRQ。
⑥ media：設置網路設備的媒介類型。
⑦ mem_start：設置網路設備在主內存所占用的起始地址。
⑧ metric：指定在計算數據包的轉送次數時，所要加上的數目。

⑨ mtu:設置網路設備的 MTU。

⑩ netmask:設置網路設備的子網掩碼。

(2) ping:檢查和主機連接情況

用法:ping［參數］目標 IP

命令中的參數說明:

① -d:使用 Socket 的 SO_DEBUG 功能。

② -c:設置完成要求回應的次數。

③ -i:指定收發信息的間隔時間。

④ -I:使用指定的網路界面送出數據包。

⑤ -l:設置在送出要求信息之前,先行發出的數據包。

⑥ -n:只輸出數值。

⑦ -p:設置填滿數據包的範本樣式。

⑧ -q:不顯示指令執行過程,開頭和結尾的相關信息除外。

⑨ -r:直接將數據包送到遠端主機上。

(3) samba:控制 Samba 服務器

用法:samba［參數］

命令中的參數說明:

① start:啓動 Samba 服務器的服務。

② stop:停止 Samba 服務器的服務。

③ status:顯示 Samba 服務器目前的狀態。

④ restart:重新啓動 Samba 服務器。

(4) netstat:查看網路狀態

用法:netstat［參數］

命令中的參數說明:

① -C:顯示路由器配置的快取信息。

② -e:顯示網路其他相關信息。

③ -F:顯示 FIB。

④ -g:顯示多重廣播功能群組組員名單。

⑤ -h:在線幫助。

⑥ -i:顯示網路界面信息表單。

⑦ -l:顯示監控中的服務器的 Socket。

⑧ -M:顯示僞裝的網路連線。

⑨ -n:直接使用 IP 地址,而不通過域名服務器。

⑩ -N:顯示網路硬件外圍設備的符號連接名稱。

⑪ -o:顯示計時器。

第 12 章　Oracle Linux 用戶管理以及其他命令

（5）telnet：進行遠程聯機
用法：telnet［參數］目標
命令中的參數說明：
① -a：嘗試自動登錄遠端系統。
② -b：使用別名指定遠端主機名稱。
③ -c：不讀取用戶專屬目錄裡的.telnetrc 文件。
④ -d：啓動排錯模式。
⑤ -e：設置脫離字符。
⑥ -E：濾除脫離字符。
⑦ -f：此參數的效果和指定「-F」參數相同。
⑧ -K：不自動登錄遠端主機。
⑨ -l：指定要登錄遠端主機的用戶名稱。

12.5　Linux 系統配置命令

（1）Shutdown：關機或進入單人維護模式
（2）Uname：顯示系統信息
（3）Uptime：顯示系統已經運行了多長時間
（4）Date：顯示當前系統的日期和時間
（5）Cal：顯示計算機中的月歷或年歷

第 13 章　Oracle Linux Vi 編輯器

本章主要介紹 Vi 編輯器的工作模式以及其工作模式的切換，Vi 編輯器的相關命令和快捷鍵使用。通過本章的學習，讀者應該掌握以下內容：

* Vi 編輯器的三種工作模式以及模式之間的切換。
* Vi 編輯器的相關命令。
* Vi 編輯器中常用的快捷鍵。

13.1　Vi 編輯器

　　Vi 命令是 Linux 下的全屏幕文本編輯，Vi 編輯器提供了豐富的編輯功能。在 Linux 中，Vi 編輯器作用非常大，尤其我們在配置各種服務器時修改配置文件時十分有用。

　　Vi 編輯器有三種模式：命令模式、輸入模式、末行模式。掌握這三種模式十分重要，在進行服務器配置的過程中，需要進行配置文件的修改，主要的修改方式就是在 Vi 編輯器環境中進行。

　　(1)命令模式：Vi 啓動后默認進入的是命令模式，從這個模式使用命令可以切換到另外兩種模式，同時無論在任何模式下只要按一下[Esc]鍵都可以返回命令模式。在命令模式中輸入字幕「i」就可以進入 Vi 的輸入模式編輯文件。

　　(2)輸入模式：在這個模式中我們可以進行編輯、修改、輸入等編輯工作，在編輯器最后一行顯示一個「--INSERT--」標誌著 Vi 進入了輸入模式。當我們完成修改、輸入等操作需要保存文件時，需要先返回命令模式，再進入末行模式保存。

　　(3)末行模式：在命令模式輸入「：」即可進入該模式，在末行模式中有很多好用的

第 13 章　Oracle Linux Vi 編輯器

命令。

13.2　Vi 編輯器命令和快捷鍵

（1）末行模式
① q!:強制退出,同時沒有保存當前文件內容。
② q:如果文件沒有進行修改,或者已經保存完畢。
③ wq:保存退出。
④ wq!:保存強制退出。
（2）光標移到
光標方向的移動,除了可以使用方向鍵,還可以使用以下命令:
① k:向上移動光標。
② h:向左移動光標。
③ l:向右移動光標。
④ j:向下移動光標。
⑤ Ctrl+F:向前翻整頁;Ctrl+U:向前翻半頁。
⑥ Ctrl+B:向後翻整頁;Ctrl+D:向后翻半頁。
⑦ ^:移動到本行行首。
⑧ $:移動到本行行尾。
⑨ set nu:顯示行號。
⑩ set nonu:取消行號。
⑪ 1G:跳轉到文件首行。
⑫ G:跳轉到尾行。
⑬ #G:跳轉到文件的#行。
（3）編輯操作
① i:插入命令;a:附加命令;o:打開命令;c:修改命令。
② r:取代命令;s:替換命令;Esc:退出命令。
③ Home:光標到行首。
④ End:光標到行尾。
⑤ Page Up 和 Page Down:上下翻頁。
⑥ Delect:刪除光標位置的字符。
（4）刪除操作(命令模式使用)
① x:刪除光標處的單個字符。
② dd:刪除光標所在行。

③ dw:刪除當前字符到單詞尾包括空格的所有字符。

(5) 撤銷操作

① u:命令取消最近一次的操作,可以使用多次來恢復原有的操作。

② U:取消所有操作。

③ Ctrl+R:可以恢復對使用 u 命令的操作。

(6) 複製操作

① yy:命令複製當前整行的內容到 Vi 緩衝區。

② yw:複製當前光標所在位置到單詞尾字符。

③ y$:複製光標所在位置到行尾內容到緩存區。

④ y^:複製光標所在位置到行首內容到緩存區。

一般模式中,移動光標的方法如表 13-1 所示,搜索與替換如表 13-2 所示。

表 13-1　　　　　　　　　　　一般模式:移動光標的方法

+	光標移動到非空格的下一行
-	光標移動到非空格符的上一行
n<space>	n 表示「數字」,例如 20。按下數字后再按空格鍵,光標會向右移動這一行的 n 個字符。例如 20<space>則光標會向后面移動 20 個字符距離
0	這是數字「0」:移動到這一行的最前面字符處(常用)
$	移動到這一行的最后面字符處(常用)
H	光標移動到這個屏幕的最上方那一行
M	光標移動到這個屏幕的中央那一行
L	光標移動到這個屏幕的最下方那一行
G	移動到這個文件的最后一行(常用)
nG	n 為數字。移動到這個文件的第 n 行。例如 20G 則會移動到這個文件的第 20 行(可配合:set nu)
gg	移動到這個文件的第一行,相當於 1G(常用)
n<Enter>	n 為數字。光標向下移動 n 行(常用)

表 13-2　　　　　　　　　　　一般模式:搜索與替換

/word	從光標位置開始,向下尋找一個名為 words 的字符串。例如要在文件內搜索 vbird 這個字符串,就輸入/vbird 即可(常用)
? word	從光標位置開始,向上尋找一個名為 word 的字符串
n	n 是英文按鍵。表示「重複前一個搜索的動作」。舉例來說,如果剛剛執行/vbird 去向下搜索 vbird 字符串,則按下 n 后,會向下繼續搜索下一個名稱為 vbird 的字符串。如果是執行? vbird 的話,那麼按下 n,則會向上繼續搜索名稱為 vbird 的字符串

第13章 Oracle Linux Vi 編輯器

表13-2(續)

N	這個 N 是英文按鍵,與 n 剛好相反,為「反向」進行前一個搜索操作。例如/vbird 后,按下 N 則表示「向上」搜索 vbird
:n1,n2s/word1/word2/g	n1 與 n2 為數字。在第 n1 與 n2 行之間尋找 word1 這個字符串,並將該字符串替換為 word2。舉例來說,在 100 到 200 行之間搜索 vbird 並替換為 VBIRD 則:「:100,200s/vbird/VBIRD/g」(常用)
:1,$s/word1/word2/g	從第一行到最後一行尋找 word1 字符串,並將該字符串替換為 word2(常用)
:1,$s/word1/word2/gc	從第一行到最後一行尋找 word1 字符串,並將該字符串替換為 word2,且在替換前顯示提示符合給用戶確認(conform)是否需要替換(常用)

191

第 14 章　Oracle Linux 遠程聯機服務器

本章主要介紹異構操作系統，Windows 和 Linux 操作系統之間如何實現遠程聯機，Telnet 服務器的使用，SSH 服務器的使用以及 Xdmcp 服務器的使用。通過本章的學習，讀者應該掌握以下內容：

* Telnet 服務器實現遠程聯機。
* SSH 服務器實現遠程聯機。
* Xdmcp 服務器實現遠程聯機。

14.1　Telnet 服務器

無論是 Windows Server 2003 的服務器還是 Linuxserver 的服務器，都需要遠程聯機的操作，服務器一般放在機房當中，聲音嘈雜，工作環境一般是不太理想的，如果都面對面的在機房和服務器進行操作，是不太合適的。另外，如果是一個大型的服務器網路，就不會只是一臺服務器了，可能一個管理人員需要面對和管理更多的服務器，這個時候就不太適合面對面的進行操控了，遠程聯機就成了一種必須必備技術。

Windows 連接 Windows 是比較容易的，可以利用前面講過的遠程桌面的方式實現，這個是同構的操作系統。如果是異構的操作系統，又應該如果進行連接呢？

Telnet 服務器最早是用來連接 BBS 的工具，目前也有很多的工具都支持 Telnet 服務器連接，比如 netteam，連接成功之后操作簡單，連接的界面也比較美觀。Telnet 服務器使用的是 TCP/IP 協議，是互聯網上遠程登錄服務器的一種標準協議，也是一種主

第 14 章　Oracle Linux 遠程聯機服務器

要的方式,但是 Telnet 服務器的不足之處就在於,其安全性比較差。

(1) Telnet 服務器的安裝

查看 Telnet 服務器的安裝包情況,使用命令 rpm -qa | grep telnet,可以看到目前 Linux 當中已經安裝成功的 rpm 包的情況。如圖 14-1 所示。

圖 14-1　包安裝查詢

由於 Telnet 服務器的 rpm 包沒有安裝完,因此導入 Linux 的鏡像安裝文件,在【CD/DVD】中,選擇【Use ISO Image file】,找到 Linux 的安裝文件,單擊【OK】。如圖 14-2 所示。

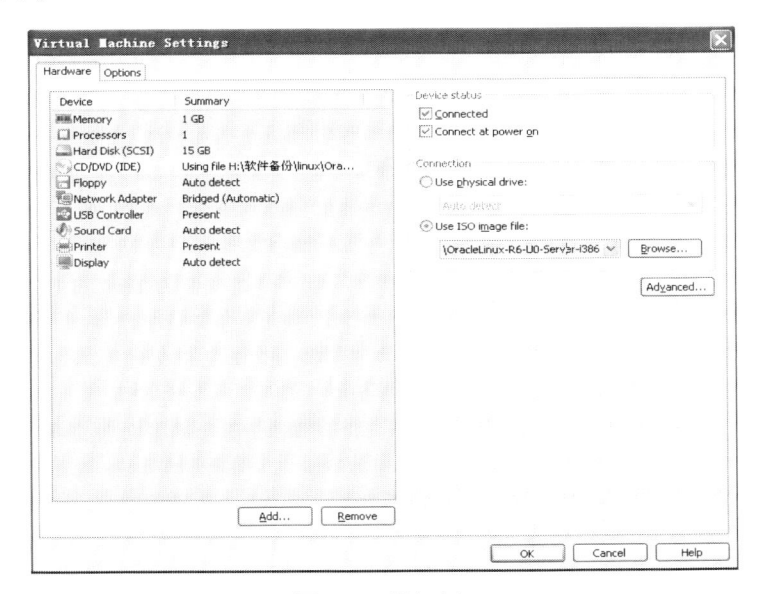

圖 14-2　導入光盤

193

在 Linux 中打開安裝盤，找到 Packages 文件夾，然后在文件夾中找到 Telnet-Server 的 rpm 包，複製到桌面上。如圖 14-3 所示。

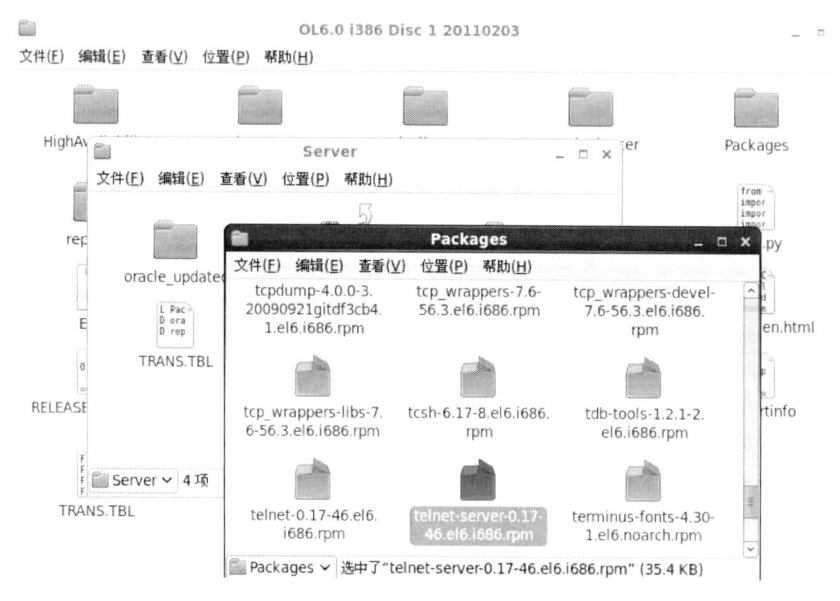

圖 14-3　安裝包複製

使用命令 rpm -i telnet-server-0.17-46.el6.i686.rpm，查看安裝成功 Telnet 的服務器程序。如圖 14-4 所示。

圖 14-4　rpm 包安裝

再次使用 rpm -qa | grep telnet 查看 Telnet 服務器安裝程序情況。所有需要的 rpm 包都已經安裝成功。如圖 14-5 所示。

圖 14-5　查詢安裝包

第 14 章　Oracle Linux 遠程聯機服務器

（2）Telnet 服務器的配置

找到 Telnet 服務器的配置文件，使用前面學習的 Vi 編輯器打開進行配置，命令 vi /etc/xinetd.d/telnet，打開 Telnet 服務器的主配置文件。如圖 14-6 所示。

圖 14-6　配置文件設置

Telnet 的配置文件內容，主要包括 socket 的類型、user 對象、服務器說明以及目前 Telnet 是可用還是不可用的狀態。disable＝yes，目前 Telnet 服務器暫時是不可以使用的。如圖 14-7 所示。

圖 14-7　配置文件

將 disable＝yes 改為 disable＝no，然後保存並退出主配文件。如圖 14-8 所示。

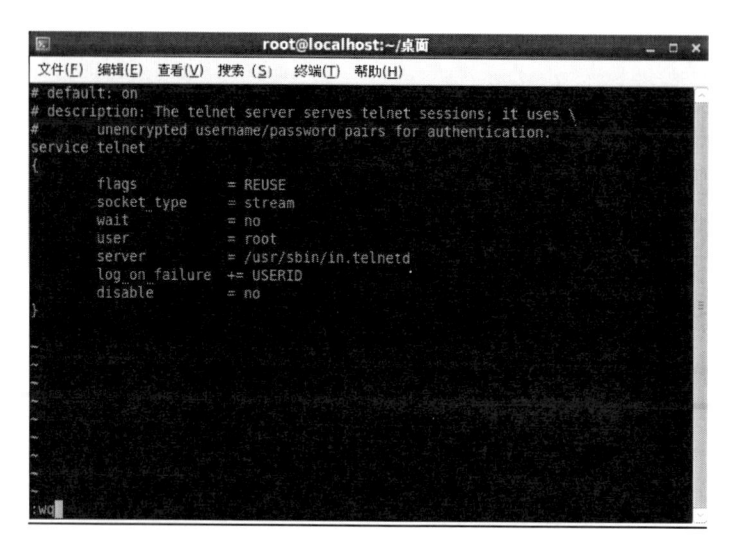

圖 14-8　配置文件修改

啓動 Telnet 服務器，使用命令 service xinetd restart。結果顯示服務都正常啓動。如圖 14-9 所示。

圖 14-9　啓動服務

使用網路查看命令，查看服務器是否正確開啓，使用命令 netstat-tlunp。如圖 14-10 所示。

圖 14-10　網路查看

能夠看到 Telnet 服務處於監聽的狀態，服務運行正常。如圖 14-11 所示。

第 14 章　Oracle Linux 遠程聯機服務器

圖 14-11　網路查看結果

（3）Telnet 服務器的測試

① Linux 服務器自己連接自己測試。

在服務器終端，使用命令 Telnet localhost 進行連接，連接成功後提示信息如圖 14-12 所示。然後使用一般用戶進行登錄。

圖 14-12　Telnet 登錄

可以在當前用戶下使用 ls 等命令進行操控，顯示信息如圖 14-13 所示。

圖 14-13　登錄後查看文件

操作系统原理與實踐

退出或者斷開連接使用命令 exit，退出提示信息如圖 14-14 所示。

圖 14-14　退出登錄

再次進行登錄，連接的過程中使用 IP 地址，並且使用 root 身分進行連接，這個時候發現連接失敗，因為 Telnet 服務器是不安全的連接，目前配置文件是默認不允許 root 進行登錄的。如圖 14-15 所示。

圖 14-15　用 IP 連接

在終端輸入命令 vi/etc/pam.d/login，然後在 Vi 下打開配置文件，進行修改。如圖 14-16 所示。

圖 14-16　修改配置文件

打開配置文件，找到# auth required pam_securetty.so，退出保存，重啓服務器，配置文件生效后，就可以使用 root 身分進行登錄。如圖 14-17 所示。

第 14 章　Oracle Linux 遠程聯機服務器

圖 14-17　修改 root 不能登錄 Telnet

② Linux 客戶端連接 Linux 服務器測試。

在虛擬機裡，重新打開一個 Redhat Linux，讓 Redhat Linux 和 Oracle Linux 進行遠程連接，Redhat Linux 也使用橋接模式，自動獲取 IP 地址，Oracle Linux 服務器的 IP 地址是 172.16.66.43，使用命令 Telnet 172.16.66.43 進行連接，連接成功後如圖 14-18 所示，再進行操控也是可以實現的。

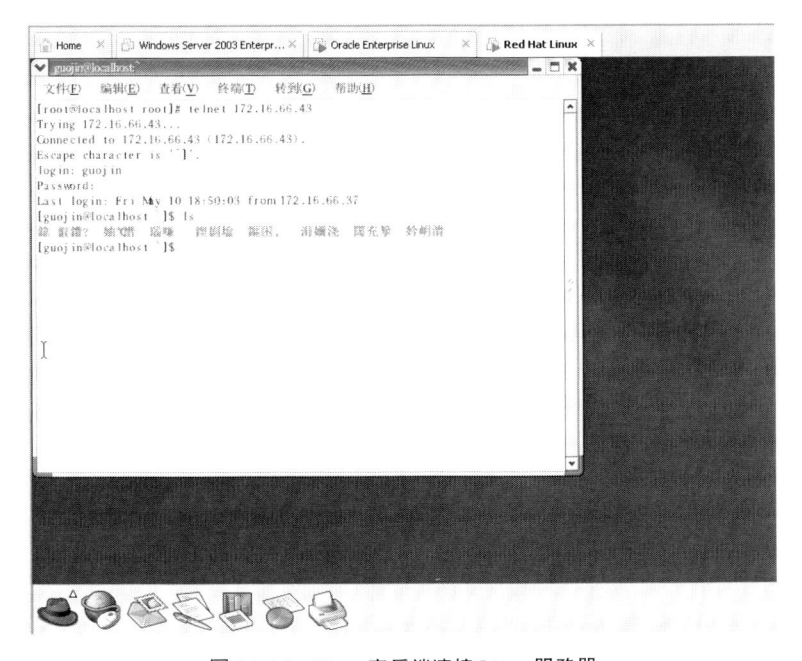

圖 14-18　Linux 客戶端連接 Linux 服務器

199

③ Windows 客戶端連接 Linux 服務器測試。

更多的時候,需要將 Windows 和 Linux 連接起來,進行遠程操控,這裡需要在 Windows 環境下安裝一些相關的連接軟件,使用 netteam。下載后開始安裝 netteam 軟件如圖 14-19 所示。

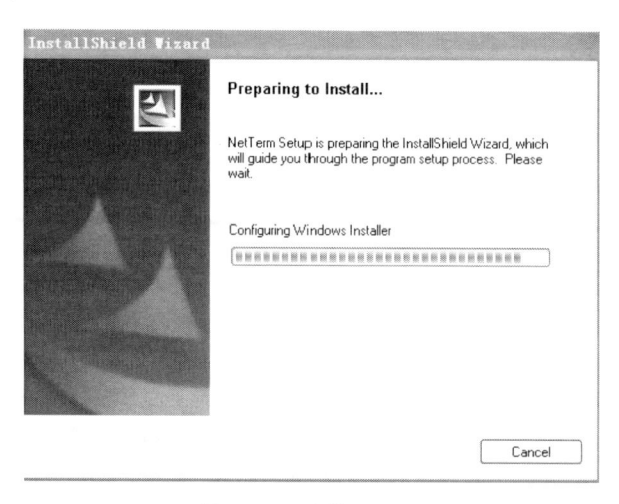

圖 14-19　安裝 netteam

進入到安裝向導,單擊【Next】。如圖 14-20 所示。

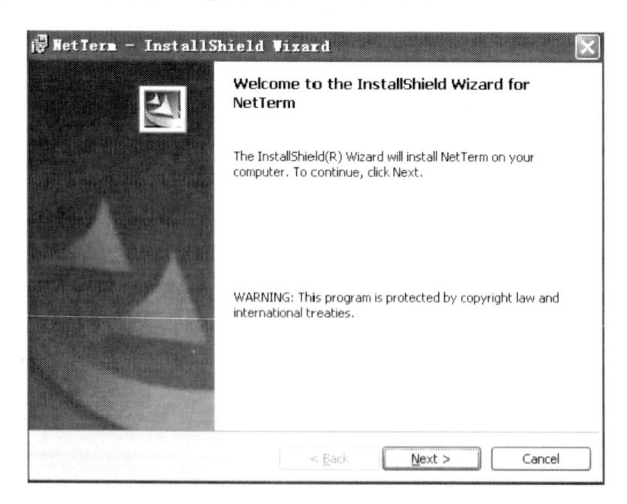

圖 14-20　安裝歡迎界面

同意協議,選擇 I accept the terms in the license agreement,單擊【Next】。如圖 14-21 所示。

第 14 章　Oracle Linux 遠程聯機服務器

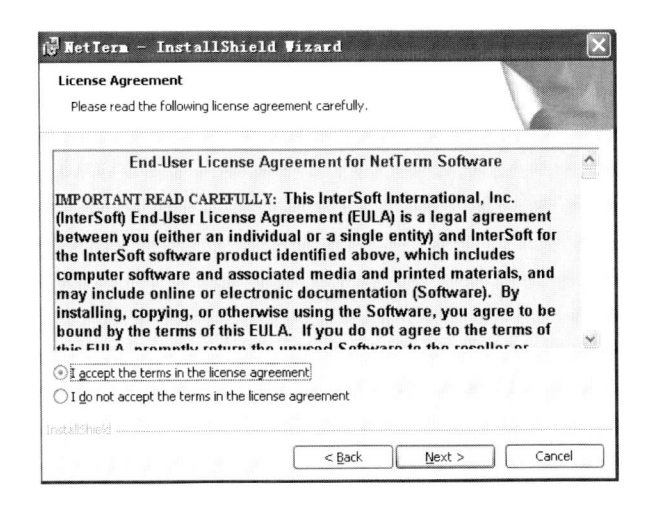

圖 14-21　許可認證

在 Username 和 Organization 下保持默認，為所有的用戶安裝，單擊【Next】。如圖 14-22 所示。

圖 14-22　用戶和組織設置

安裝路徑保留默認，在 C 盤下，點擊【Next】。如圖 14-23 所示。

201

操作系統原理與實踐

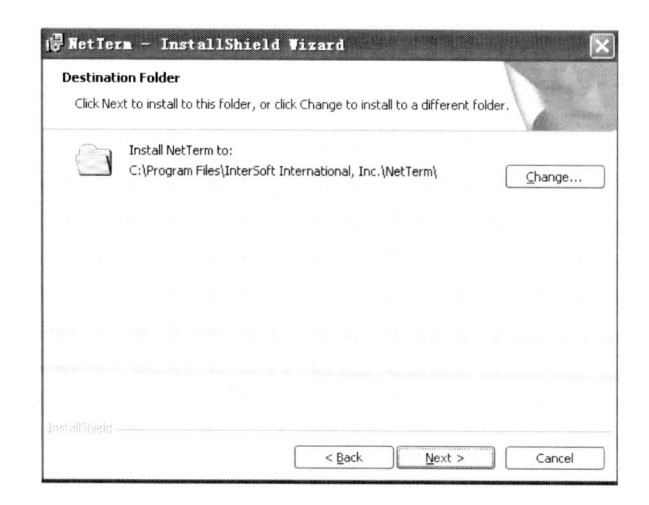

圖 14-23　安裝路徑設置

選擇【Install】，開始安裝，如圖 14-24 所示。安裝進度頁面如圖 14-25 所示。

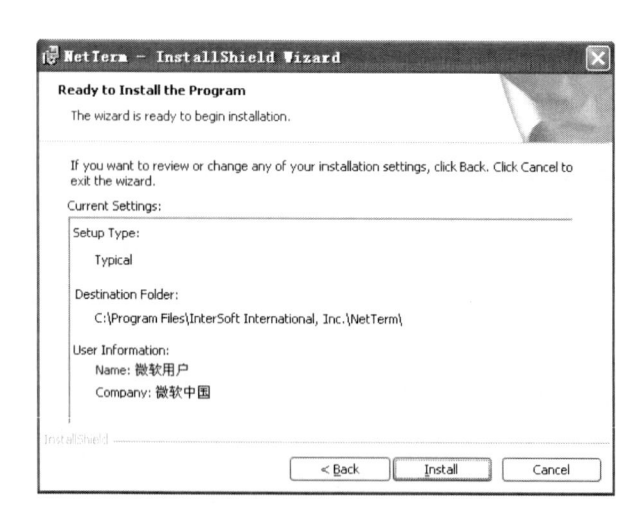

圖 14-24　準備開始安裝

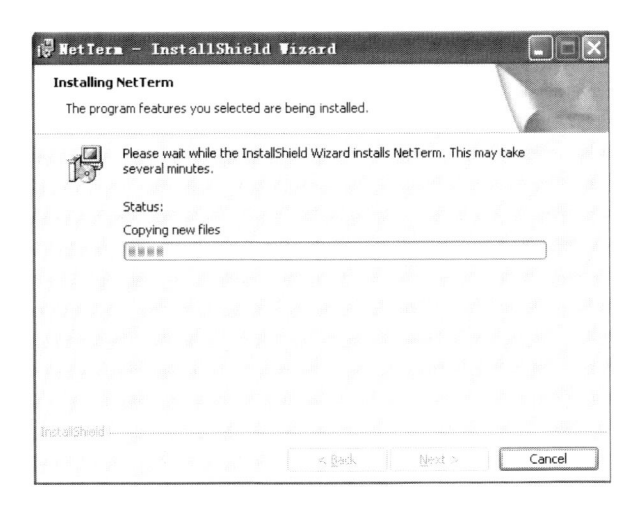

第 14 章 Oracle Linux 遠程聯機服務器

圖 14-25 安裝進度條

單擊【Finish】完成安裝。如圖 14-26 所示。

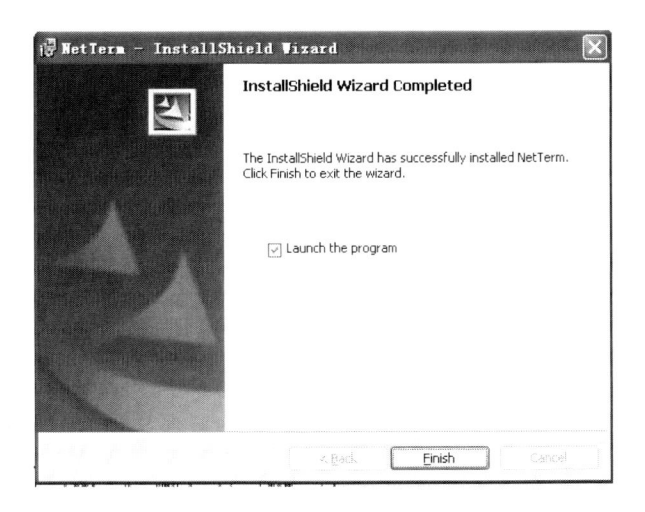

圖 14-26 安裝成功

打開 netteam 后,選擇簡體中文,單擊【OK】。如圖 14-27 所示。

203

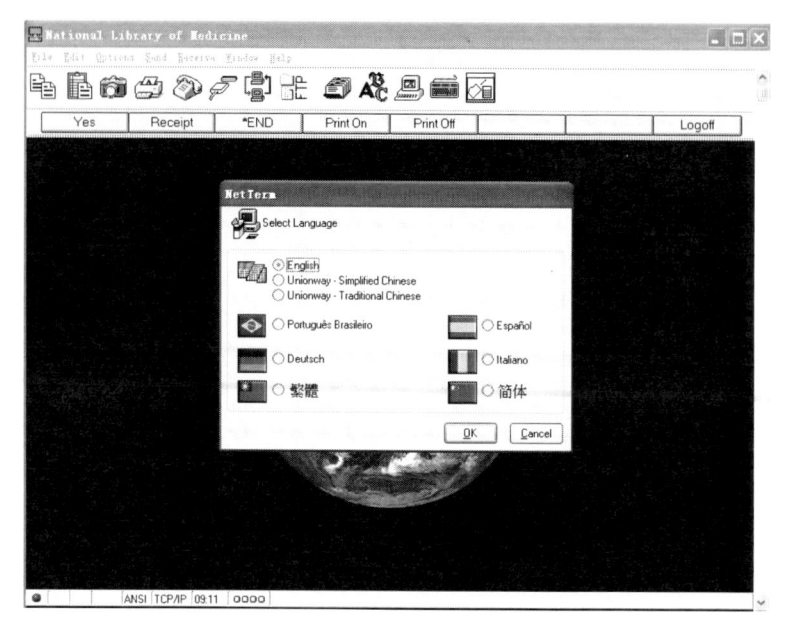

圖 14-27　netteam 選擇語言

在【主機名稱】處填寫 mylinux,【地址】為 172.16.66.43,【端口】為默認 23,然后單擊【確定】。這個時候提示是連接不成功的,需要關閉 Linux 的防火牆。如圖 14-28 所示。

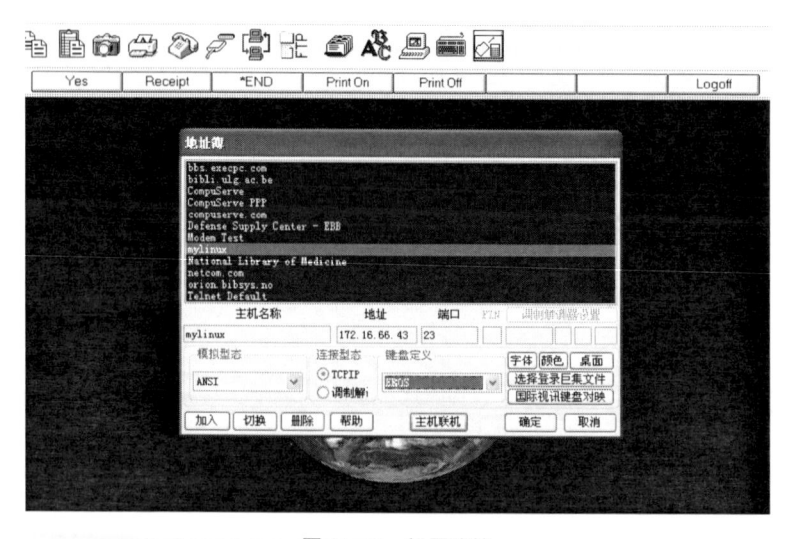

圖 14-28　設置連接

在服務器終端輸入命令 service iptables stop,關閉 Linux 防火牆。如圖 14-29 所示。

第 14 章　Oracle Linux 遠程聯機服務器

圖 14-29　關閉防火牆

這個時候，netteam 使用 Telnet 方式連接成功。如圖 14-30 所示。

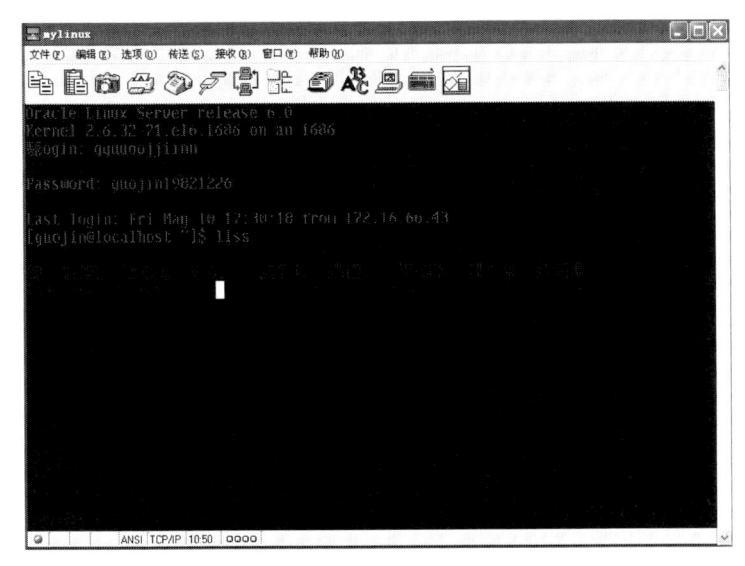

圖 14-30　Windows 端連接服務器

需要注意的是：非必要不啓動 Telnet，用完關閉；聯機限制 IP；加強防火牆；最好不要用 root 登錄 Telnet。

● 14.2　SSH 服務器

Telnet 服務器的連接方式是不安全的，但必須以遠程聯機的方式來實現遠程操控 Linux 服務器，因此有了比較安全的連接方式 SSH。SSH 是 Secure Shell Protocol 的簡寫，它通過對聯機數據包加密的技術進行遠程數據的傳遞，因此數據就比較安全了。

需要注意的是，SSH 協議有兩個功能：一個是類似與 Telnet 的遠程聯機，另一個是類似於 FTP 的文件傳輸訪問服務。

SSH 技術採用數據加密，將網路中傳輸的數據進行一些運算，然后這些信息再到網路上傳輸，當用戶需要查看數據的時候，再進行反運算，即解密，反推出原始的數據，

操作系統原理與實踐

因此數據就不容易被其他人員獲取和解析。網路數據包的加密解密技術通常都是採用公鑰和私鑰組合成的秘鑰進行的加密和解密。

(1) SSH 服務器啓動

使用命令 /etc/init.d/sshd restart 啓動 SSH 服務器。如圖 14-31 所示。

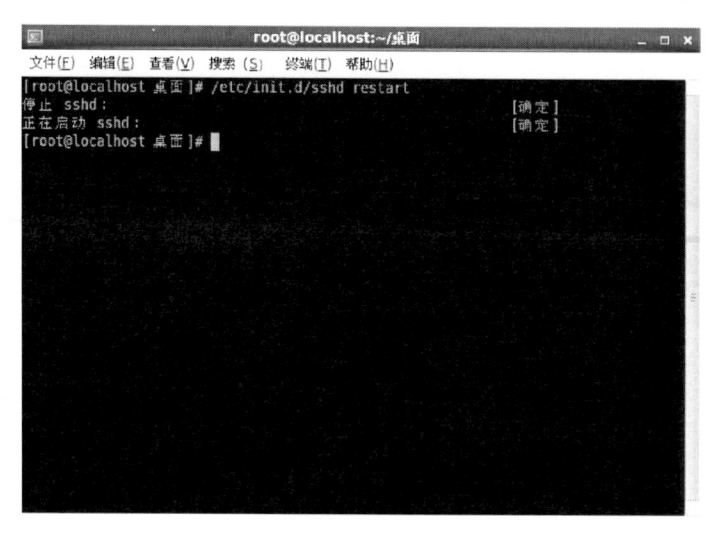

圖 14-31　啓動 SSH 服務

通過命令 netstat -tlunp 可以查看到 SSH 目前處於監聽狀態，服務運行正常。如圖 14-32 所示。

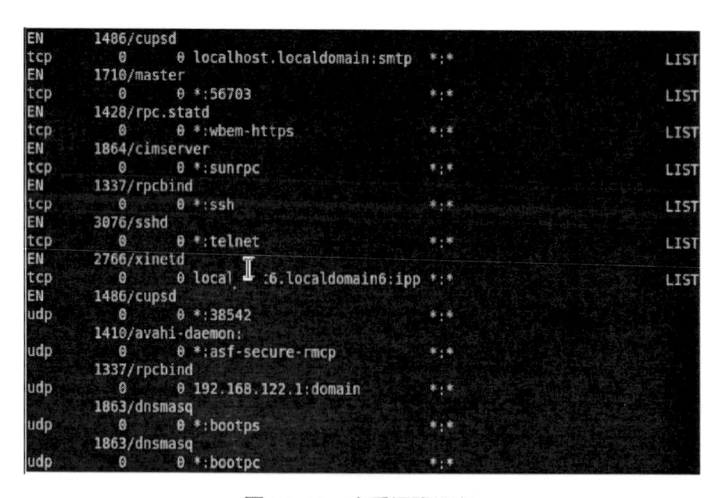

圖 14-32　查看網路訊息

(2) SSH 服務器遠程連接 SSH 方式

① SSH 下 Linux 服務器自己連接。

在 Linux 服務器端輸入 ssh root@ localhost，然後輸入密碼連接成功，如圖 14-33

第 14 章　Oracle Linux 遠程聯機服務器

所示。

```
[root@localhost 桌面]# ssh root@localhost
root@localhost's password:
Last login: Wed May 21 10:39:39 2014 from 172.16.161.88
[root@localhost ~]# exit
logout
Connection to localhost closed.
```

圖 14-33　Linux 連接

再輸入 ssh guojin@ 172.16.165.66，然後輸入密碼也可以順利連接成功。如圖 14-34 所示。

```
[root@localhost 桌面]# ssh root@localhost
root@localhost's password:
Last login: Wed May 21 10:39:39 2014 from 172.16.161.88
[root@localhost ~]# exit
logout
Connection to localhost closed.
[root@localhost 桌面]# ssh guojin@172.16.165.66
The authenticity of host '172.16.165.66 (172.16.165.66)' can't be established.
RSA key fingerprint is 7c:14:c1:e2:25:b8:93:ce:0b:39:49:9a:46:99:c4:44.
Are you sure you want to continue connecting (yes/no)? yes
Warning: Permanently added '172.16.165.66' (RSA) to the list of known hosts.
guojin@172.16.165.66's password:
Last login: Wed May 21 12:30:28 2014 from 172.16.165.88
[guojin@localhost ~]$
```

圖 14-34　Linux 連接

② SSH 下 Linux 連接 Linux。

打開 redhatLinux，在 Linux 客戶端輸入命令連接 Linux 服務器，在 Linux 客戶端輸入 ssh root@ 172.16.165.66，輸入密碼后聯機成功。如圖 14-35 所示。

```
[root@localhost root]# ssh root@172.16.165.66
The authenticity of host '172.16.165.66 (172.16.165.66)' can't be established.
RSA key fingerprint is 7c:14:c1:e2:25:b8:93:ce:0b:39:49:9a:46:99:c4:44.
Are you sure you want to continue connecting (yes/no)? yes
Warning: Permanently added '172.16.165.66' (RSA) to the list of known hosts.
root@172.16.165.66's password:
Last login: Wed May 21 12:38:41 2014 from 172.16.165.64
[root@localhost `]#
```

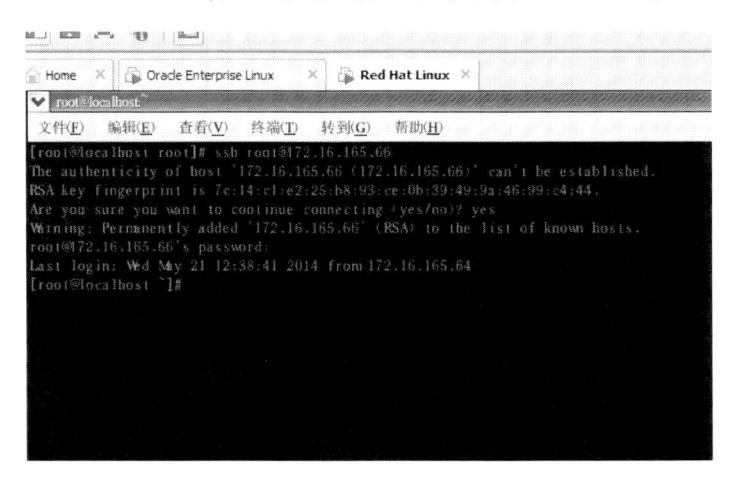

圖 14-35　Linux 客戶端連接 Linux 服務器

③ SSH 下 Windows 連接 Linux。

在 Windows 客戶端打開 putty 連接小軟件，聯機到 Linux 服務器，在主機名輸入 172.16.165.66，端口保留為 22，然后單擊【打開】即可聯機，可以發現，putty 也可以實

操作系統原理與實踐

現以 Telnet 的方式聯機。如圖 14-36 所示。

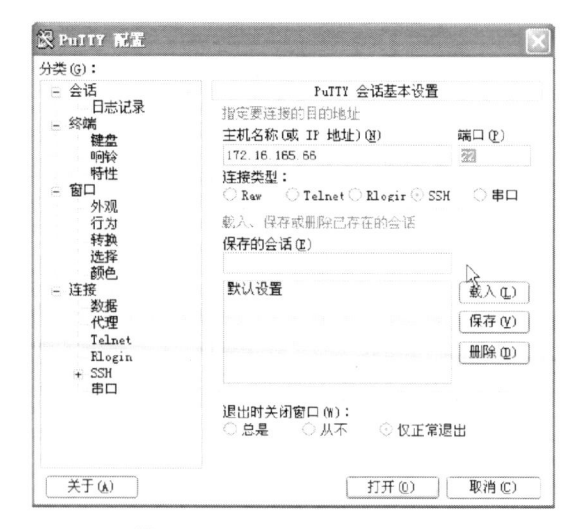

圖 14-36　putty 連接 Linux 服務器

輸入用戶名 root 和密碼,即可登錄到服務器,命令 pwd 和 ls 測試正確如圖 14-37 所示。

圖 14-37　連接後測試結果

(3) SSH 服務器遠程連接 FTP 方式

採用 FTP 方式聯機,還可以進行文件的上傳和下載,基本命令如表 14-1、表 14-2 所示。

第 14 章　Oracle Linux 遠程聯機服務器

表 14-1　　　　　　　針對遠方主機(Server)的行為命令

變換目錄到/etc/test 或其他目錄	cd /etc/test
	cd PATH
列出當前目錄下的文件名	ls
	dir
建立目錄	mkdir directory
刪除目錄	rmdir directory
顯示目前所在的目錄	pwd
更改文件或目錄群組	chgrp groupname PATH
更改文件或目錄擁有者	chown nsername PATH
更改文件或目錄的權限	chmod 644 PATH
	其中,644 與權限有關。回去看基礎篇。
建立連接文件	ln oldname newname
刪除文件或目錄	rm PATH
更改文件或目錄名稱	rename oldname newname
離開遠程主機	exit(or)bye(or)quit

表 14-2　　　　　　　針對本機(Cllent)的行為(都加上 l,L 的小寫)命令

變換目錄到本機的 PATH 中	lcd PATH
列出目前本機所在目錄下的文件名	lls
在本機建立目錄	lmkdir
顯示目前所在的本機目錄	lpwd
針對資料上傳/下載的行為	
將文件由本機上傳到遠程主機	put[本機目錄或文件][遠程]
	put[本機目錄或文件]
	若是后種格式,則文件會放置到遠程主機的當前目錄。
將文件由遠程主機下載回來	get[遠程主機目錄或文件][本機]
	get[遠程主機目錄或文件]
	若是后種格式,則文件會放置在目前本機所在的目錄中。
	可以使用通配符,例如:
	get *
	get * .rpm

209

操作系統原理與實踐

① SSH 下 Linux 服務器自己連接。如圖 14-38 所示。

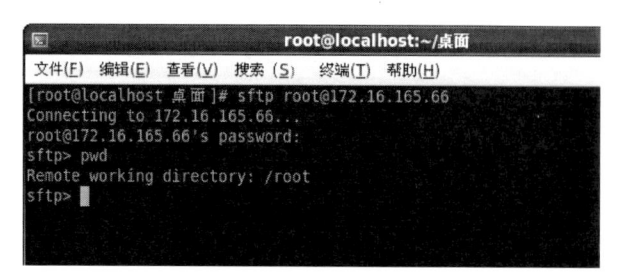

圖 14-38　SSH 下 Linux 連接

② SSH 下 Linux 客戶端連接 Linux 服務器，輸入命令 sftp 172.16.165.66 連接，如圖 14-39 所示。

圖 14-39　Linux 客戶端連接 Linux 服務器

③ SSH 下 Windows 客戶端連接 Linux 服務器。在 Windows 下使用 psftp 軟件進行連接，輸入命令 open 172.16.165.66，連接后輸入用戶名和密碼登錄成功，cd 和 ls 命令測試正確。也可以進行下載。如圖 14-40 所示。

圖 14-40　psftp 連接服務器

14.3　Xdmcp 服務器

前面兩種連接方式都可以實現遠程操作，但是都有一個缺點，就是看到不桌面。使用 rdesktop 命令可以使 Linux 連接 Windows 桌面。如圖 14-41 所示。

第 14 章　Oracle Linux 遠程聯機服務器

圖 14-41　Linux 連接 Windows 桌面

Windows 連接 Linux 比較麻煩,需要 Xdmcp 服務器的配合使用。XDM 是 X Display Manager 的簡稱,就是管理和控制 X Server 的顯示。

首先找到配置文件,輸入命令 cd /etc/X11/xdm vi kdmrc,修改#Enable＝1 為 Enable＝1,然後保存並退出。如圖 14-42 所示。

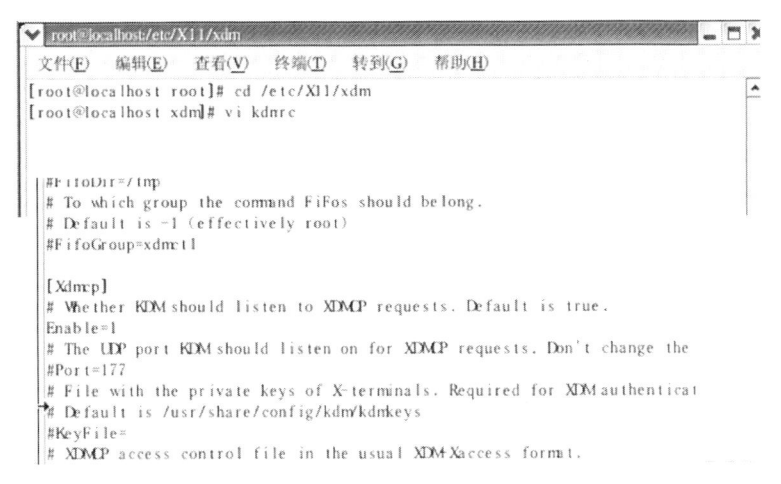

圖 14-42　配置文件修改

打開配置文件 xdm-config,輸入 vi xdm-config。如圖 14-43 所示。

圖 14-43　打開配置文件

將 DisplayManager.requestPort:0 改為！DisplayManager.requestPort:0,然後保存並退出。如圖 14-44 所示。

211

操作系統原理與實踐

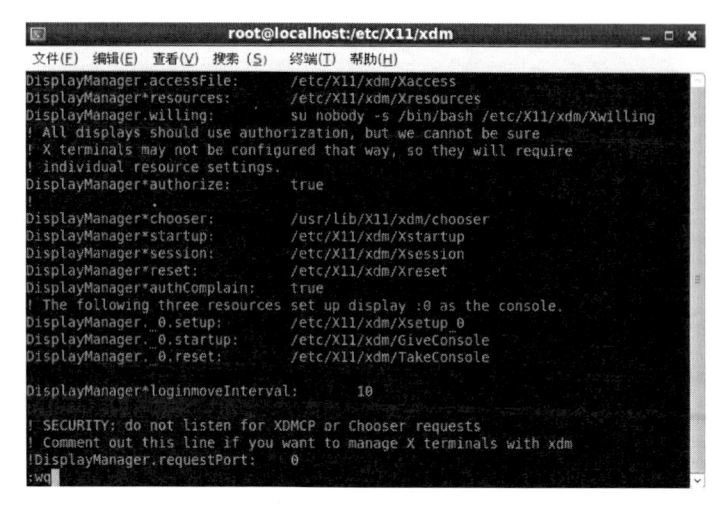

圖 14-44 配置文件修改

打開配置文件 Xaccess（如圖 14-45 所示），修改 # * 為 *，再保存並退出。如圖 14-46 所示。

圖 14-45 打開 xaccess 配置文件

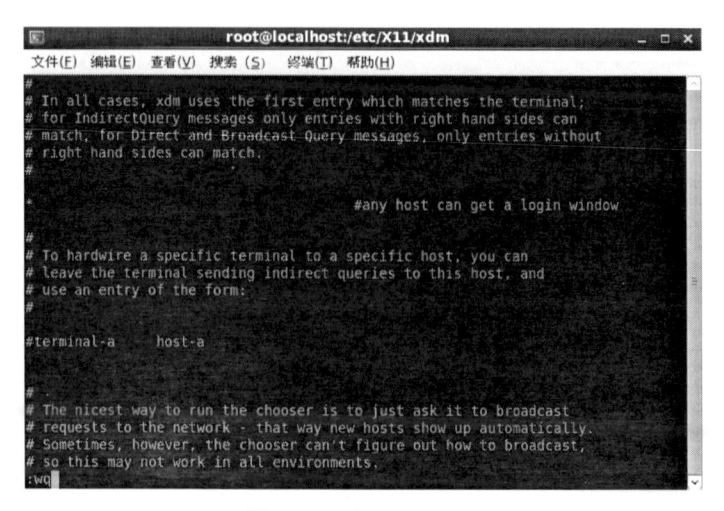

圖 14-46 修改配置文件

第 14 章　Oracle Linux 遠程聯機服務器

接下來啓動 xfs 服務,輸入命令/etc/init.d/xfs start。如圖 14-47 所示。

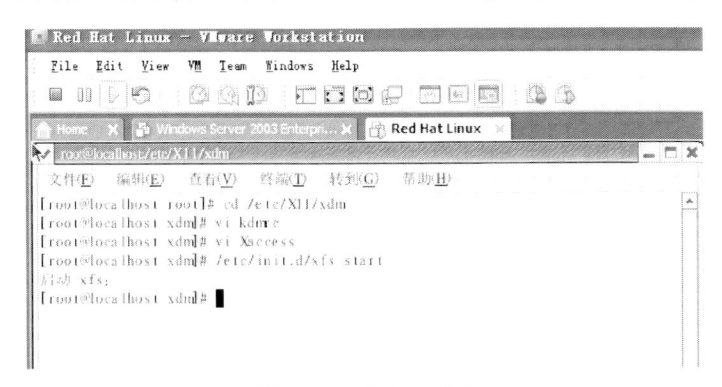

圖 14-47　啓動 xfs 服務

輸入命令 netstat -tlunp,查看服務是否啓動正常監聽。如圖 14-48 所示。

圖 14-48　網路訊息查看

在 Windows 端安裝 X-Win32,下載安裝程序,開始安裝,選擇中文簡體,單擊【確定】,如圖 14-49 所示。準備安裝頁面如圖 14-50 所示。

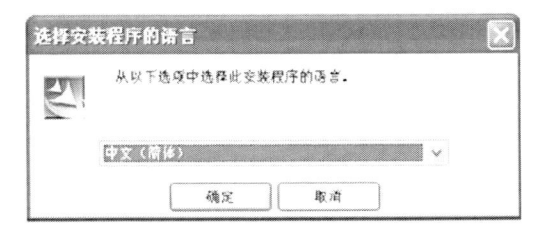

圖 14-49　安裝程序語言選擇

213

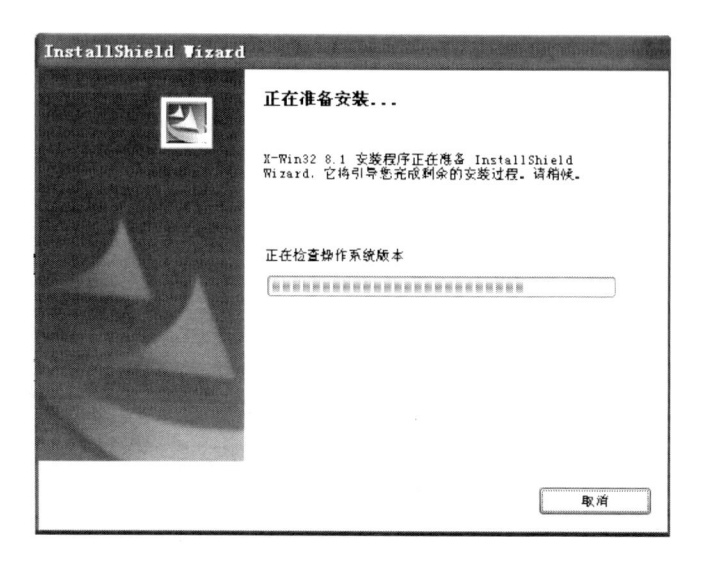

圖 14-50　準備安裝

接受許可證協議，然后單擊【下一步】。如圖 14-51 所示。

圖 14-51　許可認證

用戶姓名和單位都可以保留默認，本機所有人都可以使用，單擊【下一步】。如圖 14-52 所示。

第 14 章　Oracle Linux 遠程聯機服務器

圖 14-52　用戶名和單位設置

安裝路徑保留為默認,單擊【下一步】。如圖 14-53 所示。

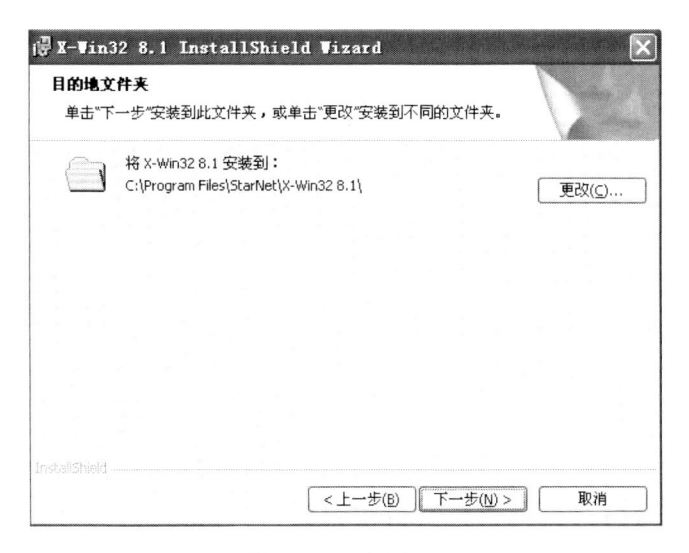

圖 14-53　路徑設置

選擇完全安裝,然后單擊【下一步】,如圖 14-54 所示。安裝進度如圖如圖 14-55 所示。

215

操作系統原理與實踐

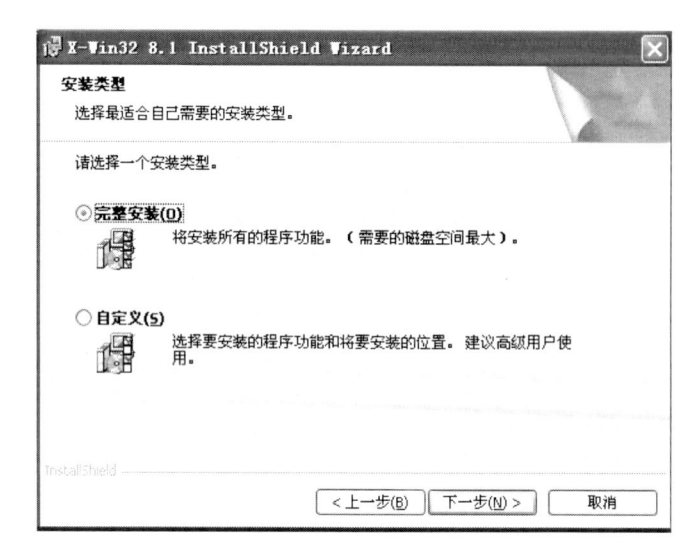

圖 14-54　完整安裝設置

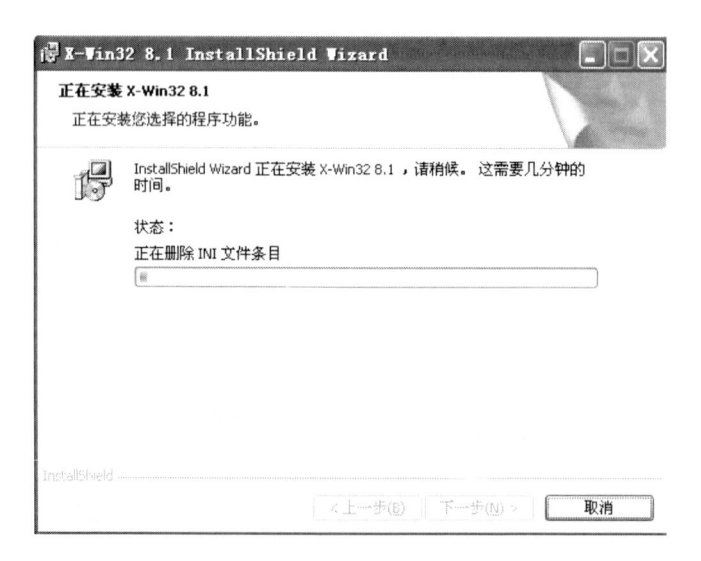

圖 14-55　安裝進度

　　安裝完成后,打開應用,新建一個會話,選擇【XDMCP】,單擊【下一步】。如圖 14-56 所示。

第 14 章　Oracle Linux 遠程聯機服務器

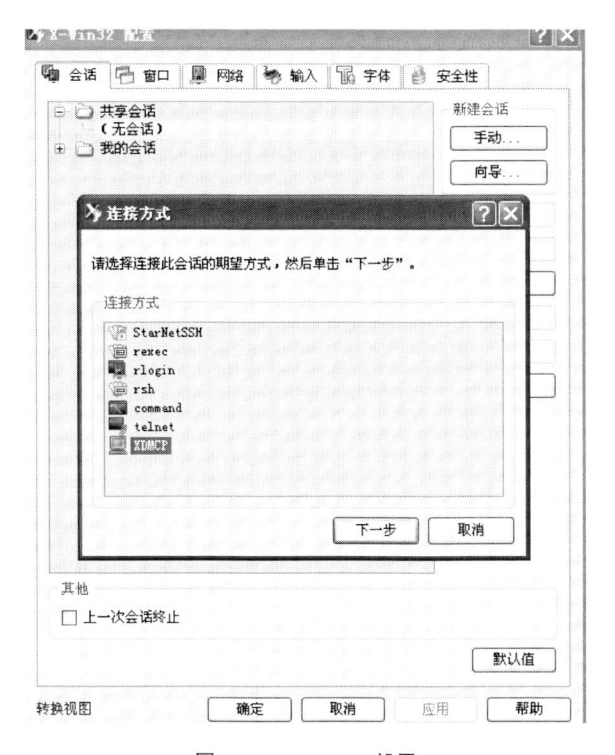

圖 14-56　XDMCP 設置

輸入會話名稱 mytest，然后 XDMCP 選擇廣播方式。如圖 14-57 所示。

圖 14-57　XDMCP 設置

找到連結對象，開啓連結。如圖 14-58、圖 14-59 所示。

217

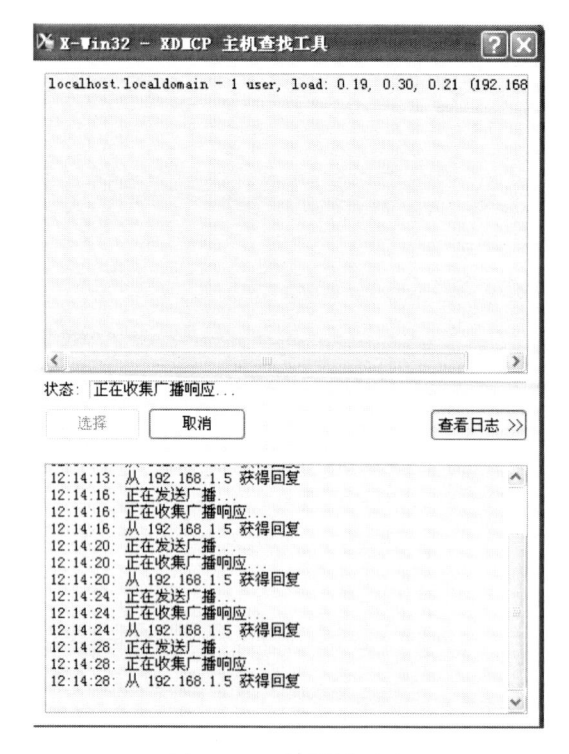

圖 14-58　廣播尋找監聽

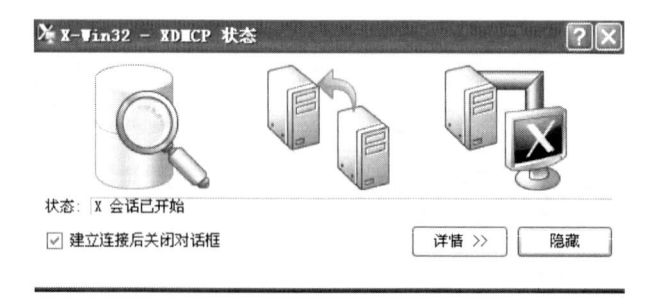

圖 14-59　建立連接會話

最后在 login 下輸入用戶名，password 下輸入密碼，即可登錄成功，如圖 14-60 所示。看見 Linux 的桌面，可以以桌面點擊的方式進行操作，如圖 14-61 所示。

第 14 章　Oracle Linux 遠程聯機服務器

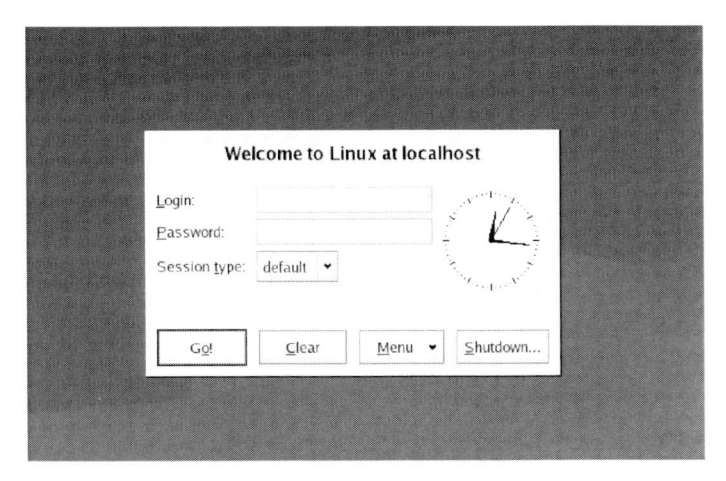

圖 14-60　連接後輸入用戶名密碼

圖 14-61　遠程連接成功後桌面

219

第 15 章　Oracle Linux NFS 服務器

本章主要介紹 NFS 服務器的基本概念、NFS 服務器的簡介和基本工作原理。NFS 服務器的配置文件說明以及客戶端設置。通過本章的學習,讀者應該掌握以下內容:
* NFS 服務器的定義,NFS 服務器的由來。
* NFS 服務器的工作原理。
* NFS 服務器的配置文件說明。
* NFS 服務器的配置和測試。

15.1　NFS 服務器簡介

NFS 是 Network File System 的縮寫,由 SUN 公司開發,其讓不同的機器不同的操作系統可以彼此共享文件,也可以簡單的將它看作一個文件服務器。NFS 服務器可以讓計算機將網路遠程的 NFS 主機共享的目錄掛載到本地端的機器上,在本地端的機器看來,遠程主機的目錄就好像是自己的分區一樣,使用起來非常方便。

第 15 章　Oracle Linux NFS 服務器

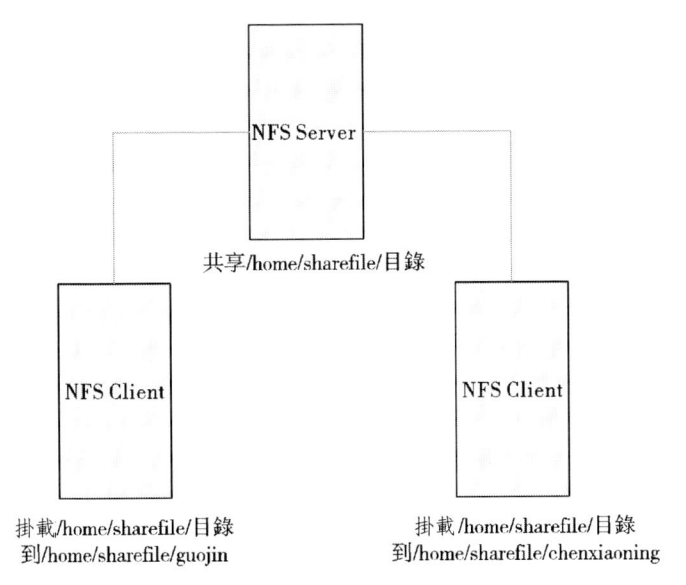

圖 15-1　NFS 原理圖示

如圖 15-1，在 Linux 服務器下使用 NFS 共享了一個路徑為/home/sharefile/目錄，然后 Linux 下的 NFS 客戶端都可以使用 NFS 服務器掛載共享這個目錄，第一個客戶端將/home/sharefile/掛載到了/home/sharefile/guojin 目錄下，第二個客戶端將/home/sharefile/掛載到了/home/sharefile/chenxiaoning 目錄下，這樣客戶端在分別訪問 guojin 和 chenxiaoning 目錄的時候，其實打開看見的就是/home/sharefile/目錄的內容，訪問非常方便。

15.2　NFS 服務器工作原理

　　NFS 服務器工作的時候需要有 RPC 的支持，網路請求的環境中，每一個服務都需要有一個端口才可以執行和進行訪問，例如 FTP 常用 21 端口，Web 常用 80 端口，前面章節中的 Telnet 和 SSH 都需要有端口的支持。NFS 比較特殊，其所對應的端口是不固定的，是隨機產生來作為傳輸，那麼客戶端連接的過程中又是如何知道 NFS 提供的端口信息的呢，客戶端必須知道了服務器提供的端口信息才可以連接工作，這就需要有 RPC 的支持。PRC 固定使用 port111 端口來監聽客戶端的需求並應答客戶端的正確端口。
　　在啟動 NFS 之前，首先需要啟動 PRC（PRC 實際就是 NFS 服務器的管家），幫助 NFS 代理管理端口。NFS 的客戶端首先要和 NFS 服務器連接，NFS 服務器在啟動時向 RPC 註冊，然后 NFS 客戶端向 RPC 進行訪問，請求獲得 NFS 服務器註冊的端口號信息，RPC 向 NFS 客戶端提供 NFS 服務器的端口信息，從而 NFS 客戶端就可以直接向 NFS 服務器通過 RPC 反饋的端口信息進行聯機訪問，實現資源的共享。

15.3　NFS 服務器配置

NFS 需要的軟件包主要包括了如圖 15-2 所示的三個，使用命令 rpm -qa | grep nfs 可顯示。

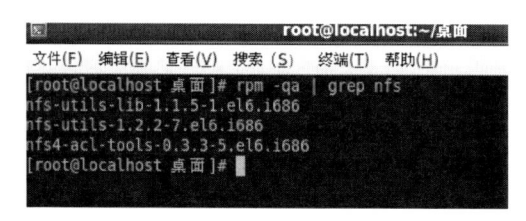

圖 15-2　查詢安裝包

RPC 需要的軟件包主要包括了如圖 15-3 所示的一個，使用命令 rpm -qa | grep portreserve 可顯示。

圖 15-3　查詢安裝包

打開/etc/exports，這個是 NFS 服務器的主配文件，是需要自己建立的，使用命令 vi /etc/exports，修改配置文件內容如圖 15-4 所示。將目錄/root/hostnfs 作為共享目錄，172.16.165.65 可以訪問服務器的共享目錄，權限是讀寫。

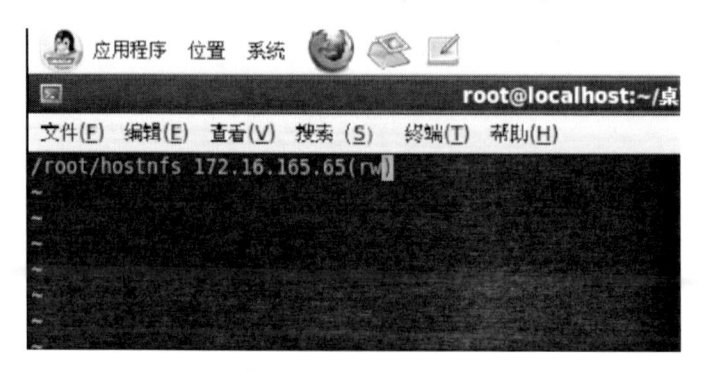

圖 15-4　修改配置文件

第 15 章 Oracle Linux NFS 服務器

啟動 RPC 端口代理程序,輸入命令/etc/initd./portreserve start。如圖 15-5 所示。

圖 15-5 啟動 RPC 服務

啟動 NFS 服務器,輸入命令/etc/init.d/nfs start。如圖 15-6 所示。

圖 15-6 啟動 NFS 服務

輸入命令 netstat -tlunp 查看網路監聽狀態,如圖 15-7 所示。可以發現 RPC 是正常工作,NFS 也是正常工作。服務器都啟動後就可以進行測試。

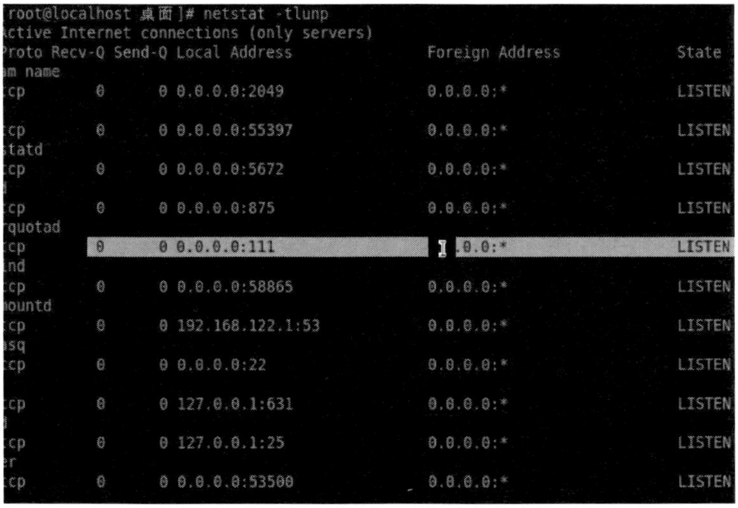

圖 15-7 網路監聽查看

15.4　NFS 服務器測試

（1）Linux 服務器自己連接自己

使用命令 showmount -e 172.16.165.65，可以查看服務器的掛載點，如圖 15-8 所示，可以看到/root/hostnfs 為共享目錄。

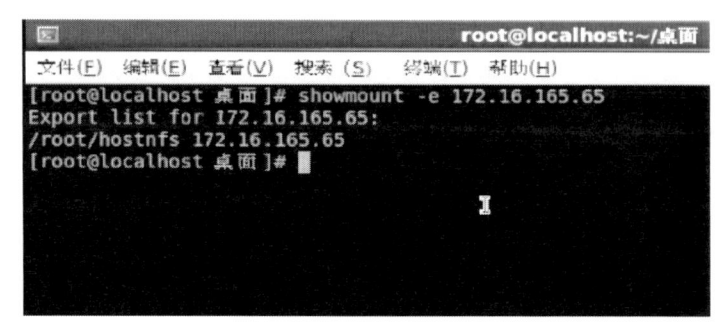

圖 15-8　顯示掛載訊息

使用命令 mount -f nfs 172.16.165.65:/root/hostnfs /home/testnfs，可以將服務器的/root/hostnfs 目錄掛載到自己的/root/testnfs 目錄下。再使用 df 命令，可以查看到掛載的詳細信息列表。如圖 15-9 所示。

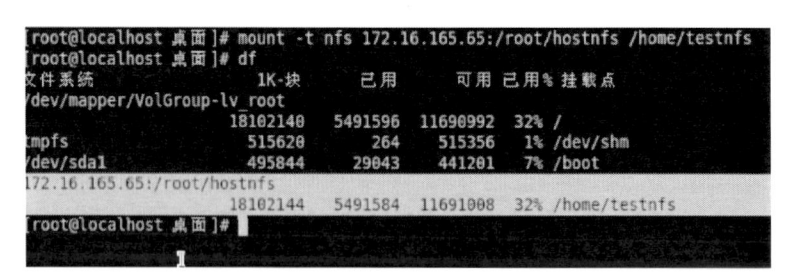

圖 15-9　掛載後顯示掛載訊息

取消掛載信息，輸入命令 umount /home/testnfs。如圖 15-10 所示。

圖 15-10　取消掛載

第 15 章　Oracle Linux NFS 服務器

（2）Linux 客戶端連接 Linux 服務器

首先在 NFS 服務器配置文件進行修改，將客戶端的 IP 地址添加到配置文件中。如圖 15-11 所示。

圖 15-11　修改配置文件

然后重啓服務器的 RPC 和 NFS 服務。如圖 15-12 所示。

圖 15-12　重啓服務

使用 ping 的命令查看是否能夠 ping 通，使用 showmount 和 mount 命令進行掛載，使用 df 查看掛載的信息。如圖 15-13 所示。

圖 15-13　Linux 客戶端連接 Linux 服務器

225

（3）Windows 客戶端連接 Linux 服務器

Windows 要連接 Linux 服務器首先需要在 Windows 端安裝 SFU 的軟件，把 Windows 端編程服務器，然後 Linux 變成了客戶端，Windows 端要模擬 Linux 的環境，除了安裝 SFU 軟件，還需要作相關的設置。

SFU 軟件的下載地址為：http://download.microsoft.com/download/a/1/c/a1ca7af1-a6e3-46e7-874a-4c5d8c0fb3b7/SFU35SEL_EN.exe。SFU 需要安裝在 NTFS 分區上。

準備 Linux 下的兩個文件：passwd 和 group。可以自己創建，在 C 盤根目錄創建。

passwd 的內容：root:x:0:0:root:/root:/bin/bash

group 的內容：root:x:0:root

解壓縮安裝包，如圖 15-14 所示。

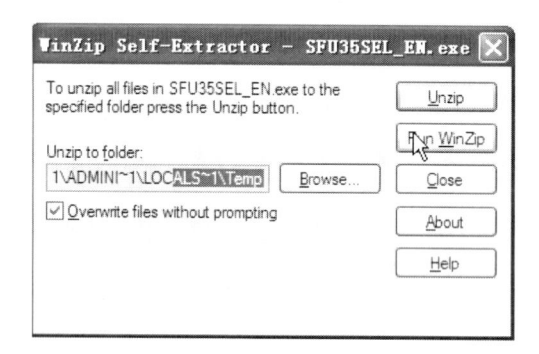

圖 15-14　安裝文件解壓縮

找到安裝程序，雙擊進行安裝，進入到安裝向導，單擊【Next】。如圖 15-15 所示。

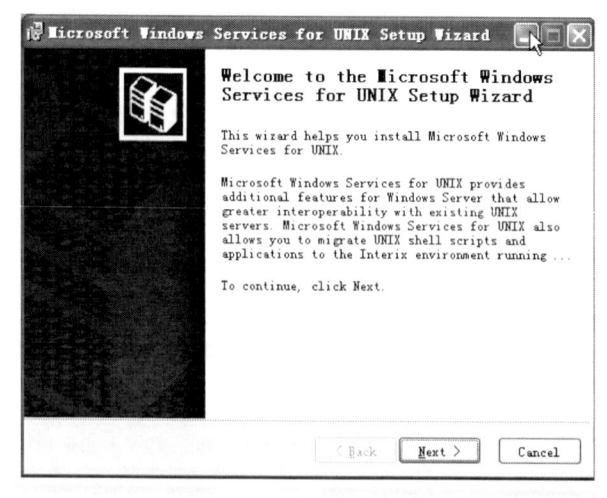

圖 15-15　安裝歡迎界面

第 15 章　Oracle Linux NFS 服務器

在 Username 和 Organization 保留默認值即可,單擊【Next】。如圖 15-16 所示。

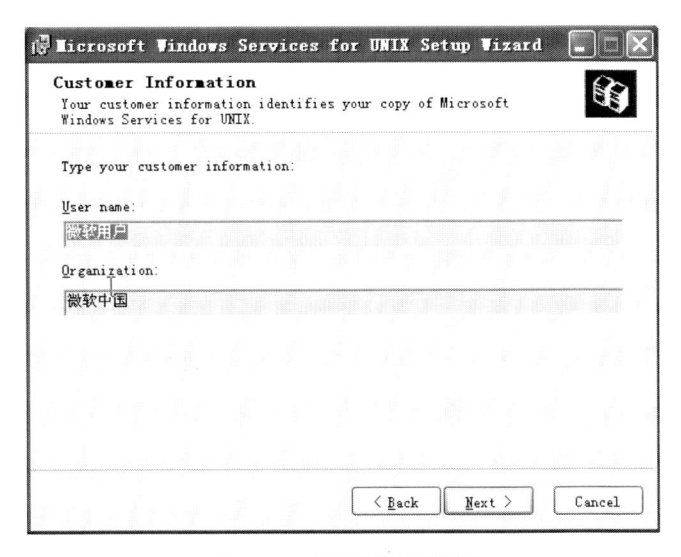

圖 15-16　用戶名和組織設置

接受協議,選擇【I accept the agreement】,單擊【Next】。如圖 15-17 所示。

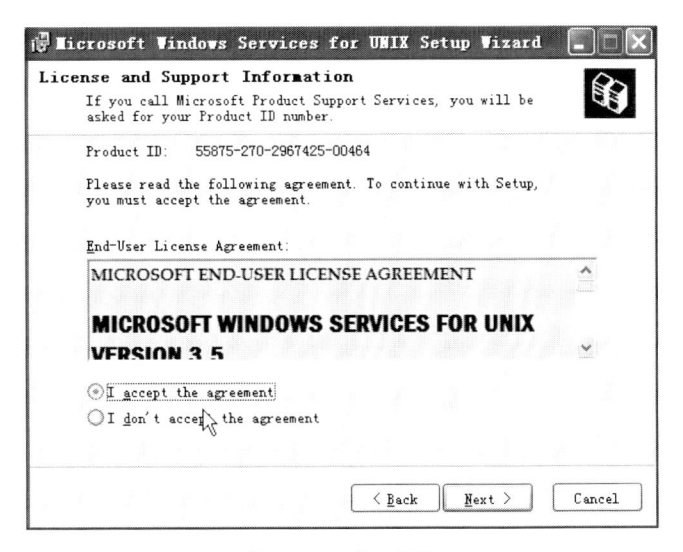

圖 15-17　許可認證

選擇自定義安裝【Custom Installation】,單擊【Next】。如圖 15-18 所示。

227

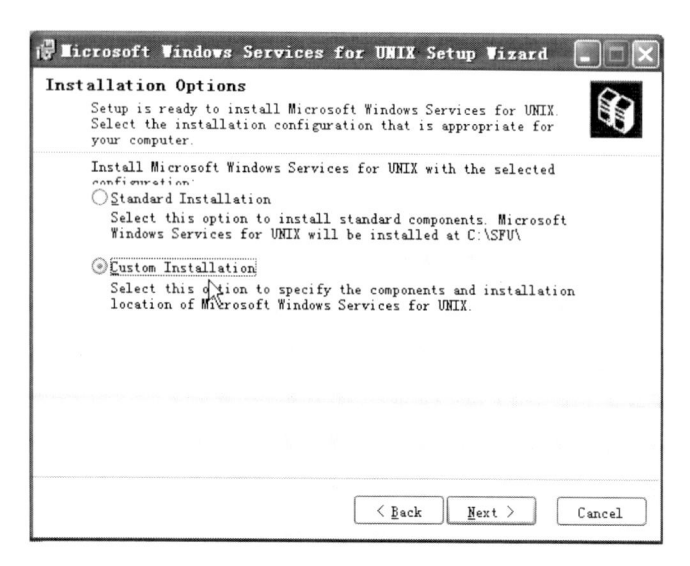

圖 15-18　安裝模式設置

選擇 Server for NFS、Password Synchronization 以及 Authentication tools for NFS。確認這些服務都安裝，單擊【Next】。如圖 15-19 所示。

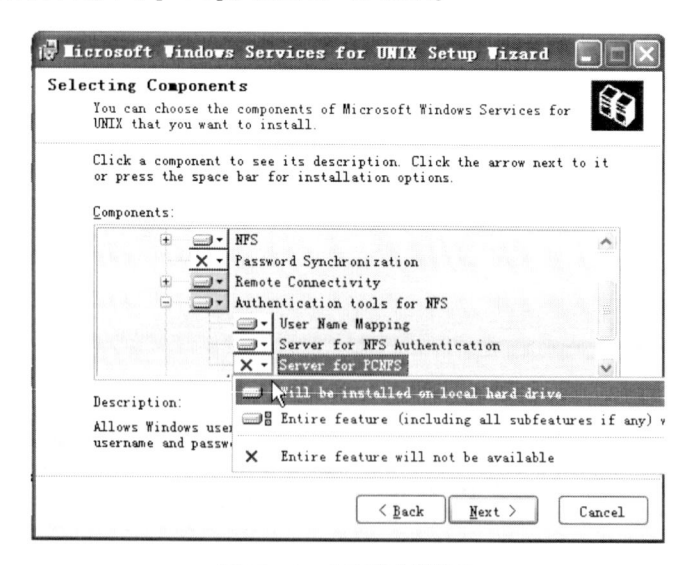

圖 15-19　自定義安裝組件

安全設置，保留默認，單擊【Next】。如圖 15-20 所示。

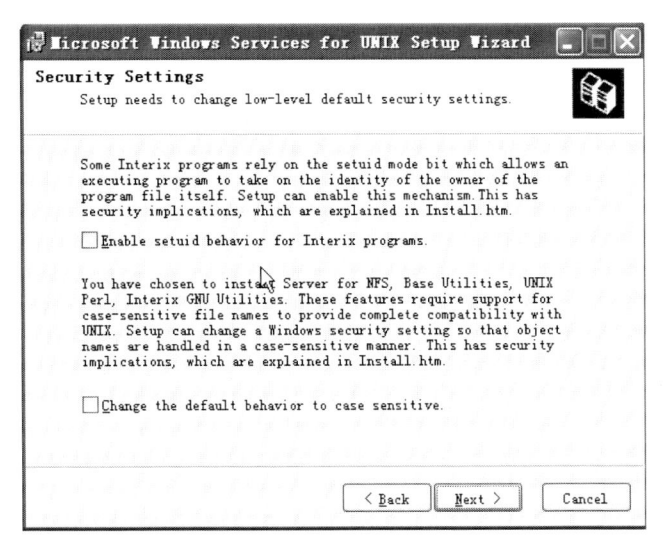

第 15 章　Oracle Linux NFS 服務器

圖 15-20　安全設置

在 User Name Mapping 頁面，選擇 Password and group files，單擊【Next】。如圖 15-21 所示。

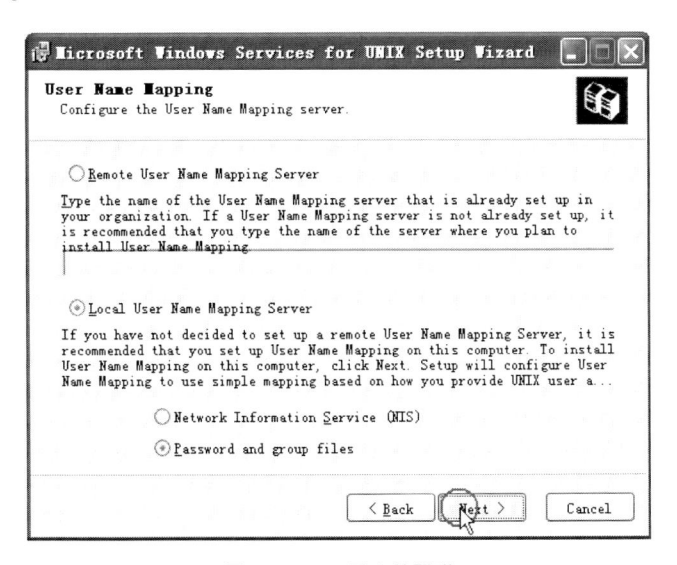

圖 15-21　配置文件關聯

將之前在 C 盤目錄下創建的 Passwd 和 Group 文件填寫到 Password file 和 Group file 處，進行關聯設置，設置的目的是模擬 Linux 用戶和用戶組環境。然后單擊【Next】，如圖 15-22 所示。

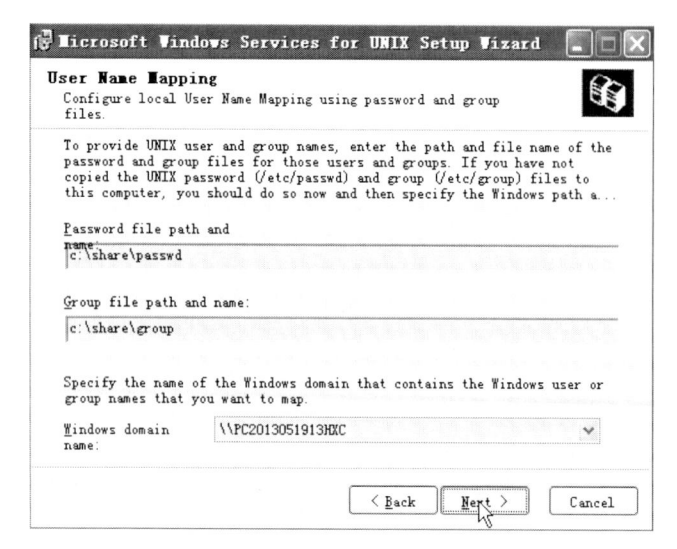

圖 15-22　配置文件管理

安裝的路徑保留在 C 盤下，但必須是 NTFS 格式的盤。如圖 15-23 所示。

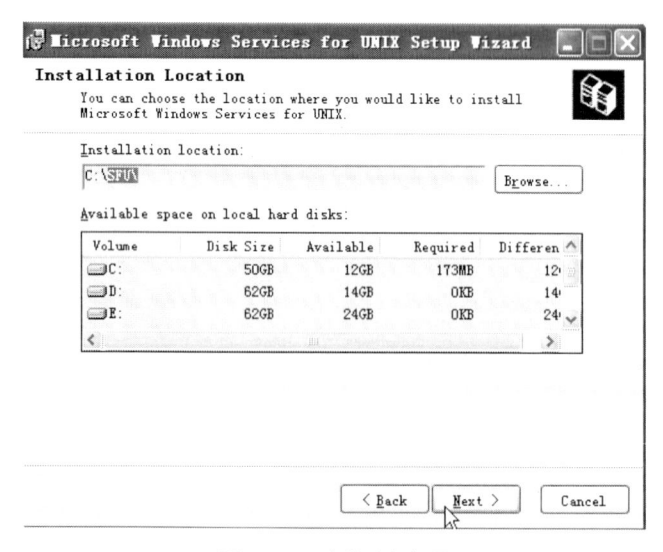

圖 15-23　安裝路徑設置

安裝成功后，單擊【Finish】。如圖 15-24 所示。

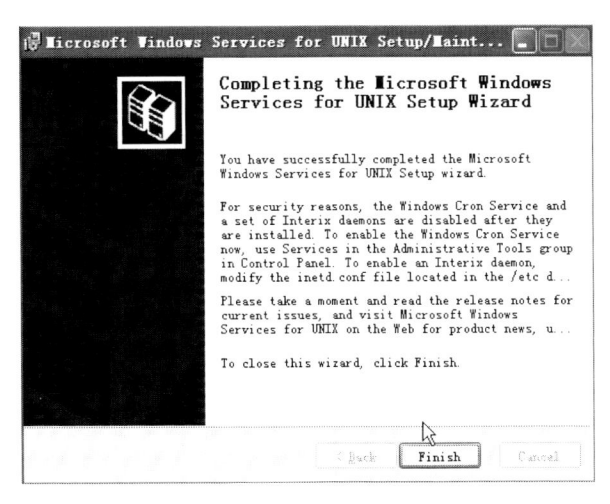

第 15 章　Oracle Linux NFS 服務器

圖 15-24　安裝成功

接下來打開 SFU 軟件服務器進行設置,首先選擇【Server for PCNFS】,選擇 groups,設置組名為 root,GID 為 0,然后單擊【apply】。如圖 15-25 所示。

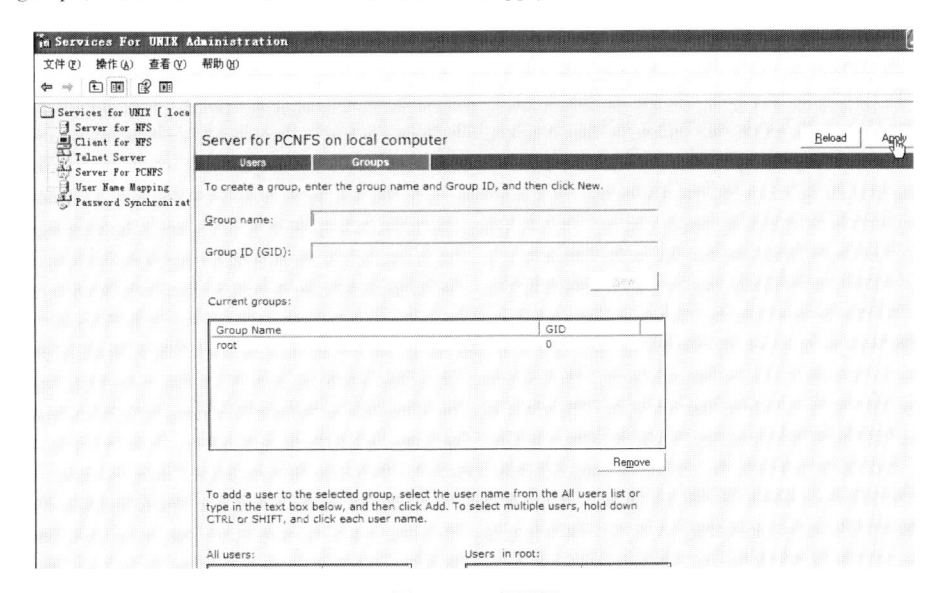

圖 15-25　組配置

再選擇 Users,單擊【新建】,填寫如下信息。如圖 15-26 所示。

231

操作系統原理與實踐

圖 15-26　用戶創建

生成一個 root 的用戶，uid 為 0，然後單擊【apply】。如圖 15-27 所示。

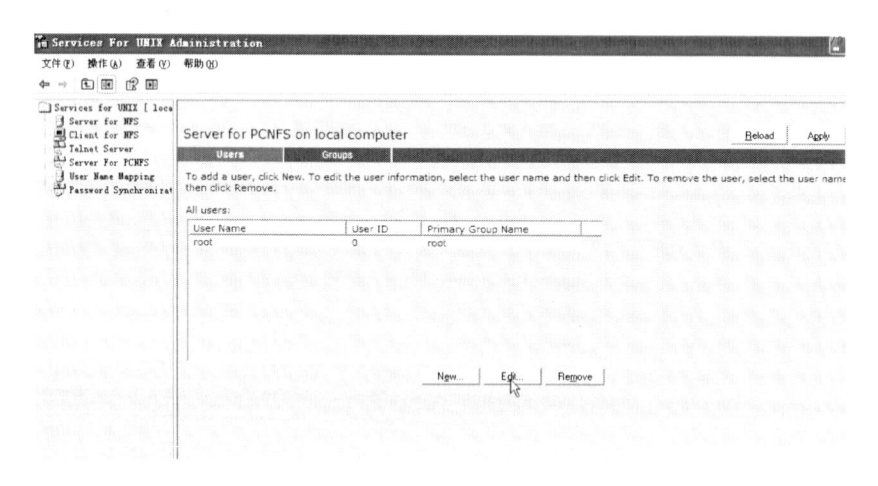

圖 15-27　用戶設置

選擇【User name Mapping】，設置 Password file 和 Group file 與之間 C 盤下創建的文件的映射關係。如圖 15-28 所示。

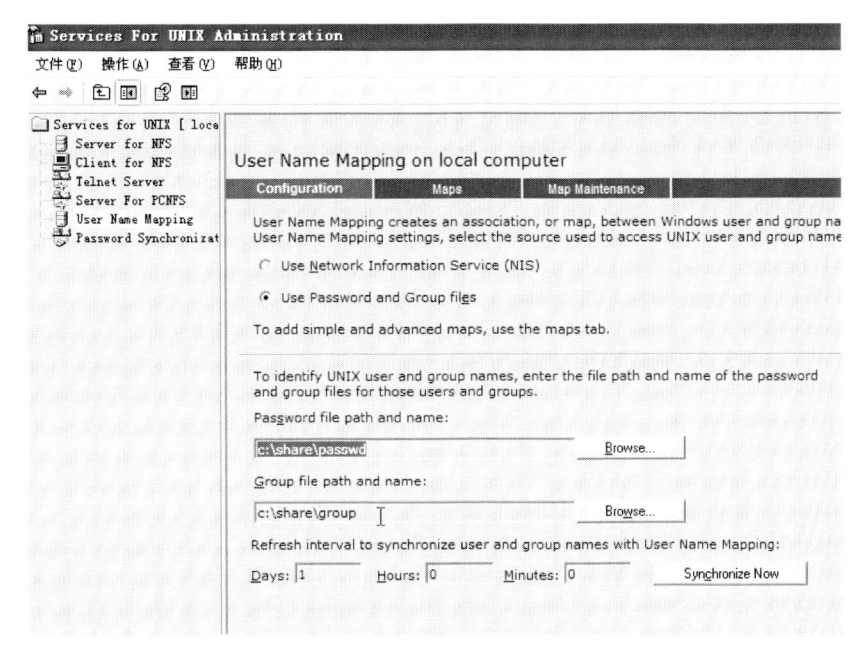

第 15 章 Oracle Linux NFS 服務器

圖 15-28 設置配置文件關聯

在 Maps 下和 user Map 下，分別設置組和用戶的對應關係，將 Windows 下的 administrator 和 Linux 下的 root 作映射。如圖 15-29、圖 15-30 所示。

圖 15-29 設置 administrator 和 root 關聯

233

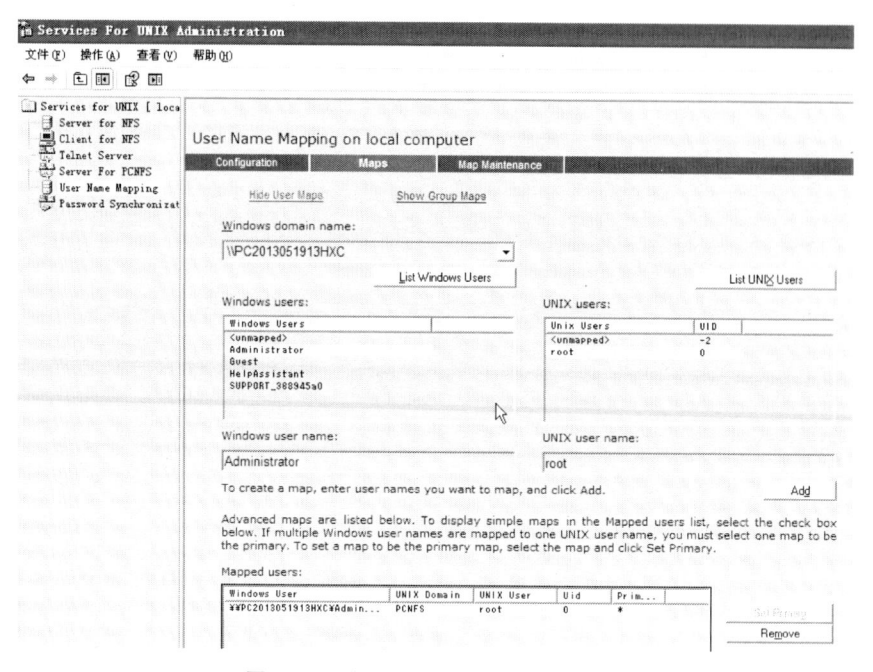

圖 15-30 設置 administrator 和 root 關聯

在 SFU 的安裝盤下,創建一個文件夾,交 testwindows pcnfs,然后單擊【屬性】,可以看見多出一個名叫【NFS Sharing】的選項,選擇后進行設置,選擇【Share this folder】,再單擊【Pemissions】,設置屬性為讀寫權限。UID 和 GID 設置為 0,單擊【應用】和【確定】。完成 Windows 下一個文件夾的 NFS 共享。如圖 15-31 所示。

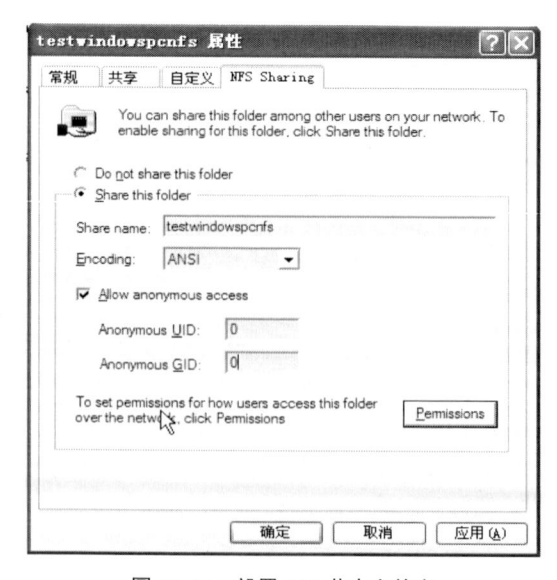

圖 15-31 設置 NFS 共享文件夾

第 15 章　Oracle Linux NFS 服務器

Linux 作為客戶端，使用命令 showmount 和掛載命令 mount 就可以實現對 Windows 下剛才共享的目錄的掛載，使用 df 可以查看詳細的掛載信息。如圖 15-32 所示。

圖 15-32　Linux 客戶端掛載 Windows 共享文件夾

第 16 章　Oracle Linux SAMBA 服務器

本章主要介紹 SAMBA 服務器的基本概念、與 NFS 服務器的區別、SAMBA 服務器的基本工作原理、講解 SAMBA 服務器的配置文件以及服務器客戶端的配置和測試。通過本章的學習,讀者應該掌握以下內容:

* SAMBA 服務器的定義,它與 NFS 服務器的區別。
* SAMBA 服務器的工作原理。
* SAMBA 服務器的配置文件說明。
* SAMBA 服務器和客戶端配置和測試。

16.1　SAMBA 服務器簡介

NFS 服務器主要是實現 Linux 與 Linux 之間的資源共享。Windows 與 Linux 之間的資源共享是非常麻煩的事情,需要安裝軟件進行模擬,還需要進行很多的設置,有沒有適合於 Windows 與 Linux 之前的文件共享服務器呢,這就是 SAMBA 服務器。

SAMBA 服務器主要有以下用處:

(1)利用軟件直接編輯 WWW 主機上面的網頁數據,網站的開發一般都在自己的客戶機上進行,當網站開發完成后,就需要通過 FTP 軟件將站點上傳到服務器上,然后再使用 Web 服務器進行發布。當需要修改的時候,需要先下載站點,然后再次使用 FTP 上傳,使用 Web 服務器發布。使用 SAMBA 服務器,就可以直接在主機上進行修

第 16 章　Oracle Linux SAMBA 服務器

改,客戶端打開的資源就是服務器上的共享資源。

(2)做成可直接聯機的文件服務器,類似於 Windows 下的網站鄰居共享文件夾,通過網上鄰居找到共享出來的文件夾,然后在客戶端打開和在服務器打開類型。

(3)打印機的共享,通過 SAMBA 服務器可以實現打印機的共享服務器。

● 16.2　SAMBA 服務器原理

SAMBA 是架構在 NetBIOS 通信協議上面,其是讓 Linux 主機加入 Windows 網路系統中共享數據,獲取對方主機的 netbios name 並定位該主機所在,利用對方給予權限存取可用資源。

● 16.3　SAMBA 服務器配置文件說明

* 軟件包 Samba:包含了 SAMBA 服務文件,設置文件以及開機選項。
* 軟件包 Samba-common:提供 SAMBA 主要配置文件,語法檢查測試。
* 軟件包 Samba-client:Linux 作為 SAMBA Client 端工具指令。
* /etc/samba/smb.conf
* /etc/samba/lmhosts netbios name -ip
* /etc/samba/smbpasswd
* /etc/samba/smbusers

Samba:主要配置文件、設置工作組、netbios 名稱以及分享目錄等。

Lmhosts:對應 netbios name 與該主機名稱 IP,SAMBA 啓動自動捕捉 lan 裡面相關計算機 name 對應的 IP,這個文件不需要設置。

Smbpasswd:這個文件不存在,SAMBA 默認用戶密碼對應表。當設置的 SAMBA 服務器比較嚴密,且需要用戶輸入帳號與密碼后才能登錄。

Smbusers:由於 Windows 與 Linux 管理員與訪客帳號名稱不一致,分別為 administrator 與 root,為了對應這兩者之間的帳號關係,可以使用這個文件來設置。

16.4　SAMBA 服務器和客戶端配置測試

* Smb.conf 中設好工作組、netbios 主機名、密碼等使用狀態與主機相關信息。
* 在 smb.conf 內設置好預計要分享的目錄、裝置以及可以提供用戶數據。
* 在 Linux 文件系統中建立好共享文件或裝置使用權限。
* 通過 smbpasswd 建立用戶的帳號及密碼。
* 啓動 samba 的 smbd、nmbd 服務、開始運行。

使用命令 rpm -qa | grep samba，查看服務器上安裝的 samba 包的情況。如圖 16-1 所示。

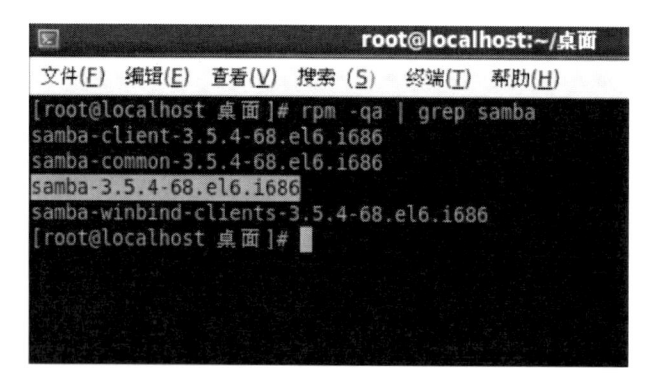

圖 16-1　查看安裝包

將/samba 下的主配文件 smb.conf 進行備份，主配文件中內容較多，不太容易修改，備份後，自己配置主配文件。使用 ls /etc/samba 查看文件信息，然后使用 cp /etc/samba/smb.conf /etc/samba/smb.confBAK 進行備份。如圖 16-2 所示。

圖 16-2　備份配置文件

使用 vi /etc/samba/smb.conf，新建一個配置文件，然後進行配置。如圖 16-3 所示。

第 16 章　Oracle Linux SAMBA 服務器

圖 16-3　打開配置文件

配置文件內容如下：
* [global]是全局參數
* Server string＝linxu samba server test 是服務器的名字
* Netbios name＝MYSERVER 是 netbios 的名字
* Security＝USER 是安全級別
* [linuxsir]是 linux 文件夾設置
* Comment＝my home test samba 是共享目錄的說明
* Path＝/home/linuxsir 是共享的文件夾路徑
* Wirtable＝yes 是共享訪問方式,也可以是 readonly＝yes 只讀

修改配置文件如圖 16-4 所示。

圖 16-4　修改配置文件

* User:使用 samba 本身的密碼數據庫。
* Share:分享的數據不需要密碼就可以分享。
* Server:使用外部主機的密碼。

使用命令 testpram 可以測試之前主配文件內容是否有錯,有錯誤信息會進行提示如圖 16-5 所示。

239

操作系統原理與實踐

```
[root@localhost 桌面]# testparm
Load smb config files from /etc/samba/smb.conf
rlimit_max: rlimit max (1024) below minimum Windows limit (16384)
Processing section "[linuxsir]"
Unknown parameter encountered: "wirtable"
Ignoring unknown parameter "wirtable"
Loaded services file OK.
Server role: ROLE_STANDALONE
Press enter to see a dump of your service definitions
```

圖 16-5　測試配置文件

如果正確,則顯示所有的配置文件內容如圖 16-6 所示。

```
rlimit_max: rlimit max (1024) below minimum Windows limit (16384)
Processing section "[linuxsir]"
Loaded services file OK.
Server role: ROLE_STANDALONE
Press enter to see a dump of your service definitions

[global]
        workgroup = MYGROUP
        netbios name = MYSERVER
        server string = Linux samba test

[linuxsir]
        comment = my linux share dir
        path = /home/testsmb
        read only = No
```

圖 16-6　正確測試參數結果

添加 SAMBA 用戶和密碼,使用命令 smbpasswd -a root。如圖 16-7 所示。

```
[root@localhost 桌面]# smbpasswd -a root
New SMB password:
Retype new SMB password:
Mismatch - password unchanged.
Unable to get new password.
[root@localhost 桌面]# smbpasswd -a root
New SMB password:
Retype new SMB password:
```

圖 16-7　創建 SAMBA 用戶

使用命令 /etc/init.d/smb restart 啟動 SMB 服務。如圖 16-8 所示。

```
[root@localhost 桌面]# /etc/init.d/smb restart
关闭 SMB 服务:                                    [失败]
启动 SMB 服务:                                    [确定]
```

圖 16-8　啟動 SAMBA 服務

使用 netstat -tlunp 查看相關的網路監聽。如圖 16-9 所示。

第 16 章　Oracle Linux SAMBA 服務器

```
tcp        0      0 :::54681                :::*
              LISTEN      1466/rpc.statd
tcp        0      0 :::445                  :::*
              LISTEN      830/smbd
udp        0      0 0.0.0.0:794             0.0.0.0:*
                          1466/rpc.statd
udp        0      0 192.168.122.1:53        0.0.0.0:*
                          1954/dnsmasq
udp        0      0 0.0.0.0:695             0.0.0.0:*
                          1368/rpcbind
udp        0      0 0.0.0.0:67              0.0.0.0:*
                          1954/dnsmasq
udp        0      0 0.0.0.0:68              0.0.0.0:*
                          1456/dhclient
udp        0      0 0.0.0.0:42830           0.0.0.0:*
                          1442/avahi-daemon:
udp        0      0 0.0.0.0:5353            0.0.0.0:*
                          1442/avahi-daemon:
udp        0      0 0.0.0.0:111             0.0.0.0:*
                          1368/rpcbind
udp        0      0 0.0.0.0:631             0.0.0.0:*
                          1521/cupsd
```

圖 16-9　查看網路監聽

使用命令 smbclient –L //172.16.162.67 –U root，輸入密碼查看掛載信息。如圖 16-10 所示。

```
[root@localhost 桌面]# smbclient -L //172.16.162.67 -U root
Enter root's password:
Domain=[MYGROUP] OS=[Unix] Server=[Samba 3.5.4-68.el6]

        Sharename       Type      Comment
        ---------       ----      -------
        linuxsir        Disk      my linux share dir
        IPC$            IPC       IPC Service (Linux samba test)
Domain=[MYGROUP] OS=[Unix] Server=[Samba 3.5.4-68.el6]

        Server          Comment
        ---------       -------

        Workgroup       Master
        ---------       -------
[root@localhost 桌面]#
```

圖 16-10　Linux 掛載

Linux 客戶端使用命令 mount.cifs 進行掛載，使用 df 查看掛載的詳細信息。如圖 16-11 所示。

241

操作系統原理與實踐

```
[root@localhost 桌面]# mount.cifs //172.16.162.66/testwindowssmb /home/xiaobai -o user=administrator
Password:
mount error(13): Permission denied
Refer to the mount.cifs(8) manual page (e.g. man mount.cifs)
[root@localhost 桌面]# mount.cifs //172.16.162.66/testwindowssmb /home/xiaobai -o user=administrator
Password:
[root@localhost 桌面]# df
文件系统                   1K-块        已用     可用 已用% 挂载点
/dev/mapper/VolGroup-lv_root
                        7781012    5451764  1933984  74% /
tmpfs                    515620        264   515356   1% /dev/shm
/dev/sda1                495844      29049   441195   7% /boot
//172.16.162.66/testwindowssmb/
                       10482380    4635700  5846680  45% /home/xiaobai
```

圖 16-11　顯示掛載訊息

　　Windows 端打開網上鄰居，進行收索，然后找到共享服務器，輸入用戶名和密碼后登錄成功。能夠訪問到服務器端 samba 共享出來的 linuxsir 目錄以及打印機等信息。如圖 16-12 所示。

圖 16-12　Windows 網上鄰居查看共享

第 17 章　Oracle Linux VSFTP 服務器

本章主要介紹 VSFTP 服務器的工作原理以及安全性問題、對 VSFTP 服務器配置文件進行說明、VSFTP 服務器連接測試。通過本章的學習，讀者應該掌握以下內容：

* VSFTP 服務器的安全性問題。
* VSFTP 服務器的配置說明。
* VSFTP 服務器的連接測試。

17.1　VSFTP 服務器簡介

FTP 協議是一個非常適用的網路文件傳輸協議，用戶登錄情況分三種不同的身分，分別是實體帳號、訪客、匿名登錄者。實體用戶取得系統的權限比較完整，匿名登錄者只有下載資源權限而已，不允許匿名用戶使用太多的主機資源。

FTP 可以利用系統的服務來進行數據的記錄，而記錄的數據包括了用戶曾經下達過的命令與用戶傳輸的數據(傳輸時間、文件大小等)。所以，用戶可以很輕松在/var/log 裡面找到各項日誌信息。

為了避免用戶在 Linux 系統中隨意亂逛，所以將用戶的工作範圍局限在用戶的默認目錄下，FTP 可以限制用戶僅在默認目錄中活動。由於用戶無法離開自己的默認目錄，而且登錄 FTP 后，顯示的根目錄就是用戶默認目錄的內容。

FTP 的主要功能：不同等級的用戶身分；命令記錄與日誌文件記錄；限制或解除用戶默認目錄。

FTP 的缺點是 FTP 是一個不太安全的傳輸協議。因此在 Linux 下出現了一種比較安全的網路文件傳輸協議——VSFTP（英文全稱 Very secure FTP daemon，簡稱 vsFTPd），其最初發展的理念就是在於構建一個以安全為重的 FTP 服務器。系統上面所執行的程序都會調用一個進程——PID，其在系統上面能進行的任務與它擁有的權限有關。PID 擁有的權限等級越高，它能夠進行的任務就越多。Root 身分所觸發的 PID 通常擁有可以進行任何工作的權限等級。萬一觸發這個 PID 的程序漏洞導致被網路黑客攻擊而取得此 PID 使用權，那麼網路黑客將會取得這個 PID 權限。

17.2　VSFTP 服務器配置文件說明

VSFTP 服務器的配置文件主要有以下四個：
（1）/etc/vsFTPd/vsFTPd.conf
（2）/etc/pam.d/vsFTPd
（3）/etc/vsFTPd.FTPusers
（4）/etc/vsFTPd.user_list

vsFTPd.conf 是整個 vsFTPd 的配置文件，這個文件的設置是以 bash 變量相同的設置方式處理，參數＝設置值，后面將講解相關的值的設置。

vsFTPd 主要用來作為身分認證之用，還有阻止某些用戶帳號的功能所指定的那個無法登錄的用戶配置文件。

vsFTPd.FTPusers 指導無法登錄的用戶的配置文件，這個文件的設置很簡單，只要將不想讓它登錄的帳號寫入到這個文件中即可，一行一個帳號。

vsFTPd.user_list 和上一個配置文件類似。

（1）主機相關值

① Connect_from_port_20＝YES(NO)

說明：FTP 主動式連接使用的服務器端口號。

② listen_port＝21

說明：FTP 使用命令的通道端口號。

③ Dirmessage_enable＝YES(NO)

說明：當用戶進入目錄，會顯示目錄需要的內容。

④ message_file＝.message /etc/vsftpd

說明：設置讓 vsftpd 查找該文件，顯示信息。

⑤ Listen＝YES(NO)

說明：以 stand alone 方式啟動。

第 17 章　Oracle Linux VSFTP 服務器

⑥ Pasv_enable＝YES(NO)

說明：啟動被動式連接模式。

⑦ use_localtime＝YES(NO)

說明：是否使用本地時間。

⑧ Write_enable＝YES(NO)

說明：是否允許用戶上傳數據。

⑨ Connect_timeout＝60

說明：連接超時。

⑩ Accept_timeout＝60

說明：連接超時。

⑪ Data_connection_timeout＝300

說明：如果客戶端連接服務器 300 秒不操作，則斷開連接。

⑫ Idle_session_timeout＝300

說明：300 秒沒有操作，強制離線。

⑬ Max_Clients＝0

說明：如果是 stand alone 方式啟動，可以設置多少個 client 聯機。

⑭ Max_per_ip＝0

說明：這是同一個 IP，同一時間允許多少連接。

⑮ FTPd_banner＝文字說明

說明：FTP 客戶端軟件顯示的說明名字。

⑯ Banner_file＝/path/file

說明：用戶登錄服務器顯示的歡迎文字。

(2)與實體用戶相關的設置值

① Guest_enable＝YES(NO)

說明：非匿名帳號登錄，會被認為是 guest。

② Guest_username＝FTP

說明：指定訪問者的身分。

③ Local_enabel＝YES(NO)

說明：/etc/passwd 內的帳號以實體用戶的方式登錄 vsftp 主機。

④ Local_max_rate＝0

說明：實體用戶的傳輸速度限制。

⑤ Chroot_local_user＝YES(NO)

說明：將用戶限制在自己的默認目錄中。

⑥ Chroot_list_enable＝YES(NO)

說明：是否將實體用戶限制在默認目錄中。

245

⑦ Chroot_list_file＝/etc/vsFTPd.chroot_list

說明：用戶會被限制在自己的默認目錄無法離開。

⑧ Userlist_enable＝YES(NO)

說明：不受歡迎的帳號信息。

(3)匿名用戶登錄設置值

① Anonymous_enable＝YES(NO)

說明：運行 anonymous 登錄主機服務器。

② Anon_world_readable_only＝YES(NO)

說明：運行 anonymous 下載可讀文件的權限。

③ Anon_other_write_enable＝YES(NO)

說明：是否允許 anonymous 具有寫入的權限。

④ Anon_mkdir_write_enable＝YES(NO)

說明：是否讓 anonymous 具有建立目錄的權限。

⑤ Anon_upload_enable＝YES(NO)

說明：是否讓 anonymous 具有上傳數據的功能。

⑥ Deny_E-mail_enable＝YES(NO)

說明：將某些特殊的 email 地址阻難。

⑦ No_anon_password＝YES(NO)

說明：anonymous 會忽略過密碼檢驗步驟。

⑧ Anon_max_rate＝0

說明：限制匿名用戶的傳輸速度。

17.3　VSFTP 服務器連接測試

在終端輸入命令/etc/init.d/vsftpd start，啓動 vsftp 服務器，然後可以使用 FTP 的相關命令進行文件的上傳和下載。如圖 17-1 所示。

圖 17-1　啓動 vsftp 服務

第 18 章　Oracle Linux Apache 服務器

本章主要介紹 Linux 下 Apache 服務器的配置以及 mysql 數據庫服務器的搭建,通過一個簡單的案例,實現動態頁面的發布。通過本章的學習,讀者應該掌握以下內容:

* Apache 服務器介紹。
* Mysql 服務器介紹。
* 動態頁面測試發布。

18.1　Apache 服務器

Windows 下一般採用 IIS 進行頁面的發布,Linux 下常見的頁面發布主要採用 Apache 服務器或者是 Tomcat 服務器。Apache 服務器相對於 IIS 效率較高,一把採用 Apache+mysql+php 進行動態頁面發布。Apache 服務器前面章節在 Windows 中已經介紹,這裡就不再作詳細介紹。

18.2　Mysql 服務器

Mysql 數據庫服務器是 SUN 公司的產品,目前也已經被 ORACLE 收購,mysql 是一個小型數據庫,作為初學者使用比較方便。前面在 Windows 章節中也介紹過 mysql 的使用,這裡在 Linux 下就不再作詳細介紹。

18.3 動態頁面發布

使用/etc/init.d/httpd start 啓動 Apache 服務器 httpd。如圖 18-1 所示。

圖 18-1　啓動 http 服務器

使用命令：netstat -tlunp 查看網路的監聽狀態。如圖 18-2 所示。

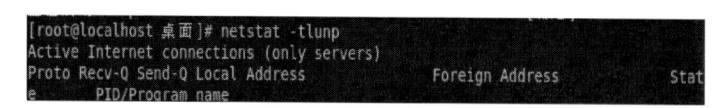

圖 18-2　查看網路監聽

能夠看到 httpd 的服務正常運行。

使用網頁進行測試，在瀏覽器中輸入 http://127.0.0.1，可以看到 Oracle Linux-TestPage。如圖 18-3 所示。

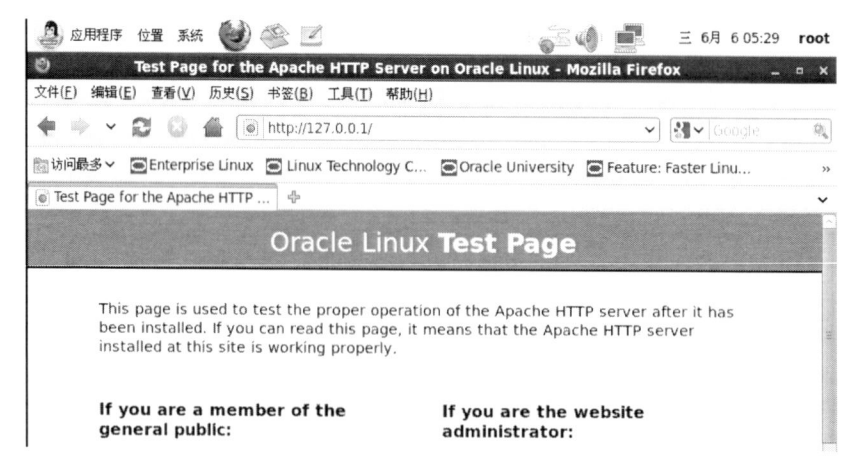

圖 18-3　網頁測試結果

輸入命令 vi /var/www/html/index.html，新建一個主頁，然後輸入頁面自定義的代碼。如圖 18-4 所示。

第 18 章　Oracle Linux Apache 服務器

圖 18-4　新建網頁

使用 Vi 編輯器,編寫簡單的頁面代碼,退出保存。如圖 18-5 所示。

圖 18-5　編寫代碼

在 Web 瀏覽器中進行測試,輸入 http://127.0.0.1/index.html。如圖 18-6 所示。

圖 18-6　靜態頁面測試

下面啓動 mysql 服務器。如圖 18-7 所示。

圖 18-7　啓動 mysql 服務器

輸入 mysql -U root -P,連接 mysql 數據庫服務器(如圖 18-8 所示)。成功後即可創建數據庫和表。

249

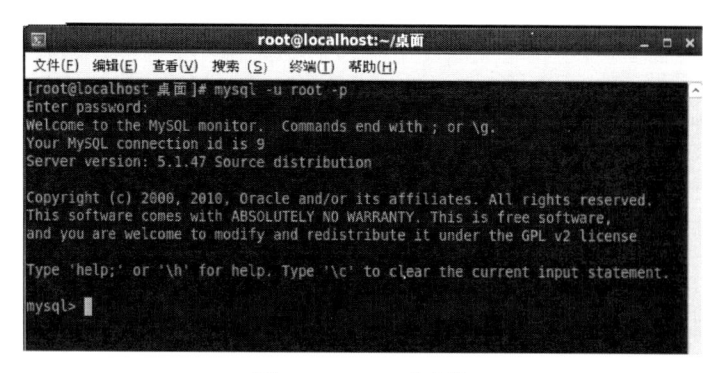

圖 18-8　mysql 命令端

在站點文件下輸入 vi /var/www/html/phpinfo.php，如圖 18-9 所示。編寫一個簡單的 php 動態頁面程序。如圖 18-10 所示。

圖 18-9　新建動態頁面

圖 18-10　編寫代碼

輸入網站 http://127.0.0.1/phpinfo.php，測試可以看到動態頁面。如圖 18-11 所示。

圖 18-11　測試動態頁面

第 18 章 Oracle Linux Apache 服務器

【案例】製作一個調查表進行發布

(1) 數據庫字段等信息如圖如圖 18-12 所示。

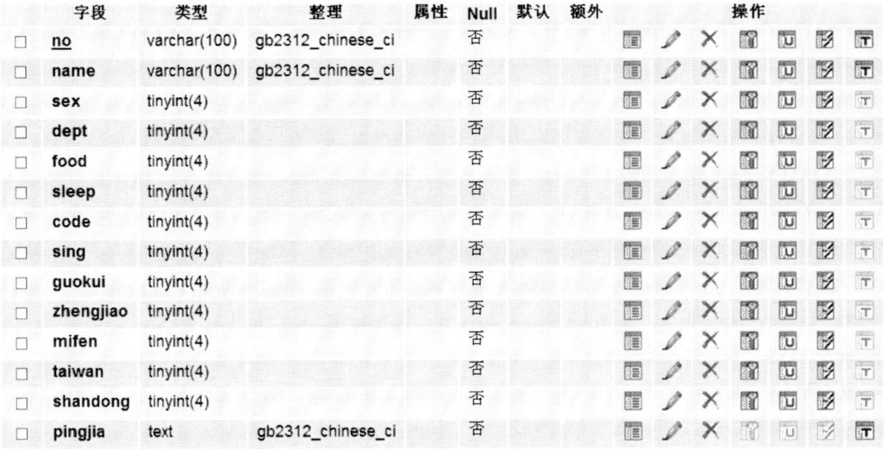

圖 18-12 數據庫字段設置

(2) 表單設計如圖如圖 18-13 所示。

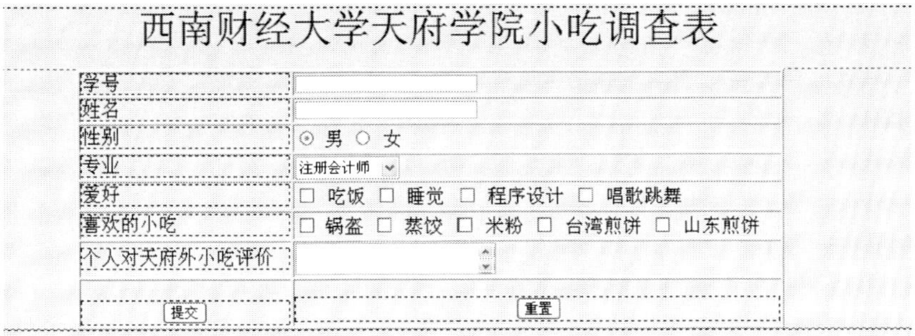

圖 18-13 表單設置

(3) PHP 代碼

```
<? php
    $_SESSION[ "text_no" ] = $_POST[ "text_no" ] ; //獲取學號
    $_SESSION[ "text_name" ] = $_POST[ "text_name" ] ;//獲取姓名
    $_SESSION[ "RadioGroup1" ] = $_POST[ "RadioGroup1" ] ;//獲取性別
    $_SESSION[ "select" ] = $_POST[ "select" ] ;//獲取專業
    $_SESSION[ "checkbox" ] = $_POST[ "checkbox" ] ;//獲取愛好吃飯
    $_SESSION[ "checkbox2" ] = $_POST[ "checkbox2" ] ;//獲取愛好睡覺
    $_SESSION[ "checkbox3" ] = $_POST[ "checkbox3" ] ;//獲取愛好程序設計
    $_SESSION[ "checkbox4" ] = $_POST[ "checkbox4" ] ;//獲取愛好唱歌跳舞
```

```
$_SESSION["checkbox5"] = $_POST["checkbox5"];//獲取調查鍋盔
$_SESSION["checkbox6"] = $_POST["checkbox6"];//獲取調查蒸餃
$_SESSION["checkbox7"] = $_POST["checkbox7"];//獲取調查米粉
$_SESSION["checkbox8"] = $_POST["checkbox8"];//獲取調查臺灣
$_SESSION["checkbox9"] = $_POST["checkbox9"];//獲取調查山東
$_SESSION["textarea"] = $_POST["textarea"];//獲取評價
$no = $_SESSION["text_no"];
$name = $_SESSION["text_name"];
$radio = $_SESSION["RadioGroup1"];
$select = $_SESSION["select"];
if( $_SESSION["checkbox"] == "")
    $check1 = 0;
else
    $check1 = 1;
$check2 = $_SESSION["checkbox2"];
if( $_SESSION["checkbox2"] == "")
    $check2 = 0;
else
    $check2 = 1;
$check3 = $_SESSION["checkbox3"];
if( $_SESSION["checkbox3"] == "")
    $check3 = 0;
else
    $check3 = 1;
$check4 = $_SESSION["checkbox4"];
if( $_SESSION["checkbox4"] == "")
    $check4 = 0;
else
    $check4 = 1;
$check5 = $_SESSION["checkbox5"];
if( $_SESSION["checkbox5"] == "")
    $check5 = 0;
else
    $check5 = 1;
$check6 = $_SESSION["checkbox6"];
if( $_SESSION["checkbox6"] == "")
```

第18章 Oracle Linux Apache 服務器

```
        $check6=0;
    else
        $check6=1;
     $check7 = $_SESSION["checkbox7"];
    if( $_SESSION["checkbox7"] = ="")
        $check7=0;
    else
        $check7=1;
     $check8 = $_SESSION["checkbox8"];
    if( $_SESSION["checkbox8"] = ="")
        $check8=0;
    else
        $check8=1;
     $check9 = $_SESSION["checkbox9"];
    if( $_SESSION["checkbox9"] = ="")
        $check9=0;
    else
        $check9=1;
     $textarea = $_SESSION["textarea"];

     $db_host="localhost";//連結數據庫的服務器
     $db_user="root";//連結數據庫的用戶名
     $db_pwd="";//連結數據庫的密碼
     $db_name="questionnaire";//連結的數據庫的名字
     $connection=mysql_connect( $db_host, $db_user, $db_pwd);//連接服務器
     mysql_select_db( $db_name, $connection);//連接數據庫
     $sql_query =" insert into question (no,name,sex,dept,food,sleep,code,sing,
guokui,zhengjiao,mifen,taiwan,shandong,pingjia)
      values (' $no ',' $name ', $radio, $select, $check1, $check2, $check3, $
check4, $check5, $check6, $check7, $check8, $check9,' $textarea ')";//查詢數據庫
的 SQL 代碼
    if( mysql_query( $sql_query))
    {
        echo "調查成功";
    }
    else
```

}
    echo "調查失敗";
}
mysql_close($connection);//斷開連接的服務器
?>

第 19 章　Windows Server 2003 和 Oracle Linux 服務器實驗指導

(一)編製說明

為指導本課程的實訓教學,實現課程的教學目的,特制定本計劃,就實訓教學的目的、方式、內容與時間安排、要求和考核做出規定。

(二)適用對象及專業

計算機專業、信息管理專業、信息管理輔修專業。

(三)先修課程

《計算機文化基礎》

(四)實訓目的

鍛煉學生利用所學操作系統的基本理論,能夠熟練對 Windows Server 2003 服務器以及 Oracle Linux 操作系統服務器進行配置,使學生掌握基本理論知識、正確地安裝服務器並且進行配置、鍛煉和培養學生的動手能力,實現課程教學中理論與實踐的有機統一。

(五)實訓質量

(1)遵守操作規程;

(2)獨立完成安裝各種操作系統組件;

(3)獨立完成各種服務器的配置工作;

(4)對指定要求的服務器配置可以自行分析和設計並配置完成。

(六)實訓所需主要儀器設備

多媒體實驗室、Windows Server 2003 操作系統、Oracle Linux 操作系統。

(七)實訓時間及組織形式

實訓時間為 36 課時,主要為校內實訓操作,具體組織方式如下:

(1)模擬實訓:集中安排時間讓學生充分利用所學習的理論,進行全面的操作實訓,在實踐中提高知識理論水平。

(2)校外見習:在課程學習的後半段,由學生自己聯繫相關信息技術公司實地見習。

(3)模擬大賽:實訓課程後擬舉行服務器配置大賽。

(八)考核辦法

實訓成績由每一次的實訓實驗報告、答辯兩項構成,權重分別占 60% 和 40%,每一項按百分制評分後依權重比例計入實訓成績,未取得實訓成績者必須重修本實訓項目。假期課程實習成績構不計入本課程成績。

(九)其他說明

實訓實施過程中請指導教師注意:

(1)充分發揮實驗指導書的指導示範作用;

(2)至少每週集中進行一次講評;

(3)注意學練一體化;

(4)悉心指導學生進行各項實訓,並做好實訓記錄。

19.1　實訓一 虛擬機和 Windows Server 2003 操作系統的安裝

實驗:虛擬機和 Windows Server 2003 操作系統的安裝

【實驗要求目的】

1. 掌握虛擬機的安裝。

2. 掌握虛擬機中 Windows Server 2003 操作系統的安裝。

3. 掌握虛擬機三種上網模式,能夠實現服務器操作系統上網。

4. 掌握虛擬機的各種配置。

5. 掌握 Windows Server 2003 的基本使用。

【實驗內容】

1. 安裝虛擬機 VMware Workstation 9.0 軟件。

2. 安裝 Windows Server 2003 操作系統。

3. 完成 VMware Workstation 上網模式設置,實現 Windows Server 2003 操作系統的網路連接。

4. 對 VMware Workstation 的各項屬性進行設置和熟悉。

5. 對 Windows Server 2003 操作系統的進行基本設置和熟悉。

第19章　Windows Server 2003 和 Oracle Linux 服務器實驗指導

6. 實現對 Windows Server 2003 用戶和組的基本管理。

7. 實現對 Windows Server 2003 文件夾屬性權限的基本管理。

19.2　實訓二　Windows Server 2003 DNS 服務器的配置

實驗:Windows Server 2003 DNS 服務器的配置

【實驗要求目的】

1. 掌握 DNS 域名的基本結構。

2. 掌握 DNS 域名解析的基本原理。

3. 掌握 DNS 服務器的配置過程。

4. 實現 DNS 服務器測試。

5. 在后續實訓中能夠靈活應用 DNS 服務器域名解析。

【實驗內容】

1. 安裝 DNS 服務器。

2. 配置 DNS 正向域,域名為 fxtest.com,IP 地址為實驗時服務器 IP 地址。

3. 完成 DNS 正向域下主機頭 www,別名 ftp 和 mail 郵件交換器的配置工作。

4. 完成 DNS 反向域的設置。

5. 實現 DNS 反向域指針配置 ptr。

6. 使用 nslookup 命令進行測試,包括主機、別名、郵件交換器。

19.3　實訓三　Windows Server 2003 DHCP 服務器的配置

實驗:Windows Server 2003 DHCP 服務器的配置

【實驗要求目的】

1. 掌握 DHCP 服務器的基本工作原理。

2. 掌握 DHCP 服務器的配置。

3. 掌握 DHCP 客戶端的配置。

【實驗內容】

1. 安裝 DHCP 服務器。

2. 配置 DHCP 服務器。新建一個作用域名稱為 fxtest.com,IP 地址範圍為 192.168.1.1-192.168.1.254,子網掩碼長度為 24,排除地址範圍是 192.168.1.1-192.168.1.4,IP 地址的租約期限為 7 天,查看測試 DHCP 服務器的運行情況。

3. 完成 DHCP 客戶端的配置工作,使用 ipconfig 命令查看測試 DHCP 服務器是否正確分配 IP 地址。

4. 測試訪問 Web 和 ftp 服務器是否成功。
5. 查看 DHCP 服務器租約信息。

19.4 實訓四 Windows Server 2003 FTP 服務器的配置

實驗：Windows Server 2003 FTP 服務器的配置

【實驗要求目的】

1. 瞭解 FTP 服務器的理論知識。
2. 掌握 FTP 的基本服務器的搭建。
3. 掌握 FTP 的隔離用戶服務器的搭建。
4. 掌握 FTP 不同用戶訪問站點權限不同的搭建。

【實驗內容】

1. 安裝 FTP 服務器組件，選擇【添加刪除程序】→【添加刪除 Windows 組件】→【應用程序服務器】→【IIS 服務器】→【FTP 服務】。

2. 搭建 FTP 基本服務器，並且用三種方式進行測試：cuteFTP 軟件測試、DOS 下 FTP 命令測試、網頁形式測試。

3. 搭建隔離用戶 FTP 服務器（兩個用戶分別為：用戶名 test1，密碼 test1；用戶名 test2，密碼 test2），並且用三種方式進行測試：cuteFTP 軟件測試、DOS 下 FTP 命令測試、網頁形式測試。

4. 搭建不同用戶訪問 FTP 權限不同的站點（兩個用戶分別為：用戶名 jsj，密碼 jsj；用戶名 eng，密碼 eng；文件夾為 compute 和 English，實現 jsj 對 compute 可讀可寫，對 english 只讀，eng 對 compute 只讀，對 english 可讀可寫），並且用三種方式進行測試：cuteFTP 軟件測試、DOS 下 FTP 命令測試、網頁形式測試。

19.5 實訓五 Windows Server 2003 WWW 服務器的配置

實驗：Windows Server 2003 WWW 服務器的配置

【實驗要求目的】

1. 學會用 Windows 2003 建立 WWW 服務器。
2. 瞭解 IIS 的功能。
3. 瞭解 IIS 的各項服務。
4. 掌握 WWW 服務器創建和管理 Web。

第19章 Windows Server 2003 和 Oracle Linux 服務器實驗指導

5. 掌握創建 WWW 服務器的虛擬目錄和 Web 管理。
6. 掌握創建多個網站的方式。

【實驗內容】
1. 安裝 IIS 服務器的相關組件和協議。
2. 下載我的童年網站（FTP/compute-team/郭進/操作系統原理與實踐/myhome），進行發布。
3. 利用多種方式發布多個網站進行管理。
(1) 利用不同的端口號進行多個網站發布。
(2) 利用虛擬目錄進行多個網站發布。
(3) 利用多個主機頭進行多個網站發布。

● 19.6 實訓六 Apache 服務器和 Tomcat 服務器的配置

實驗：Apache 服務器和 Tomcat 服務器的配置
【實驗要求目的】
1. 瞭解 Apache 服務器的理論知識。
2. 瞭解 Tomcat 服務器的理論知識。
3. 掌握 Apache 的基本服務器的搭建。
4. 掌握 Mysql 數據庫使用。
5. 掌握 DW 下 PHP 動態頁面的發布。
6. 掌握 Tomcat 服務器的搭建。
7. 掌握 JSP 動態頁面的發布。

【實驗內容】
1. 安裝 Apache 服務器。
2. 安裝 Mysql 服務器，配置數據庫。
3. 通過 DW 編寫一個簡單的動態頁面，進行發布。
4. 安裝 Tomcat 和 JDK。
5. 編寫一個簡單的 JSP 頁面，進行發布。

● 19.7 實訓七 Windows Server 2003 Email 服務器的配置

實驗：Windows Server 2003 Email 服務器的配置
【實驗要求目的】
1. 學會用 Windows 2003 安裝 SMTP 和 POP 服務器。

2. 瞭解 SMTP 和 POP3 協議。

3. 瞭解郵件的傳輸原理。

4. 掌握 Foxmail 的使用。

5. 掌握創建和管理 POP 服務器。

6. 掌握創建和管理 SMTP 服務器。

【實驗內容】

1. 安裝 POP 服務器和 SMTP 服務器。

2. 在 POP 服務器上搭建一個新域 testmail.com，創建兩個用戶分別為：用戶 test1，密碼 test1；用戶 test2，密碼 test2。使用 Foxmail 客戶端進行收件收發實驗，test1 寫郵件給 test2，test2 回覆郵件給 test1。

3. 使用 POP 和 SMTP 命令進行實驗，發送郵件以及收郵件。

19.8　實訓八 Oracle Linux 操作系統的安裝

實驗：Oracle Linux 操作系統的安裝

【實驗要求目的】

1. 掌握 Oracle Linux 操作系統的安裝。

2. 掌握 Oracle Linux 操作系統的基本使用。

3. 掌握 Oracle Linux 軟件包的安裝。

【實驗內容】

1. 安裝 Oracle Enterprise Linux 操作系統。

2. 完成 Oracle Enterprise Linux 操作系統網路配置。

3. 完成 Oracle Enterprise Linux 操作系統基本配置。

19.9　實訓九 Oracle Linux 文件系統命令

實驗：Oracle Linux 文件系統命令

【實驗要求目的】

1. 瞭解 Linux 文件系統的基本概念。

2. 瞭解 Linux 文件系統的基本目錄結構和含義。

3. 掌握 Linux 文件系統的基本操作命令。

【實驗內容】

(1) 幫助命令：man 命令名。

第19章　Windows Server 2003 和 Oracle Linux 服務器實驗指導

（2）文件操作命令：ls cp rm mv。
（3）目錄操作命令：pwd cd mkdir rmdir。
（4）文本編輯命令：cat more less head tail find grep wc。

上機操作（一）

（1）在 root/桌面 下新建一目錄 test1 和 test2（命令）。
（2）在 test1 中創建 2 個文件 a.java b.sql（手動）。
（3）在 test1 中創建 2 個目錄 test3 和 test4（命令）。
（4）把工作目錄定位到 root/桌面，查看目錄信息（命令）。
（5）刪除目錄 test4（命令）。
（6）把 test1/a.java 複製到 test2 中。
（7）在 root/桌面下創建一個 test4，把 test2 移動進去（命令）。
（8）刪除 test1 中的 b.sql（命令）。
（9）清屏；

上機操作（二）

（1）root/桌面 下建立一個 test1 目錄，目錄下創建 a.java 文件，在文件裡寫一個簡單的 java 程序，並且保存。
（2）用 ls 顯示文件，用 more、cat 顯示文件內容（命令）。
（3）用 head、tail 顯示文件前 2 行和後 2 行（命令）。
（4）使用 find 命令查找該文件，用 grep 查找 public 關鍵字（命令）。
（5）使用 wc 統計字符（命令）。
（6）使用 gzip 進行壓縮解壓縮，tar 進行打包和解包（命令）。

19.10　實訓十 Oracle Linux 用戶管理命令

實驗：Oracle Linux 用戶管理命令

【實驗要求目的】

1. 掌握權限解讀和設置方式。
2. 瞭解 Linux 用戶和組的配置文件。
3. 掌握 Linux 用戶和組的基本管理命令。

【實驗內容】

1. 新建一個 user1 用戶，UID、GID、主目錄均按默認。
2. 新建一個 user2 用戶，UID＝800、其余按默認。
3. 新建一個 user3 用戶，默認主目錄為/abc、其余默認；並觀察這三個用戶的信息有什麼不同。

4. 分別為以上三個用戶設置密碼為 123456。

5. 把 user1 用戶改名為 u1，UID 改為 700，主目錄為/test。

6. 把 root 用戶改名為 admi，密碼改為 123456。

7. 把 u1 用戶鎖定，在不同的終端分別登錄 user2 與 u1，並觀察有什麼現象。

8. 用 root 用戶登錄，在根目錄下新建一目錄 test，設置文件的權限，當用戶 u1 登錄時，能進入到/test 目錄之中，並能夠建立 u1 用戶的文件；當用戶 xh 登錄時，只能進入到/test 目錄中，但不能建立屬於 xh 用戶的文件。

9. 以 root 身分登錄，在 test 目錄下新建一個文件 ff 與目錄 dd，觀察新建文件及目錄的權限，進行一定的設置，讓新建的目錄具有寫與執行的權限。

10. 進行設置，把文件的所屬用戶變為 ah 用戶；同時把目錄 dd 的權限設具有讀、寫、執行的權限。

11. 利用 ah 用戶登錄，來觀察對 dd 的操作情況。

19.11 實訓十一 Oracle Linux Vi 編輯器

實驗：Oracle Linux Vi 編輯器

【實驗要求目的】

1. 瞭解 Linux Vi 編輯器的工作模式。
2. 掌握 Vi 編輯器的基本使用方式。
3. 掌握 Vi 編輯器的常用命令和快捷鍵。

【實驗內容】

(1) 下載 http://linux.vbird.org/linux_basic/0310vi/man.config。
(如果下不下來，自己隨便創建一個文件操作)

(2) 在/桌面 目錄下建立一個名為 vitest 的目錄。

(3) 進入 vitest 目錄。

(4) 將 man.config 複製到本目錄中。

(5) 使用 Vi 打開本目錄下的 man.config 文件。

(6) 在 Vi 中設置行號。

(7) 移動到第一行，並且向下搜索 bzip2 字符串。

(8) 將 50~100 行之間的 man 改為 MAN，並且一個一個挑選修改。

(9) 修改完了之後，要撤銷復原。

(10) 複製 51~60 行，並且粘貼到最後一行。

(11) 保存離開。

第 19 章　Windows Server 2003 和 Oracle Linux 服務器實驗指導

19.12　實訓十二 Oracle Linux 遠程聯機服務器配置

實驗:Oracle Linux 遠程聯機服務器配置
【實驗要求目的】
1. 瞭解 SSH 服務器含義。
2. 瞭解聯機加密技術。
3. 掌握啓動 SSH 服務的方法,以及查看 SSH 服務啓動與否的方法。
4. 掌握 SSH 的 Linux 客戶端聯機方式 SSH 命令和 SFTP 命令。
5. 掌握 SSH 的 Windows 客戶端聯機工具 putty 和 psftp。
6. 掌握 Windows 客戶端聯機之後的基本操作,包括終端和 FTP。
【實驗內容】
1.搭建網路
(1)搭建好 Linux 網路,設置 Linux 的 IP 和 Windows 的 IP 在同一個網段。
(2)在 Linux 端使用命令查看 IP,並且 ping Windows 端 IP 檢查是否連通。
(3)在 Windows 端使用命令 ping xxxxxxxx -c 4 linux 端 IP 檢查是否連通。
2.安裝 Telnet 服務器,修改配置文件並且啓動服務
(1)Linux 連接 Linux。
(2)Windows 連接 Linux。
3.啓動 SSH 服務器,啓動服務器
(1)Linux 連接 Linux ssh 和 sftp 方式。
(2)Windows 連接 Linux ssh 和 sftp 方式。

19.13　實訓十三 Oracle Linux NFS 服務器配置

實驗:Oracle Linux NFS 服務器配置
【實驗要求目的】
1. 瞭解 NFS 文件系統的由來。
2. 瞭解 NFS 文件系統的作用。
3. 掌握 NFS 文件系統的工作原理。
4. 掌握 NFS 和 RPC 文件系統的啓動。
5. 掌握 LINUX 系統之間 NFS 文件系統共享。
6. 掌握 LINUX 系統和 Windows 系統之間 NFS 文件系統共享。

【實驗內容】

1. Oracle Linux 中 NFS 文件系統服務器端和客戶端設置

（1）搭建好 Oracle Linux 網路，設置 IP 和 Windows 系統一個 IP 段。

（2）查看該系統中是否已經成功安裝 RPC 和 NFS 包。

（3）在/home 下面創建一個文件夾 NFS，並配置 NFS 文件,/etc/exports 共享該目錄。

（4）啓動 RPC 和 NFS 服務器。

（5）查看網路狀態，查看 NFS 服務器共享目錄。

（6）在/home 下面創建一個文件夾 testNFS，作為掛載點，把 NFS 服務器目錄掛載過來。

2. Windows XP 或者 windows7 SFU 軟件設置

（1）安裝軟件，查看安裝文檔。

（2）設置軟件，查看設置文檔。

（3）在 Linux 端進行測試。

19.14　實訓十四 Oracle Linux SAMBA 服務器配置

實驗:Oracle Linux SAMBA 服務器配置

【實驗要求目的】

1. 瞭解 SAMBA 服務器名稱由來。

2. 瞭解 SAMBA 服務器通信協議。

3. 掌握 SAMBA 服務器的軟件結構。

4. 掌握 SAMBA 服務器的設置步驟。

5. 掌握 Linux 中 SAMBA 服務器與 Windows 客戶端實驗。

6. 掌握 Windows 共享資源與 Linux 客戶端訪問實驗。

【實驗內容】

1. Linux 中 SAMBA 服務器與 Windows 客戶端實驗

（1）配置 SAMBA 服務器。

（2）啓動 SAMBA 服務器。

（3）Windows 端網上鄰居測試。

2. Windows 共享資源與 Linux 客戶端訪問實驗

（1）Windows 端共享文件夾。

（2）Linux 端進行掛載。

第 19 章　Windows Server 2003 和 Oracle Linux 服務器實驗指導

19.15　實訓十五 Oracle Linux VSFTP 服務器配置

實驗：Oracle Linux VSFTP 服務器配置
【實驗要求目的】
1. 瞭解 FTP 服務器的理論知識。
2. 掌握 vsFTP 的基本服務器安全機制。
3. 掌握 vsFTP 的服務器的配置文件。
4. 掌握 vsFTP 的服務器的搭建和測試。
【實驗內容】
1. 查看配置文件/etc/vsFTPd/vsFTPd.conf。
2. 查看配置文件/etc/pam.d/vsFTPd。
3. 查看配置文件/etc/vsFTPd.FTPusers。
4. 查看配置文件/etc/vsFTPd.user_list。
5. 啟動 vsFTP 服務器。
6. 進行文件上傳和下載實驗。

19.16　實訓十七 Oracle Linux Apache 服務器配置

實驗：Oracle Linux Apache 服務器配置
【實驗要求目的】
1. 掌握 Linux 下 Apache 服務器的配置。
2. 掌握 Linux 下 Mysql 數據庫的配置。
3. 掌握 Linux 下靜態頁面站點的發布。
4. 掌握 Linux 下動態頁面站點的發布。
【實驗內容】
1. 啟動 Apache 服務器。
2. 進行端口測試。
3. 編寫靜態靜態頁面進行測試。
4. 編寫動態頁面進行測試。
5. Mysql 數據庫啟動。
6. 實現簡單的註冊登錄頁面站點的發布。

國家圖書館出版品預行編目(CIP)資料

操作系統原理與實踐 / 陳小寧、郭進、徐鴻雁、呂峻閩 主編. -- 第一版.
-- : 財經錢線文化出版 : 崧博發行，2018.11

面； 公分

ISBN 978-957-680-271-3(平裝)

1.作業系統

312.54　　　　107018835

書　名：操作系統原理與實踐
作　者：陳小寧、郭進、徐鴻雁、呂峻閩 主編
發行人：黃振庭
出版者：財經錢線文化事業有限公司
發行者：崧博出版事業有限公司
E-mail：sonbookservice@gmail.com
粉絲頁　　　　　網　址：
地　址：台北市中正區延平南路六十一號五樓一室
8F.-815, No.61, Sec. 1, Chongqing S. Rd., Zhongzheng Dist., Taipei City 100, Taiwan (R.O.C.)
電　話：(02)2370-3310　傳　真：(02) 2370-3210
總經銷：紅螞蟻圖書有限公司
地　址：台北市內湖區舊宗路二段 121 巷 19 號
電　話:02-2795-3656　傳真:02-2795-4100　網址：
印　刷：京峯彩色印刷有限公司（京峰數位）

　　本書版權為西南財經大學出版社所有授權崧博出版事業有限公司獨家發行電子書及繁體書繁體版。若有其他相關權利及授權需求請與本公司聯繫。

定價：500元
發行日期：2018 年 11 月第一版

◎ 本書以POD印製發行